COSMETOLOGY

한 권으로 끝내는

화장품학

메디시인

머리말

"화장품은 요람에서 무덤까지 사용한다."는 말이 있듯이, 인간은 예로부터 인체를 청결 · 미화하여 매력을 더하고 용모를 밝게 변화시키고 피부 · 모발의 건강을 유지, 증진하기 위하여 화장품을 만들어 애용해 왔습니다.

현대인은 남녀노소를 불문하고 하루의 시작을 피부와 모발을 위한 세정제품에서부터 수시로 덧바르는 핸드크림과 필수 소지품이 된 물티슈까지, 우리 주변에 화장품이 아닌 것이 없을 정도로 화장품에 둘러 쌓인 생활을 하고 있다고 해도 과언이 아닙니다.

이제 화장품산업은 국내 생산실적이 이미 15조를 넘은 거대시장으로 자리잡았으며, K-뷰티에 대한 관심은 아시아를 넘어 전세계 시장까지 확장되고 있습니다. 한국 화장품은 더 이상 국내 소비자만을 위한 화장품이 아니며, 국내 소비자 역시 쉽게 글로벌 브랜드를 접할 수 있는 환경이 되었습니다.

이렇듯 다양하고 수많은 화장품에 노출되어 있지만, 화장품이 어떻게 만들어졌는지, 어떤 성분이 어떤 효과를 내고 있는지, 화장품을 사용하는 데 주의해야 될 점은 무엇인지, 화장품과 의약품은 어떠한 차이가 있는지 등을 아는 이가 많지 않습니다.

오늘날 화장품산업의 성장은 관련 학문을 전공으로 한 학과의 개설로 이어지고 있고, 화장품학은 많은 대학에서 화장품 관련학과 뿐만아니라 피부, 메이크업, 헤어, 네일 등 뷰티학과에서도 필수 교과목으로 운영되고 있습니다.

이 책은 교과목을 배우는 대학생들에게는 명확하고 알기 쉽게 정리된 교재로서, 일반 대중에게는 화장품에 대한 정확한 지식 전달의 교양서로 활용되기를 바라는 마음으로 2020년부터 시행되는 맞춤형 화장품에 대한 최신 자료를 포함하여 개정된 화장품법, 시행령, 시행규칙 등을 반영하였습니다.

모쪼록 이 책이 선후배 교수님들의 성원과 지도로 화장품에 대한 기본서로서 많은 학생들이 화장품에 대한 이해도를 높일 수 있고, 미래의 뷰티전문가가 되는 계기가 되기를 기대합니다.

끝으로 이 책이 햇빛을 보게 되기까지 애써주신 집필자 여러 교수님들과 ㈜지구문화/메디시언 임직원들의 노고에 감사드립니다.

경자년 새 봄에

저자 일동

차례

• 머리말 / 3

우리는 왜 화장품을 알아야 하는가?

Part I 화장품의 기초지식

Chapter 1. 화장품의 역사 10

1. 한국의 화장품 역사 / 11
2. 서양의 화장품 역사 / 18

Chapter 2. 화장품의 특성 24

1. 화장품이란? / 24
2. 화장품의 유형 / 27
3. 화장품 사용 시 주의사항/ 33
4. 화장품의 품질 특성/ 41

Chapter 3. 화장품의 개발과 산업화 43

1. 화장품의 개발과정 / 43
2. 화장품 산업에 대한 이해 / 44

화장품은 피부를 닮고 싶어 해요.

Part II 피부와 화장품

Chapter 4. 피부의 구조 48

1. 표피 / 49
2. 진피/ 54
3. 피하조직 / 55

Chapter 5. 피부의 부속기관 57

1. 피지선 / 57
2. 한선 / 58
3. 조갑 / 60
4. 모발 / 62

Chapter 6. 피부의 기능 68

Chapter 7. 피부와 화장품 73

Contents

피부에 친숙한 화장품 만들기.

Part Ⅲ 화장품 제조원리

Chapter 8. 계면화학 76

1. 표면과 계면 / 76
2. 계면활성제의 구조와 기능 / 77
3. 계면활성제의 특성 / 78
4. 가용화 / 81
5. 유화 / 82
6. 분산 / 87

화장품의 기본성분은 정제수라구요?

Part Ⅳ 화장품 성분학

화장품 성분학이란? 90

Chapter 9. 유성원료 92

1. 유지류 / 92
2. 왁스류 / 96
3. 탄화수소류 / 98
4. 고급 지방산 / 100
5. 고급 알코올 / 101
6. 에스터류 / 102
7. 실리콘 오일 / 104

Chapter 10. 수성원료 105

1. 정제수 / 105
2. 에틸 알코올 / 106
3. 보습제 / 107

Chapter 11. 계면활성제 ······ 112
1. 음이온성 계면활성제 / 112
2. 양이온성 계면활성제 / 113
3. 양쪽성 계면활성제 / 113
4. 비이온성 계면활성제 / 114

Chapter 12. 고분자화합물 ······ 115
1. 점증제 / 115
2. 피막형성제 / 118

Chapter 13. 색소 ······ 120
1. 유기합성 색소 / 121
2. 무기 안료 / 124
3. 천연색소 / 129
4. 진주광택 안료 / 130
5. 기타 안료 / 130

Chapter 14. 향료 ······ 132
1. 향료의 사용목적 / 132
2. 향료의 분류 / 133

Chapter 15. 보존제 ······ 135
1. 화장품과 미생물 / 135
2. 미생물의 오염경로 / 136
3. 이상적인 보존제 조건 / 137
4. 보존제의 종류 / 137

Chapter 16. 기타 첨가제 ······ 141
1. 산화방지제 / 141
2. 금속이온봉쇄제 / 142
3. pH조정제 / 143
4. 결합제 / 143

Chapter 17. 활성성분 ······ 144
1. 동 · 식물 추출물 / 144
2. 비타민 / 148
3. 그 밖의 활성성분 / 149

Contents

화장품 종류가 이렇게 많나요?

Part V 화장품의 종류

Chapter 18. 기초 화장품 154

1. 화장품의 필요성과 현황/ 154
2. 기초 화장품의 종류/ 156

Chapter 19. 기능성 화장품 172

1. 기능성 화장품의 정의와 현황/ 172
2. 주름개선 화장품/ 177
3. 미백 화장품/ 184
4. 자외선 차단 화장품/ 192
5. 태닝 화장품/ 203
6. 아토피성 피부 개선 화장품/ 204
7. 여드름성 피부 완화 화장품/ 209
8. 튼살로 인한 붉은 증상 완화 화장품/ 214
9. 염모제/ 215
10. 탈색제/ 221
11. 제모제/ 222
12. 탈모증상 완화 화장품/ 224

Chapter 20. 맞춤형화장품 230

1. 맞춤형화장품의 정의/ 230
2. 맞춤형화장품 판매업/ 231
3. 맞춤형화장품 조제관리사/ 232
4. 맞춤형화장품에 사용 가능한 원료/ 233
5. 맞춤형화장품의 표시사항/ 233
6. 맞춤형화장품의 판매 및 주의사항/ 234

Chapter 21. 색조화장품 236

1. 색조화장품의 정의 및 현황/ 236
2. 색조화장품의 종류/ 237

Chapter 22. 모발화장품 252

1. 모발화장품의 분류와 현황/ 252
2. 모발화장품의 종류/ 253

Chapter 23. 바디 화장품 266
1. 바디 화장품의 정의/ 266
2. 바디 화장품의 종류/ 267
Chapter 24. 방향 화장품 275
1. 방향 화장품 개론/ 275
2. 방향 화장품 종류/ 277
3. 아로마테라피/ 287

화장품 선택 어렵지 않아요.

Part VI 화장품 선택

Chapter 25. 화장품 선택시 고려사항 300
1. 화장품 전성분 바로 보기 / 300
2. 화장품과 숫자 / 303
3. 화장품 포장의 표시기준 및 표시방법 / 305
4. 화장품 표시 · 광고의 표현 범위 및 기준 / 308

• 부록 – 화장품법 전문 / 313

• 참고문헌 / 339
• 찾아보기 / 340

우리는 왜 화장품을 알아야 하는가?

Part I 화장품의 기초지식

Chapter 1. 화장품의 역사

2. 화장품의 특성

3. 화장품의 개발과 산업화

Chapter 1
화장품의 역사

오늘날 화장품은 우리의 일상생활과 깊은 관계가 있으며, 많은 사람들이 사용하고 있어서 그 소비량 또한 크게 증가하고 있다. 그렇다면 사람이 화장을 하기 시작한 것은 언제부터일까?

화장품이 언제부터 사용되었는지 정확한 기록이 없어 화장의 발생을 역사적으로 거슬러 올라가서 언제라고 확증하기는 어려우나 유물이나 출토품 등으로부터 추론해 보았을 때 구석기 시대 무렵으로 추정되며, 인류 문명의 발달과 함께 인간의 자아를 표현하는 하나의 방법으로 발전하였다.

화장의 기원은 인간이 아름다워지려는 본능적 욕구 충족을 위해 화장을 했다는 장식설, 자연으로부터 몸을 보호하기 위해 화장을 했다는 신체 보호설, 성별이나 신분, 계급을 구분하기 위해 화장을 했다는 계급설, 주술적 또는 종교적으로 질병이나 마귀를 막기 위해 화장을 시작했다는 종교설 등으로 설명하고 있다.

그러나 과학의 진보와 함께 현대에는 이러한 목적은 거의 없어지고 신체를 청결히 하는 것, 메이크업 등에 의해 자기를 아름답고 매력있게 표현해서 마음을 풍요롭게 하는 것, 그리고 자외선이나 건조 등으로부터 피부나 모발을 보호해서 노화방지에 주의하는 것, 아름답게 나이를 먹으면서 쾌적한 생활을 즐기는 것 등이 현대 화장품의 주된 목적이 되었다.

초기에는 종교층, 지배층 등 특권 계층만이 독점적으로 사용했던 화장품이 이제는 과학의 진보와 생활수준 향상에 따라 일반인들도 널리 사용하게 되었으며 최근에는 생활필수품으로 자리 잡게 되었다.

1. 한국의 화장품 역사

1. 고 대

단군신화를 보면 환웅이 곰과 호랑이에게 쑥과 마늘을 주고 백일 동안 동굴 속에서 햇빛을 보지 않으면 인간이 된다고 하였다. 민간요법에서 쑥을 달인 물에 목욕하면 피부가 희고 건강해지며, 마늘을 찧어서 꿀과 섞어 얼굴에 바른 후 씻어내면 잡티, 기미를 제거하는 효과가 있다고 알려져 있는 것을 볼 때, 단군신화에 나오는 쑥과 마늘의 사용이 화장 역사의 시초라는 해석이 가능하다.

또한 고조선 시대에 만주지방에 살았던 고대 읍루인(挹婁人)들이 돼지기름을 좋아하여 고기는 먹고 가죽으로는 옷을 만들며 기름은 몸에 발라 추위를 막았다는 기록이 있으며, 그 외에도 한반도에 거주하던 말갈인들은 흰 피부를 간직하기 위하여 오줌으로 세수를 하였고, 낙랑시대의 고분에서 출토된 그림을 통해 당시 여인들이 눈썹화장을 하고 있음을 볼때 우리 선조들이 상당히 오래 전부터 화장을 해왔다는 사실을 알 수 있고 우리 민족이 오래전부터 문명사회를 형성했음을 볼 수 있다.

신에게 제사를 지낼 때 목욕재계하고 향을 피운다던지, 신분계급을 나타내기 위해 장식물을 달고 색을 칠했다는 것 등은 서양과 크게 다를 바 없으나, 피부를 보호하고 피부를 희게 가꾸려는 노력이 일찍부터 행해졌다는 것은 특이할 만한 사실이다.

2. 삼국 시대

(1) 고구려

수산리 고분벽화의 귀부인은 눈썹이 약간 가늘고 둥글며 볼과 입술은 연지로 단장했으며 쌍영총에는 시녀로 추측되는 여인이 화장을 하고 있는 벽화가 있는데, 이를 통해 당시에는 신분에 관계없이 누구나 화장을 했음을 알 수 있다.

그림 1-1 수산리 고분벽화의 귀부인상

그림 1-2 쌍영총 고분벽화의 여인상

(2) 백 제

중국문헌에 나타난 것을 보면 백제인들은 "시분무주(施紛無朱 : 분은 바르되 연지는 바르지 않았다)"라고 기록되어 있는 것으로 보아 엷고 은은하고 세련된 화장을 즐겼음을 알 수 있다. 또 일본의 옛 문헌인 "화한삼재도회(和漢三才圖會)"에 '백제로부터 화장품의 제조기술과 화장기술을 전해 받아 화장을 했다'는 기록이 있다. 이로 볼 때 백제의 화장기술과 제조기술이 매우 높은 수준이었음을 추측할 수 있다.

(3) 신 라

신라인들은 영육일치사상(靈肉一致思想 : 아름다운 육체에 아름다운 정신이 깃든다)으로 인해 남녀 모두가 자신의 외모와 미(美)에 관심이 높아 몸을 청결하고 아름답게 꾸미는 것이 당시 유행이었다.

삼국유사의 기록에 의하면 신라의 시조 박혁거세를 동천(東泉)에서 목욕을 시켰더니 몸에서 광채가 났고 그의 왕후인 알영은 몸매와 얼굴이 남달리 아름다웠는데 입술이 닭 주둥이 같았는데 북천(北天)에서 목욕을 시켰더니 입술이 아름다운 미인이 되었다고 한다. 두 사람의 목욕일화는 우리 민족이 일찍이 아름다움을 숭상하고 추구하였음을 보여주고 있다.

남성인 화랑들도 여성들 못지않게 화장을 하고 귀걸이, 가락지, 팔찌, 목걸이 등 갖가지 장신구로 장식을 하였을 뿐 아니라 귀천에 관계없이 여성들이 향낭을 차고 귓불을 뚫어 귀걸이를 달고 장도를 지녔다. 불교의 전래는 화장과 화장품의 발달에 커다란 영향을 미쳤으며, 특히 목욕재계와 향 사용 등이 대표적인 예이다.

신라에서는 일찍이 백분과 연지를 만들어 볼과 입술에 사용하였다. 백분은 얼굴을 희게 보이도록 하여 결점을 감춰주어 널리 사용되었으며, 주로 쌀가루, 분꽃씨 분말, 조개껍질을 태워 빻은 분말, 백토, 활석의 분말 등을 사용하였다. 이러한 천연의 분은 부착력이 낮은 결점을 가지고 있었기에 통일신라시대로 넘어가게 되면 이를 보완하기 위해 납 성분을 가미한다. 연지는 홍화와 돼지기름을 혼합하여 만든 것을 사용하였으며, 눈썹은 굴참나무나 너도밤나무의 재를 기름에 개어 만든 미묵으로 그렸다.

3. 통일신라 시대

중국의 영향으로 통일신라 시대의 신라는 삼국시대의 신라 때보다 화려해졌으며, 연분을 제조하였다. 연분은 부착성과 퍼짐성이 약한 단점이 있는 백분에 납을 첨가한 것으로 한 승려가 692년에 일본으로 건너가 연분을 만들어 주었다는 기록이 있다.

4. 고려 시대

우리나라 역사상 최초로 국가에서 정책적으로 화장을 장려하고 화장법을 가르친 것은 고려 태조 왕건 때인 것으로 기록되어 있다. 신라를 정복하고 고려를 새로 창건한 왕건은 중국의 제도를 본따서 궁궐 안에 교방을 새로 설치하고, 각 관아의 기생 가운데 얼굴이 예쁘고 몸매가 단정한 여자들을 선발했다.

기생들의 화장은 반드시 교방에서 가르친 방법으로만 하도록 했고, 그 방법은 머릿기름을 번들거릴 정도로 많이 바르고, 먹으로 눈썹을 가다듬어 반달처럼 가늘게 그리며 입술은 붉은 색으로 연지를 칠하는 것이었다.

그리고 얼굴은 되도록 하얗게 보이도록 백분을 짙게 발라 피부를 창백하게 했다. 이러한 고려 초기의 교방화장법은 조선말까지 기생들의 변함없는 화장법으로 이어져 왔는데, 이를 "분대화장"이라 한다.

반면 여염집 여인들은 기생으로 오해받지 않기 위해 엷게 분을 바르고 연지를 바르지 않는 화장을 했는데 이를 "비분대화장"이라고 한다.

5. 조선 시대

유교의 영향으로 화장은 기녀들만 하는 것으로 생각하고 짙은 화장을 천시했기 때문에 여염집 여인들은 평소 피부 손질을 위주로 한 소박하고 수수한 화장을 하였으며, 화장은 혼례나 외출의 의식행위로 그 의미가 변해갔다. 혼례 때에는 이마에 곤지, 양 볼엔 연지, 입술은 빨갛게 칠하였다.

기생들은 고려시대에서 이어진 화려한 분대화장을 했으며, 백분, 연지, 화장수 등과 함께 향낭이 기생층과 상류층을 중심으로 사용되었다.

조선시대는 유교적 도덕관념과 남성 중심의 가부장적 사상으로 또는 고려시대의 사치와 퇴폐풍조에 대한 반작용으로 화장에 대해 여러 차례 금지령을 내린 바 있다. 따라서 점차 분대화장을 기피하고 한국인의 고유 미의식인 신체가 청결해야 마음도 청결하다는 사상, 즉 내면의 미와 외면의 미가 동일하다는 사상으로 바뀌었다.

조선시대 사대부가의 가정백과라 할 수 있는 "규합총서(閨閤叢書)"에는 미용법과 두발의 형태, 입술과 눈썹 그리는 방법 등의 내용이 기록되어 있는데 이 기록들이 기생을 대상으로 한 것이 아니라는 점에서 이색적이다.

숙종 때에는 이집 저집 찾아다니면서 화장품을 판매하던 우리나라 최초의 방문 판매원이었던 매분구가 생겨났다. 매분구들 덕분에 자유로운 출입이 억압되었던 조선시대 여인들에게 화장이 그나마 자연스럽게 확산될 수 있었다.

임진왜란 직후인 선조 때 일본에서 발매한 "아사노쓰유(朝の露: 아침이슬)"라는 브랜드의 화장수 광고문안 가운데 '조선의 최신제법으로 제조한'이라는 구절이 있는 것을 보았을 때 조선시대 중기까지 조선의 화장품 제조기술은 상당히 높은 수준이었음을 알 수 있다.

그러나 조선시대 후기에 이르러 다른 분야와 마찬가지로 수공업 수준을 탈피하지 못하고 늦은 산업화로 인해 외국의 화장품 기술력에 비해 뒤떨어졌다.

6. 근대 이후

⑴ 해방 이전

1920년대에는 유럽의 크림, 백분, 비누, 향수들을 국내에 들여오면서 수입 화장품들이 대단한 인기를 끌었다. 신식 화장품의 도입은 신식 화장법으로 발달되어 입술연지의 색상이 진해지고, 향수와 비누의 향이 강해졌다. 종래의 쪽진 머리는 퍼머 머리로 바뀌고 치마와 소매의 길이가 짧아졌으며 뾰족구두와 양산을 받친 신여성이 등장하였다.

우리나라 최초의 근대적 화장품인 '박가분'이 등장한 것은 1916년이다. 포목상을 하던 박승직 상점에서 처음에는 혼수 흥정 때 경품으로 주기도 했고, 포목상들이나 방물장수들이 시골에 다니면서 팔기도 하였는데 판매가 잘 되자 1922년 국산 화장품 제조허가 제1호로 출범하게 되었다.

박가분은 "박가분을 항상 바르시면 살빛이 고와집니다"라는 내용으로 신문광고를 할 만큼 1920년~1930년대 초까지 최고의 히트상품이었다. 그러나 생산방식이 재래식이었고, 피부 부착성을 높이기 위해 첨가한 납 성분의 치명적인 독성이 나타나면서 그 인기가 수그러들었다. 특히, 매일 얼굴에 박가분을 바르는 기생들에게 피부가 푸르게 변하면서 눈에 경련이 나타나고, 자주 구토를 하는 증상이 나타났다.

실의에 빠진 기생이 자살을 시도하기도 했는데 실제로 1927년 3월 2일자 조선일보에는 한 창기가 박가분을 먹고 자살을 시도했다는 기사가 실리기도 했다. 기생들이 박가분을 만든 박승직 상점을 고소하는 등 당시 사회에 큰 물의를 빚었고, 1937년 박가분 생산이 중단되었다.

그 후 납 성분이 들어가지 않은 '서가분', '장가분' 등의 유사상품과 미용백분, 설화분 등이 제조 발매되고, 머릿기름, 연부액, 유액 등도 시판되었다. 또한 당시 외제품으로는 러시아제 크림이 유행하였는데, 러시아 행상들은 거리에서 북을 두 번 친 후 크림의 일본식 발음인 '구리무'를 외치며 판촉에 나서 '동동구리무'라 불리게 되었다.

그림 1-3 박가분

⑵ 1945년 해방 이후

1945년 해방을 계기로 다양한 제품들이 소개되기 시작하였는데 콜드크림, 바니싱 크림, 포마드가 대표적인 제품이었다. 콜드크림(cold cream)은 화장을 지우거나 마사지 할 때 혹은 기초 화장품 대용 등의 광범위한 용도로 사용되었던 크림이고, 콜드크림보다 유분이 적게 함유된 영양크림인 바니싱 크림(vanishing cream)은 피부에 바를 때 불투명한 상태에서 피부에 바른 후 즉시 투명해져 사라지는 것 같은 현상을 나타낸다고 해서 큰 인기를 끌었던 일종의 영양크림이다.

또, 퍼머넌트의 유행으로 일반 여성들도 퍼머, 세팅, 아이롱으로 웨이브를 넣어 멋을 냈다. 1948년에는 서울시 위생과의 관리 하에 미용사 자격시험이 제정되었으며, 일본이나 유럽 등지에 있던 사람들의 귀국으로 인하여 기초 미용 마사지법이 국내에 보급되었다.

7. 현 대

6. 25전쟁으로 인해 국내 화장품 시장은 위축되고 미군의 영향으로 밀수 화장품이 국내 화장품 시장을 주도하였다. 그러나 1960년대부터 우리나라 화장품 산업이 본격화 되어 화장품의 연구, 생산 및 품질관리 기술의 발달이 시작되었고, 화장품의 안정성이 주요 과제로 떠올랐다. 방문판매제도가 도입되면서 손쉽게 집에서 화장품을 구입하게 되었다.

1970년대부터는 고도의 경제성장과 신문, TV, 잡지 등의 매스미디어의 보급으로 패션과 메이크업이 보편화, 대중화 되었다. 화장품 업계도 활기를 띠며 사용하는 원료가 다양해졌고 사용감을 중요하게 생각하였다. 1971년 화장품 회사의 광고정책과 맞물려 국내 최초로 메이크업 캠페인이 실시되어 메이크업의 필요성을 부각시키면서 메이크업 화장품 시장이 크게 발전하였고, 기초 화장품 분야도 기술이 발달되어 현대적인 화장품으로 도약했다. 화장품 용기의 고급화와 함께 국산 화장품의 수출도 이루어지기 시작하였다.

1980년대에는 과학기술의 발전으로 안전성과 평가기술이 발달했고 생명공학 원료를 사용했다. 과거의 보습 및 피부 유연 효과 중심에서 벗어나 피부와 모발의 생리에 기반을 둔 제품이 출시되기 시작했다. 또한 컬러 TV보급과 매스미디어의 발달로 색채의 사용이 다양해지고 뚜렷해졌다.

정부의 화장품 산업 보호정책 중의 하나로 1980년대 초까지는 우리나라 화장품이 외국제품과 비교하여 경쟁력이 떨어진다는 이유로 외제 화장품의 수입을 금지시켰으며 품질을 향상시키기 위해서 기술제휴를 하도록 하였다. 이후 우리나라 화장품도 품질이 향상되어 1983년 이후 화장품의 수입 자율화가 부분적으로 이루어졌고 1986년부터는 전면 수입 자율화가 되었다.

화장품의 수입 자율화로 선진국의 다양한 색조 화장품들이 수입되어 소비자가 자신의 개성과 라이프스타일에 맞추어 선택하는 소비자 시대가 되었다.

1992년 화장품 소매업의 부분개방 및 96년 전면개방과 함께 수입 화장품의 국내 유입이 쉬워졌다. 환경에 대한 관심의 고조와 함께 식물성 성분을 함유한 화장품이 큰 인기를 얻었으며 '자연으로 돌아가자'는 캠페인이 대두되었다. 레티놀 등을 이용한 기능성 화장품에 대한 관심이 증대되었으며, 미백 및 피부노화에 대한 연구와 유효성이 주요 기술 과제로 떠올랐다.

2000년대 들어 인구가 줄고 노령화 사회가 본격적으로 시작되면서 건강과 미용에 대한 사회적 관심도가 높아져 기능성 화장품에 대한 요구도 늘어나게 되었다. 1999년 9월 화장품법이 제정되고 기능성화장품이 도입되면서 피부미백, 주름개선, 자외선 차단의 효과를 지닌 제품과 기능성 소재의 개발에 대한 연구가 활발히 이루어졌다.

2008년 우리나라도 전성분 표시제를 시행하면서 화장품의 안전성에 대한 관심이 높아졌고, 2017년 기능성화장품을 확대하여 기존의 기능성화장품에 염모제, 여드름 완화제, 튼살 완화제, 탈모 완화제, 제모제, 아토피 완화제 등이 추가되었다. 기능성화장품의 확대로 안전성과 유효성을 입증할 수 있는 기능성 원료 개발에도 박차를 가하고 있다.

더불어 2020년에는 맞춤형 화장품 판매업이 신설되면서 고객의 기호와 요구에 맞는 개인 맞춤형화장품 시대를 열게 되었다.

2. 서양의 화장품 역사

1. 고대 이집트 시대

인류 최초의 미를 위한 화장품의 사용은 기원전 7,500년경 이집트에서 시작되었다고 전해진다. 이집트의 목동과 사냥꾼들이 태양광선으로부터 피부를 보호하기 위해 야생 피마자나무에서 짠 기름을 온몸에 발랐고, 장례식에서는 이집트의 태양신에게 향수를 바쳐 죽은 자의 영혼을 위로하고 영원불멸을 기원했다.

또한 기원전 3000년경의 이집트 제1왕조 무덤에서는 향이 첨가된 화장 연고와 화장 거울이 발견되었다. 고대 이집트인들은 눈을 강조하고 곤충의 접근을 막기 위해 코올(Kohl)이라는 것을 발랐는데, 코올은 향기 있는 수지나 아몬드 껍질을 검게 태워서 만든 것을 상아나 나무로 된 가느다란 막대기를 이용하여 눈꺼풀에 칠하였던 일종의 화장품이라고 할 수 있겠다.

이집트인들은 더위로부터 몸을 보호하고 청결을 유지하기 위해 남녀 모두 머리를 밀고 마와 인모로 만든 가발을 썼으며, 목욕도 고대 이집트에서 처음 시작된 것으로 보는데, 더운 기후 때문에 목욕과 향유가 발달되어 왔다.

2. 그리스와 로마 시대

그리스인들은 건강한 신체에 건강한 정신이 깃든다고 믿어 식이요법과 운동 등을 통한 규칙적인 관리로 건강한 신체를 추구했다. 화려한 색조화장보다는 인체의 균형과 조화의 아름다움을 중시하여 자연스러운 메이크업에 길고 웨이브가 있는 헤어스타일을 더해 변화를 주었다.

이집트의 모든 화장품 제조 비법을 그리스의 약초학과 임상학의 대부이던 의사 갈렌(Galen)과 물리학자 데모크리투스(Democritus)가 상세히 기록하여 전했다. 갈렌의 처방이 중세 또는 18세기 말까지 실제로 사용되었다는 점에서 약학의 아버지라고 불리고 있다.

갈렌의 학문적 노력으로 콜드크림(cold cream)이 탄생되었는데, 콜드크림은 피부의 수분 증발을 막아주고 피부를 햇볕으로부터 보호해주며, 바르고 난 순간부터 시원한 청량감을 느껴 콜드크림이라고 불렀다. 갈렌이 만든 특수 연고는 동물성 기름과 물을 함께 처방해 오늘날의 콜드크림의 원조가 되었다.

물론 오늘날의 콜드크림은 향기와 품질 면에서 보면 갈렌이 만든 것과는 전혀 다르지만, 동물성 지방과 물을 합쳤다는 점에서 근본적으로 같은 것이라고 할 수 있다.

고대 화장은 로마시대에 들어와 전성기를 이루어 귀족층 여성을 중심으로 널리 유행되었다. 로마 여인들의 화장술은 이집트 여인들보다 더 정교했는데, 상류 계급의 여성들은 피부 마사지와 색조 화장을 모두 선호하였으며, 백연, 석고, 백묵 등으로 얼굴을 하얗게 하여 연약한 모습을 표현하였다.

로마시대에는 목욕문화가 발달하여 공중목욕탕이 번성하였고, 남자들도 화장을 하였으며, 목욕 후 마사지를 즐겼고 머릿기름과 향유를 바르는 것이 유행이었다. 이 시기에는 얼굴에 난 털을 미는 풍조가 있었는데 이는 오늘날 면도의 시초로 본다.

3. 중 세

고대 로마가 멸망한 후 중세시대에는 기독교의 금욕주의 영향으로 여성들이 목욕을 하거나 화장을 하는 행위를 죄악시하는 사회적인 분위기가 형성되어 화장 문화가 크게 발달되지 못하였다.

십자군 전쟁 이후 동양에서 안티몬과 향유 등의 화장재료들과 회교도의 화장풍습이 전해져 여성들 사이에 화장에 대한 관심이 다시 생겨나게 되었다.

비누도 차차 대중화되어 8세기에는 이태리와 스페인에 소규모의 비누 공장이 생겼다. 이후 1200년경 프랑스의 마르세이유에 세워진 비누공장을 시작으로 성업을 이루게 된다.

4. 르네상스 시대

르네상스 시대의 전성기인 16세기부터 출현한 개인주의와 향락주의는 남성미와 여성미를 강조한 상류층에 의해 과도한 화장술로 표현되었다.

르네상스가 꽃피기 시작한 것은 1558년 즉위한 영국 여왕 엘리자베스 1세가 통치하던 시기로, 여왕은 독신이었고 그녀의 통치기간에 영국은 유럽에서 최고로 번영을 누리고 있었으므로 사치를 위해서 돈을 아끼지 않았다.

이탈리아에서 유행하던 물건들과 함께 화장법도 들어와 얼굴에 분을 약 1.3 센티미터나 되는 두께로 칠했기 때문에 얼굴 표정을 알 수 없을 정도였다고 한다. 당시 여왕의 화장은 그대로 궁중 여성들과 귀족 부인들의 본보기가 되어 귀족사회에서 유행하기 시작했다.

마르코 폴로 등의 영향으로 유럽은 인도와 동양의 문물을 많이 접하게 되며, 이 시기에 가장 주목할 만한 진전은 알코올과 그 증류법을 알아낸 일이다. 팅크(tincture)를 만들어 쓰기 시작한 것은 아랍인들이지만, 알코올이 정식으로 향수에 쓰이게 된 것은 14세기로 추측된다.

5. 바로크 및 로코코 시대

17세기 후반에는 여드름이나 천연두의 흔적을 감추기 위해 실크나 벨벳으로 만든 뷰티 패치(beauty patch)가 유행하였다. 많은 여성들이 피부를 하얗게 표현하는 것을 좋아하여 흰 파우더를 사용하였으며, 상류층의 여성들은 창백한 피부 표현을 위하여 메이크업 베이스로 백연을 사용하였다.

알코올의 증류법이 개발되어 지금의 화장수와 유사한 형태의 화장품이 사용되기 시작하였으며, 향수 제조업은 17~18세기에 걸쳐 프랑스에서 크게 발전하여 이는 향수 산업에서 단연 앞서가는 밑거름이 되었다.

1800년대에 들어서면서부터는 현대적 의미의 화장품이 등장하기 시작했으며, 조발사와 이발사가 전성기를 맞게 되었다.

1866년 산화아연의 개발로 그동안 사용되어 왔던 독성있는 납을 원료로 한 가루분을 대신해 안전하고 변색이 되지 않는 가루분을 저렴한 가격에 제조할 수 있게 되었다. 그 후 1916년 산화티타늄이 발견되었고, 이듬해 그것으로 만든 가루분이 미국에서 대량으로 판매되자 납 가루로 된 분은 그리스 이후의 긴 역사를 마감하고 안전하고 새로운 성분의 화장품이 공급되었다.

6. 근대 이후

20세기에는 산업사회로의 급격한 발전과 여성들의 사회 진출로 화장품은 여성의 필수품으로 자리잡게 되었다. 화장품 분야에서의 20세기 첫 작품은 1901년 개발된 마사지크림으로 나오자마자 널리 유행하게 된다. 1907년 샴푸가 생산되기 시작하였고, 1908년 매니큐어가 등장하면서 본격적으로 화장품이 생산되기 시작하였다.

질레트사는 안전 면도날을 고안해냈고, 영국의 미용사 네슬러는 붕사와 금속막대를 사용하는 퍼머넌트 방법을 고안해냈다. 이 시기는 미국의 엘리자베스 아덴, 영국의 헬레나 루빈스타인이 처음 탄생한 시기이기도 하다.

1920년대에는 사진 기술의 발달에 따라 잡지 광고가 화장품 광고의 주무대로 떠올랐으며 영화가 대중문화의 중심 역할을 하기 시작하면서 일반인들이 여배우들의 화장이나 패션, 심지어는 행동이나 태도까지 따라하기 시작했다.

대담한 색상을 이용해 짙은 색깔로 그림 그리듯 하는 짙은 화장인 뱀프 룩이 유행이었다. 또한 처음으로 의료기술을 응용한 성형수술이 개발되어 인공 미인시대가 열렸다.

1930년대 후반 자외선을 차단하는 제품이 개발되어 큰 인기를 모았으며, 비누가 들어있지 않은 샴푸의 생산, 가열하지 않는 콜드 퍼머법이 개발되었다. 미국에서는 레브론, 1935년에는 프랑스의 랑콤이 탄생했다.

제2차 세계대전이 일어났던 1940년대에는 밀리터리룩이 유행하면서 화장도 강인하고 일하는 여성 이미지로 바뀌었다. 당시 전쟁 중이던 유럽을 대신해 뉴욕이 패션의 중심지로 부상했고, 헐리우드에서는 컬러 영화가 제작되면서 다양한 화장품들이 필요하게 되었다. 특히 피부를 완벽하게 커버하면서 방수효과가 있는 팬케이크가 등장하자 여성들의 메이크업은 더욱 두꺼워졌다.

이 시기의 여성들은 더욱 정교하게 눈썹을 그렸고 눈이 더욱 들어가 보이도록 아이섀도우를 펴 발랐다. 그리고 어두운 색상의 파운데이션으로 음영을 주는 등 얼굴을 더욱 입체적으로 표현했으며, 입술 라인을 그린 후 립스틱으로 메웠다. 전쟁 중임에도 불구하고 화장품 산업의 매출은 꾸준히 성장했다.

1940년대에 호르몬크림의 제조가 성공하였고 에어로졸 용기가 나오기 시작했다.

1943년에는 전쟁 중이었지만 세계적인 기업으로 성장한 에스티로더가 뉴욕에서 탄생했으며, 전후 미국이 세계 최강자로 급부상함에 따라 엘리자베스아덴, 헬레나 루빈스타인, 레브론, 맥스팩터, 에이본 등은 전 세계에 지사를 설치하기 시작했다.

전쟁이 끝나고 남성들이 사회로 돌아오면서 가정적이고 순종적인 여성을 바람직한 사회의 이상형으로 여기게 되었다. 가장 특징적인 화장은 짧은 헤어스타일에 맞추어 마스카라나 아이섀도우, 아이라이너 펜슬 등으로 눈에 포인트를 주는 것이다.

당시 대표적인 유행선도자는 요정 같은 모습의 오드리 햅번과 요염한 마릴린 먼로, 귀족적 분위기의 그레이스 켈리, 건강한 야성미의 브리지드 바르도였는데 이들의 화장법은 여성들의 선망이 되었다.

이 시기에는 10대들을 위한 화장품이 새롭게 등장했고 남성들도 이발, 마사지, 매니큐어 등 몸치장에 많은 신경을 썼다.

1960년대 중반에 이르러 패션산업이 크게 성장하자 화장도 대담하게 전개되었으며, 인조 속눈썹을 이용해 눈을 더욱 강조하였다.

1970년대 초에는 좋은 외모가 더 큰 직업적 성공을 보장하는데 도움을 준다고 여겨져 피부를 보다 건강하게 해주는 화장품에 관심이 많아졌다. 70년대 중반에는 유행패턴이 점차 동양적으로 바뀌어 베이지, 갈색, 주황, 블루 등의 색상이 주류를 이루었으며 눈썹의 형태도 자연스러워졌고, 눈에 명암을 주는 화장기법도 유행하였다.

이때 여성들은 다양한 화장품을 이용하여 이미지 메이킹을 하고 단순히 얼굴을 장식한다는 개념에서 벗어나 피부를 아름답게 가꾸어야 한다는 인식으로 바뀌었다.

1980년대는 여성들의 활발한 사회진출과 맞물려 강한 여성의 이미지가 유행하였다. 눈썹 화장을 강하고 두껍게 그렸으며, 입술도 진한 색으로 발라 단호한 여성의 이미지를 부각시켰다. 또 다른 한편에서는 복고풍의 영향으로 성숙하면서도 섹시한 글래머 스타일이 인기있었다. 그러나 80년대 중반부터는 관능적인 스타일과 반대되는 자연스러운 스타일이 유행하여 화장품 색조가 평범해졌다.

1990년대 초반 화장은 과거의 복고적인 스타일을 다양하게 시도하였으며, 여성스럽고 로맨틱한 스타일도 함께 유행했다. 그리고 환경보호에 대한 문제가 사회적으로 이슈화되면서 자연 그대로의 색감과 질감을 살린 다양한 스타일이 선호되었다.

1990년대 중반에는 다시 두껍고 화려한 화장이 유행하기도 했지만 이러한 경향은 스스로 즐기기 위한 선택이었고, 사람들은 다양한 인종의 개성을 그들 고유의 아름다움으로 인정하게 되었으며, 새로운 밀레니엄 시대에 어울리는 아름다운 이상을 찾으면서 개성을 부각시켰다.

1990년대 후반으로 들어서면서 여성의 사회진출이 늘어나면서 진한 화장보다 자연스런 메이크업이 유행하게 되었다. 더불어 환경문제에 대한 관심이 높아지면서 자연친화적 화장품에 관심이 높아져 천연성분을 함유한 화장품이 등장하기 시작하였다.

이러한 현상은 2000년대에도 지속되어 웰빙 붐을 타고 환경친화적인 화장품의 연구개발이 활발해져 천연화장품 및 유기농 화장품의 시장도 활성화되었다. 메이크업에도 이러한 경향이 반영되어 색조를 거의 사용하지 않고 피부 원래의 색을 강조하는 건강하고 자연스러운 화장이 이어져 오고 있다.

Chapter 2 화장품의 특성

1. 화장품이란?

화장품을 뜻하는 'cosmetics'는 그리스어로는 '잘 정리하다', '잘 감싼다'라는 의미로, 인간을 잘 싸서 질서있게 조화시키는 도구를 뜻한다. 코스메틱의 어원은 '코스메티코스(Cosmeticos)'로, 혼돈을 의미하는 카오스의 반대 개념으로 '질서있는 체계' 또는 '조화'를 뜻하며, 고대 그리스어인 '코스모스(Cosmos, 우주, 신의 명령)'에서 유래하였다.

오늘날에는 인간 신체의 일부분에 색상을 부여하고 조화시켜 외향적인 아름다움을 물리적으로 표현하는 화장품을 가리킨다. 화장품은 사람의 몸을 청결히 하고, 아름답게 하며, 더욱 매력적으로 변화시켜 주기 위해 사용하는 물품 또는 피부와 모발을 건강하게 유지하기 위해 신체에 바르거나 뿌리거나, 그 밖에 이와 유사한 방법으로 사용하는 물품으로서 인체에 대한 작용이 적은 것을 말한다.

화장품에 대한 법적인 정의와 범위는 나라마다 조금씩 차이가 있지만, 화장품은 각종 성분들을 적절히 배합하여 신체에 바르거나 뿌려서 사용하며 신체 및 모발을 청결히 하고 또한 건강하게 하여 아름다움을 유지시키기 위한 것이라는 점은 공통적이다.

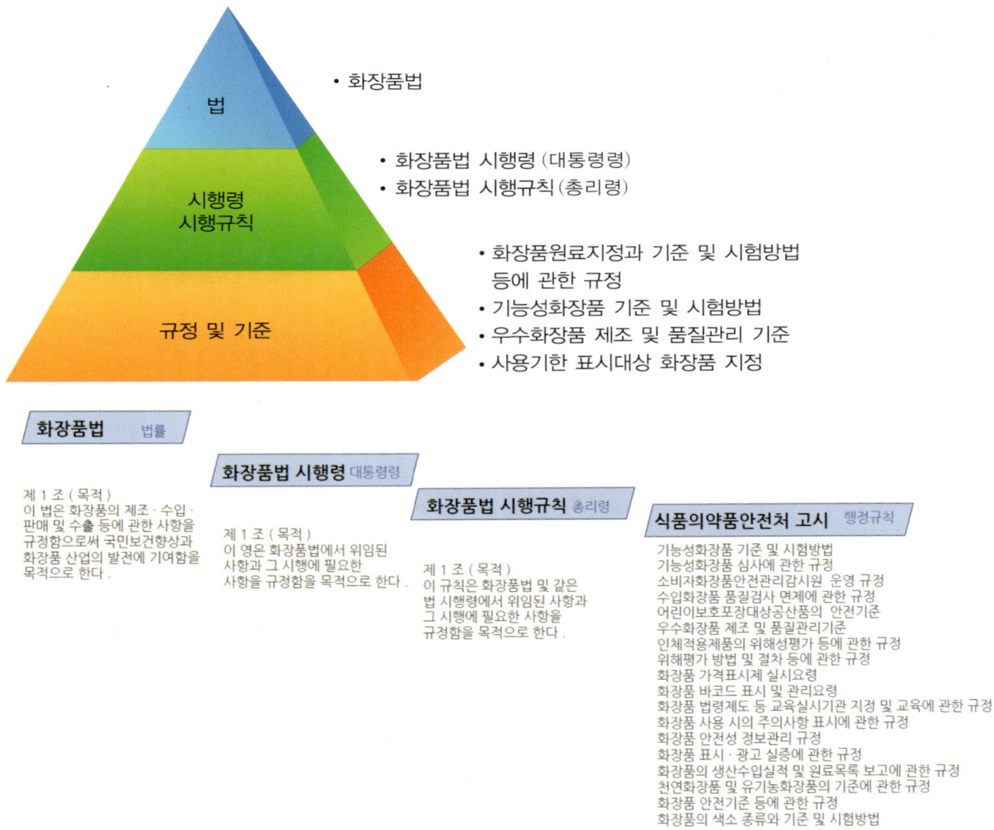

그림 2-1 화장품의 법적 체계

우리나라는 1953년 제정된 약사법 내의 화장품 관련 법규에 따라 화장품 산업이 규제를 받아오던 중 국내 화장품 산업 발전과 외국 화장품에 대한 경쟁력 배양을 위해 약사법 중에서 화장품과 관련된 법규를 분리하여 2000년 7월에 새롭게 화장품법을 제정하였다.

과거 약사법에서 화장품의 정의는 "인체를 청결 또는 미화하고 피부 또는 모발을 건강하게 유지하기 위하여 도찰, 살포, 그 밖에 이와 유사한 방법으로 사용되는 물품으로서 인체에 대한 경미한 것, 다만 사용목적이 의약품의 사용목적을 겸하여 사용되는 물품은 예외로 하는 것"으로 정의했다.

반면, 2018년 12월 개정된 화장품법에서는 화장품의 정의를 "인체를 청결, 미화하여 매력을 더하고 용모를 밝게 변화시키거나 피부, 모발의 건강을 유지 또는 증진하기 위하여 인체에 바르고 문지르거나 뿌리는 등 이와 유사한 방법으로 사용되는 물품으로서 인체에 대한 작용이 경미한 것"으로 정의했다. 즉, 과거 약사법의 '피부 또는 모발을 건강하게 유지'하는 한정된 범위에서 '유지 또는 증진'으로 확대되었음을 의미한다. 또한 기능성 화장품이 신설되어 과거 화장품의 정의보다 좀 더 확대되었다고 말할 수 있다.

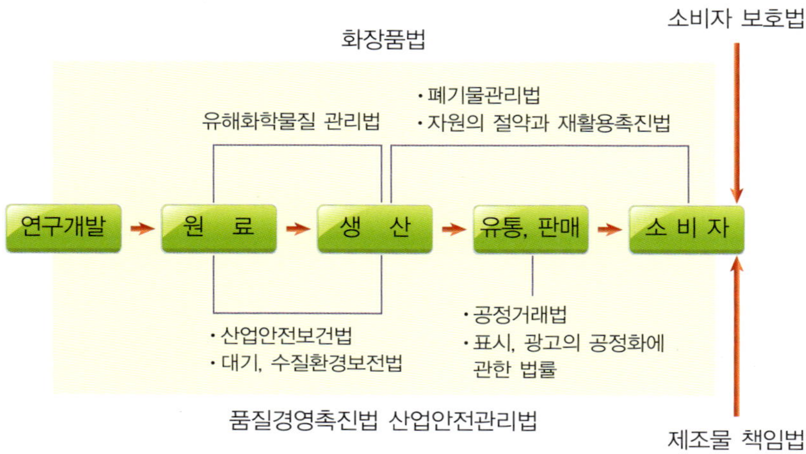

그림 2-2 국내 화장품과 관련된 법률 및 제도

기능성 화장품과 의약품의 차이점을 여러 각도에서 구분할 수 있겠으나 사용 대상에 따라 구별한다면 의약품은 질병이나 질환을 가진 사람 즉, 환자에게 사용하는 것이고, 화장품은 질병이나 질환이 없는 일반인에게 사용하는 것으로 크게 구분할 수 있다.

의약품이란 질병을 가진 사람이나 동물의 진단, 치료, 처치 또는 예방을 목적으로 사용되는 것을 말한다. 즉 사람 또는 동물의 신체 구조나 기능에 약리적인 영향을 주기 위해 사용되는 것을 가리키며, 위생용품이나 기구기계는 의약품에 포함되지 않는다.

반면, 의약외품이란 인체에 직접적으로 작용하지는 않으나 어느 정도의 약리효과를 가진 것을 말한다. 따라서 치료를 목적으로 하지 않는 한 화장품처럼 부작용이 없어야 한다.

의약외품에 해당되는 것으로는 우리가 흔히 사용하는 구강청결제나 치약 등의 제품이 있다.

표 2-1 화장품, 의약외품 및 의약품의 차이점

	화장품	의약외품	의약품
대상	정상인	정상인, 환자	환자
목적	청결, 미화	미화 위생, 미화	(질병의)진단 및 치료
기간	장기간	장기간/단기간	단기간
부작용	인정하지 않음	인정하지 않음	인정함

표 2-2 화장품법 신설 전후 화장품의 범주

<table>
<tr><td>2000년 7월 이전</td><td colspan="2">화장품</td><td colspan="2">의약외품</td><td>의약품</td></tr>
<tr><td>2000년 7월 이후</td><td>화장품</td><td colspan="2">기능성 화장품</td><td>의약외품</td><td>의약품</td></tr>
</table>

2. 화장품의 유형

화장품은 사용목적과 대상 부위에 따라 크게 기초화장용, 색조화장용, 두발용, 인체세정용, 방향용, 목욕용, 영유아용 등으로 분류할 수 있다. 그러나 화장품의 분류는 다양한 형태로 분류가 가능한데, 예를 들면 허가 규정에 따라 일반화장품, 기능성 화장품, 맞춤형화장품 등으로도 구분할 수 있으며, 유통경로나 가격, 연령에 따른 구분도 가능하다. 두 가지 이상의 목적을 갖는 제품이 다양하게 출시되고 있어 선택의 폭이 넓어지고 있다.

화장품의 유형 (화장품법 시행규칙[별표3], 개정 2020. 1. 22)

(1) 만 3세 이하의 영 · 유아용 제품류

① 영 · 유아용 샴푸, 린스
② 영 · 유아용 로션, 크림
③ 영 · 유아용 오일

④ 영 · 유아 인체 세정용 제품
⑤ 영 · 유아 목욕용 제품

[효능]

- 어린이 두피 및 머리카락을 청결하게 하고 유연하게 한다.
- 어린이 피부의 건조를 방지하고 유연하게 한다.

(2) 목욕용 제품류

① 목욕용 오일 · 정제 · 캡슐
② 목욕용 소금류
③ 버블 배스(bubble baths)
④ 그 밖의 목욕용 제품류

[효능]

- 피부를 맑고 깨끗하게 하고 유연하게 한다.
- 목욕 후 상쾌감을 주고, 몸에서 향기로운 냄새가 나게 한다.

(3) 인체 세정용 제품류

① 폼 클렌저(foam cleanser)
② 바디 클렌저(body cleanser)
③ 액체 비누(liquid soaps) 및 화장 비누(고체 형태의 세안용 비누)
④ 외음부 세정제
⑤ 물휴지. 다만, 「위생용품 관리법」(법률 제14837호) 제2조제1호라목 2)에서 말하는 「식품위생법」 제36조제1항제3호에 따른 식품접객업의 영업소에서 손을 닦는 용도 등으로 사용할 수 있도록 포장된 물티슈와 「장사 등에 관한 법률」 제29조에 따른 장례식장 또는 「의료법」 제3조에 따른 의료기관 등에서 시체(屍體)를 닦는 용도로 사용되는 물휴지는 제외한다.
⑥ 그 밖의 인체 세정용 제품류

(4) 눈 화장용 제품류

① 아이브로우 펜슬(eyebrow pencil)
② 아이 라이너(eye liner)
③ 아이 섀도우(eye shadow)
④ 마스카라(mascara)
⑤ 아이 메이크업 리무버(eye make-up remover)
⑥ 그 밖의 눈 화장용 제품류

[효능]

- 색채효과로 눈 주위를 아름답게 한다.
- 눈의 윤곽을 선명하게 하고 아름답게 한다.
- 눈썹을 아름답게 한다.
- 눈썹, 속눈썹을 보호한다.
- 눈두덩의 피부를 보호한다.
- 눈화장을 지워준다.(아이메이크업 리무버에 한한다)

(5) 방향용 제품류

① 향수
② 분말향
③ 향낭(香囊)
④ 콜롱(cologne)
⑤ 그 밖의 방향용 제품류

[효능]

- 좋은 냄새가 나는 효과를 준다.

(6) 두발 염색용 제품류

① 헤어 틴트(hair tints)
② 헤어 컬러스프레이(hair color sprays)
③ 염모제
④ 탈염 · 탈색용 제품
⑤ 그 밖의 두발 염색용 제품류

(7) 색조화장용 제품류

① 볼연지
② 페이스 파우더(face powder), 페이스 케이크(face cakes)
③ 리퀴드(liquid) · 크림 · 케이크 파운데이션(foundation)
④ 메이크업 베이스(make-up bases)
⑤ 메이크업 픽서티브(make-up fixatives)
⑥ 립스틱, 립라이너(lip liner)
⑦ 립글로스(lip gloss), 립밤(lip balm)
⑧ 바디페인팅(body painting), 페이스페인팅(face painting), 분장용 제품
⑨ 그 밖의 색조 화장용 제품류

(8) 두발용 제품류

① 헤어 컨디셔너(hair conditioners)
② 헤어 토닉(hair tonics)
③ 헤어 그루밍 에이드(hair grooming aids)
④ 헤어 크림 · 로션
⑤ 헤어 오일
⑥ 포마드(pomade)
⑦ 헤어 스프레이 · 무스 · 왁스 · 젤
⑧ 샴푸, 린스
⑨ 퍼머넌트 웨이브(permanent wave)
⑩ 헤어 스트레이트너(hair straightner)
⑪ 흑채
⑫ 그 밖의 두발용 제품류

[효능]

- 머리카락에 윤기와 탄력을 준다.
- 두피 및 머리카락을 건강하게 유지시킨다.
- 손상된 머리카락을 보호한다.
- 머리카락의 거칠어짐, 갈라짐을 방지한다.

- 머리카락을 부드럽게 한다.
- 머리카락에 수분 · 지방을 공급하여 유지시켜 준다.(헤어토닉을 제외한다)
- 정전기의 발생을 방지하여 쉽게 머리를 단정하게 한다.(헤어토닉을 제외한다)
- 두피를 깨끗하게 하고 가려움을 없어지게 한다.(헤어토닉에 한한다)
- 머리카락의 세팅효과를 준다.
- 원하는 두발형태를 만든다.
- 두피 및 머리카락을 깨끗하게 씻어주고, 비듬 및 가려움을 덜어준다.

(9) 손발톱용 제품류

① 베이스코트(basecoats), 언더코트(under coats)
② 네일폴리시(nail polish), 네일에나멜(nail enamel)
③ 탑코트(topcoats)
④ 네일 크림 · 로션 · 에센스
⑤ 네일폴리시 · 네일에나멜 리무버
⑥ 그 밖의 손발톱용 제품류

(10) 면도용 제품류

① 애프터셰이브 로션(aftershave lotions)
② 남성용 탤컴(talcum)
③ 프리셰이브 로션(preshave lotions)
④ 셰이빙 크림(shaving cream)
⑤ 셰이빙 폼(shaving foam)
⑥ 그 밖의 면도용 제품류

[효능]

- 피부에 수분을 공급하고 조절하여 촉촉함을 주며, 유연하게 한다.
- 피부를 유연하게 하여 면도에 의한 피부자극을 줄이고 면도를 용이하게 한다.

(11) 기초화장용 제품류

① 수렴 · 유연 · 영양 화장수(face lotions)
② 마사지 크림
③ 에센스, 오일
④ 파우더
⑤ 바디 제품
⑥ 팩, 마스크
⑦ 눈 주위 제품
⑧ 로션, 크림
⑨ 손 · 발의 피부연화 제품
⑩ 클렌징 워터, 클렌징 오일, 클렌징 로션, 클렌징 크림 등 메이크업 리무버
⑪ 그 밖의 기초화장용 제품류

(12) 체취 방지용 제품류

① 데오도런트
② 그 밖의 체취 방지용 제품류

[효능]

- 땀 냄새를 중화시켜 상쾌한 체취를 유지하게 한다.

(13) 체모 제거용 제품류

① 제모제
② 제모왁스
③ 그 밖의 체모 제거용 제품류

3. 화장품 사용 시 주의사항

1. 공통사항

① 화장품 사용 시 또는 사용 후 직사광선에 의하여 사용 부위가 붉은 반점, 부어오름 또는 가려움증 등의 이상 증상이나 부작용이 있는 경우 전문의 등과 상담할 것

② 상처가 있는 부위 등에는 사용을 자제할 것

③ 보관 및 취급 시의 주의사항

- 어린이의 손이 닿지 않는 곳에 보관할 것
- 직사광선을 피해서 보관할 것

2. 개별사항

(1) 미세한 알갱이가 함유되어 있는 스크럽

알갱이가 눈에 들어갔을 때에는 물로 씻어내고, 이상이 있는 경우에는 전문의와 상담할 것

(2) 팩

눈 주위를 피하여 사용할 것

(3) 두발용, 두발염색용 및 눈 화장용 제품류

눈에 들어갔을 때에는 즉시 씻어낼 것

(4) 모발용 샴푸

① 눈에 들어갔을 때에는 즉시 씻어낼 것

② 사용 후 물로 씻어내지 않으면 탈모 또는 탈색의 원인이 될 수 있으므로 주의할 것

(5) 퍼머넌트 웨이브 제품 및 헤어스트레이트너 제품

① 두피 · 얼굴 · 눈 · 목 · 손 등에 약액이 묻지 않도록 유의하고, 얼굴 등에 약액이 묻었을 때에는 즉시 물로 씻어낼 것
② 특이체질, 생리 또는 출산 전후이거나 질환이 있는 사람 등은 사용을 피할 것
③ 머리카락의 손상 등을 피하기 위하여 용법 · 용량을 지켜야 하며,가능하면 일부에 시험적으로 사용하여 볼 것
④ 섭씨 15도 이하의 어두운 장소에 보존하고, 색이 변하거나 침전된 경우에는 사용하지 말 것
⑤ 개봉한 제품은 7일 이내에 사용할 것(에어로졸 제품이나 사용 중 공기유입이 차단되는 용기는 표시하지 아니함)
⑥ 제 2단계 퍼머액 중 그 주성분이 과산화수소인 제품은 검은 머리카락이 갈색으로 변할 수 있으므로 유의하여 사용할 것

(6) 외음부 세정제

① 정해진 용법과 용량을 잘 지켜 사용할 것
② 만 3세 이하 어린이에게는 사용하지 말 것
③ 임신 중에는 사용하지 않는 것이 바람직하며, 분만 직전의 외음부 주위에는 사용하지 말 것
④ 프로필렌 글리콜(Propylene glycol)을 함유하고 있으므로 이 성분에 과민하거나 알레르기 병력이 있는 사람은 신중히 사용할 것(프로필렌 글리콜 함유제품만 표시)

(7) 손 · 발의 피부연화 제품(요소제제의 핸드크림 및 풋크림)

① 눈, 코 또는 입 등에 닿지 않도록 주의하여 사용할 것
② 프로필렌 글리콜(Propylene glycol)을 함유하고 있으므로 이 성분에 과민하거나 알레르기 병력이 있는 사람은 신중히 사용할 것(프로필렌 글리콜 함유 제품만 표시)

(8) 체취 방지용 제품

털을 제거한 직후에는 사용하지 말 것

(9) 고압가스를 사용하는 에어로졸 제품 (무스의 경우 ①부터 ④까지의 사항은 제외함)

① 같은 부위에 연속해서 3초 이상 분사하지 말 것
② 가능하면 인체에서 20cm 이상 떨어져서 사용할 것
③ 눈 주위 또는 점막 등에 분사하지 말 것. 다만, 자외선 차단제의 경우 얼굴에 직접 분사하지 말고 손에 덜어 얼굴에 바를 것
④ 분사 가스는 직접 흡입하지 않도록 주의할 것
⑤ 보관 및 취급상의 주의사항

- 불꽃길이 시험에 의한 화염이 인지되지 않는 것으로서 가연성 가스를 사용하지 않는 제품
  - 섭씨 40도 이상의 장소 또는 밀폐된 장소에 보관하지 말 것
  - 사용 후 남은 가스가 없도록 하고 불 속에 버리지 말 것
- 가연성 가스를 사용하는 제품
  - 불꽃을 향하여 사용하지 말 것
  - 난로, 풍로 등 화기 부근 또는 화기를 사용하고 있는 실내에서 사용하지 말 것
  - 섭씨 40도 이상의 장소 또는 밀폐된 장소에서 보관하지 말 것
  - 밀폐된 실내에서 사용한 후에는 반드시 환기를 할 것
  - 불 속에 버리지 말 것

(10) 고압가스를 사용하지 않는 분무형 자외선 차단제

얼굴에 직접 분사하지 말고 손에 덜어 얼굴에 바를 것

(11) 알파-하이드록시애시드(α-hydroxyacid,AHA)(이하 "AHA"라 한다) 함유제품(0.5퍼센트 이하의 AHA가 함유된 제품은 제외)

① 햇빛에 대한 피부의 감수성을 증가시킬 수 있으므로 자외선 차단제를 함께 사용할 것(씻어내는 제품 및 두발용 제품은 제외)

② 일부에 시험 사용하여 피부 이상을 확인할 것
③ 고농도의 AHA 성분이 들어 있어 부작용이 발생할 우려가 있으므로 전문의 등에게 상담할 것(AHA 성분이 10퍼센트를 초과하여 함유되어 있거나 산도가 3.5 미만인 제품만 표시)

(12) 염모제(산화염모제와 비산화염모제)

가. 다음 사람은 사용하지 말 것

사용 후 피부나 신체가 과민상태로 되거나 피부이상반응(부종, 염증 등)이 일어나거나, 현재의 증상이 악화될 가능성이 있음.

① 지금까지 이 제품에 배합되어 있는 '과황산염'이 함유된 탈색제로 몸이 부은 경험이 있는 경우, 사용 중 또는 사용 직후에 구역, 구토 등 속이 좋지 않았던 사람(이 내용은 '과황산염'이 배합된 염모제에만 표시)
② 지금까지 염모제를 사용할 때 피부이상반응(부종, 염증 등)이 있었거나, 염색 중 또는 염색 직후에 발진, 발적, 가려움 등이 있거나 구역, 구토 등 속이 좋지 않았던 경험이 있었던 사람
③ 피부시험(패치테스트, patch test)의 결과, 이상이 발생한 경험이 있는 사람
④ 두피, 얼굴, 목덜미에 부스럼, 상처, 피부병이 있는 사람
⑤ 생리 중, 임신 중 또는 임신할 가능성이 있는 사람
⑥ 출산 후, 병중, 병후의 회복 중인 사람, 그 밖의 신체에 이상이 있는 사람
⑦ 특이체질, 신장질환, 혈액질환이 있는 사람
⑧ 미열, 권태감, 두근거림, 호흡곤란의 증상이 지속되거나 코피 등의 출혈이 잦고 생리, 그 밖에 출혈이 멈추기 어려운 증상이 있는 사람
⑨ 이 제품에 첨가제로 함유된 프로필렌글리콜에 의하여 알레르기를 일으킬 수 있으므로 이 성분에 과민하거나 알레르기 반응을 보였던 적이 있는 사람은 사용 전에 의사 또는 약사와 상의할 것(프로필렌글리콜 함유 제제에만 표시)

나. 염모제 사용 전의 주의

① 염색 전 2일전(48시간 전)에는 다음의 순서에 따라 매회 반드시 패치 테스트(patch test)를 실시할 것. 패치테스트는 염모제에 부작용이 있는 체질인지 아닌지를 조사하는 테스트임. 과거에 아무 이상이 없이 염색한 경우에도 체질의 변화에 따라 알레르기 등 부작용이 발생할 수 있으므로 매회 반드시 실시할 것. (패치테스트의 순서 ①~④를 그림 등을 사용하여 알기 쉽게 표시하며, 필요 시 사용 상의 주의사항에 "별첨"으로 첨부할 수 있음)

- 먼저 팔의 안쪽 또는 귀 뒤쪽 머리카락이 난 주변의 피부를 비눗물로 잘 씻고 탈지면으로 가볍게 닦음.
- 다음에 이 제품 소량을 취해 정해진 용법대로 혼합하여 실험액을 준비함.
- 실험액을 앞서 세척한 부위에 동전 크기로 바르고 자연건조시킨 후 그대로 48시간 방치함.(시간 준수할 것)
- 테스트 부위의 관찰은 테스트액을 바른 후 30분 그리고 48시간 후 총 2회를 반드시 행할 것. 그 때 도포 부위에 발진, 발적, 가려움, 수포, 자극 등 피부 이상이 있는 경우에는 손 등으로 만지지 말고 바로 씻어내고 염모는 하지 말 것. 테스트 도중, 48시간 이전이라도 위와 같은 피부 이상을 느낀 경우에는 바로 테스트를 중지하고 테스트액을 씻어낸 후 염모는 하지 않도록 할 것
- 48시간 이내에 이상이 발생하지 않는다면 바로 염모 실시 가능함.

② 눈썹, 속눈썹 등은 위험하므로 사용하지 말 것. 염모액이 눈에 들어갈 염려가 있음. 그 밖에 두발 이외에는 염색하지 않도록 할 것

③ 면도 직후에는 염색하지 말 것

④ 염모 전후 1주간은 파마 · 웨이브(퍼머넌트 웨이브)를 하지 말 것

다. 염모 시의 주의

① 염모액 또는 머리를 감는 동안 그 액이 눈에 들어가지 않도록 할 것. 눈에 들어가면 심한 통증을 발생시키거나 경우에 따라서 눈에 손상(각막의 염증)을 입을 수 있음. 만일, 눈에 들어갔을 때는 절대로 손으로 비비지 말고 바로 물 또는 미지근한 물로 15분 이상 잘 씻고 곧

바로 안과 전문의의 진찰을 받도록 할 것. 또한 임의로 안약 등을 사용하지 말 것

② 염색 중에는 목욕을 하거나 염색 전에 머리를 적시거나 감지 말 것. 땀이나 물방울 등을 통해 염모액이 눈에 들어갈 염려가 있음.

③ 염모 중에 발진, 발적, 부어오름, 가려움, 강한 자극감 등의 피부이상이나 구역, 구토 등의 이상을 느꼈을 때는 즉시 염색을 중지하고 염모액을 잘 씻어낼 것. 그대로 방치하면 증상이 악화될 수 있음.

④ 염모액이 피부에 묻었을 때는 곧바로 물 등으로 씻어낼 것. 손가락이나 손톱을 보호하기 위하여 장갑을 끼고 염색할 것

⑤ 환기가 잘 되는 곳에서 염모할 것

라. 염모 후의 주의

① 머리, 얼굴, 목덜미 등에 발진, 발적, 가려움, 수포, 자극 등 피부의 이상반응이 발생한 경우, 그 부위를 손으로 긁거나 문지르지 말고 바로 피부과 전문의의 진찰을 받도록 할 것. 임의로 의약품 등을 사용하는 것은 삼가 할 것.

② 염모 중 또는 염모 후에 속이 안 좋아 지는 등 신체이상을 느끼는 분은 의사에게 상담하도록 할 것

마. 보관 및 취급상의 주의

① 혼합한 염모액을 밀폐된 용기에 보존하지 말 것. 혼합한 액으로부터 발생하는 가스의 압력으로 용기가 파손될 염려가 있어 위험함. 또한 혼합한 염모액이 위로 튀어 오르거나 주변을 오염시키고 지워지지 않게 됨. 혼합한 액의 잔액은 효과가 없으므로 잔액은 반드시 바로 버릴 것

② 용기를 버릴 때는 반드시 뚜껑을 열어서 버릴 것

③ 사용 후 혼합하지 않은 액은 직사광선을 피하고 공기와 접촉을 피하여 서늘한 곳에 보관할 것

(13) 탈염 · 탈색제

① 사용 후 피부나 신체가 과민상태로 되거나 피부 이상반응을 보이는

사람들은 사용을 하지 않도록 할 것. 현재의 증상이 악화될 가능성이 있음

- 두피, 얼굴, 목덜미에 부스럼, 상처, 피부병이 있는 사람
- 생리 중, 임신 중 또는 임신할 가능성이 있는 사람
- 출산 후, 병중이거나 또는 회복 중에 있는 사람, 그 밖에 신체에 이상이 있는 사람

② 다음 사람은 신중히 사용할 것

- 특이체질, 신장질환, 혈액질환 등의 병력이 있는 분은 피부과 전문의와 상의하여 사용할 것
- 이 제품에 첨가제로 함유된 프로필렌글리콜에 의하여 알레르기를 일으킬 수 있으므로 이 성분에 과민하거나 알레르기 반응을 보였던 적이 있는 사람은 사용 전에 의사 또는 약사와 상의할 것

③ 사용 전의 주의

- 눈썹, 속눈썹에는 위험하므로 사용하지 말 것. 제품이 눈에 들어갈 염려가 있음. 또한, 두발 이외의 부분(손발의 털 등)에는 사용하지 말것. 피부에 부작용(피부이상반응, 염증 등)이 나타날 수 있음.
- 면도 직후에는 사용하지 말 것
- 사용을 전후하여 1주일 사이에는 퍼머넌트 웨이브 제품 및 헤어스트레이트너 제품을 사용하지 말 것

④ 사용 시의 주의

- 제품 또는 머리 감는 동안 제품이 눈에 들어가지 않도록 할 것. 만일 눈에 들어갔을 때는 절대로 손으로 비비지 말고 바로 물이나 미지근한 물로 15분 이상 씻어 흘려 내고 곧바로 안과 전문의의 진찰을 받을 것. 임의로 안약을 사용하지 않도록 할 것
- 사용 중에 목욕을 하거나 사용 전에 머리를 적시거나 감지 말 것. 땀이나 물방울 등을 통해 제품이 눈에 들어갈 염려가 있음.
- 사용 중에 발진, 발적, 부어오름, 가려움, 강한 자극감 등 피부의 이상을 느끼면 즉시 사용을 중지하고 잘 씻어낼 것
- 제품이 피부에 묻었을 때는 곧바로 물 등으로 씻어낼 것. 손가락이나 손톱을 보호하기 위하여 장갑을 끼고 사용할 것
- 환기가 잘 되는 곳에서 사용할 것

⑤ 사용 후 주의

- 두피, 얼굴, 목덜미 등에 발진, 발적, 가려움, 수포, 자극 등 피부이상 반응이 발생한 때에는 그 부위를 손 등으로 긁거나 문지르지 말고 바로 피부과 전문의의 진찰을 받을 것. 임의로 의약품 등을 사용하는 것은 삼가할 것
- 사용 중 또는 사용 후에 구역, 구토 등 신체에 이상을 느끼시는 분은 의사에게 상담할 것

⑥ 보관 및 취급상의 주의

- 혼합한 제품을 밀폐된 용기에 보존하지 말 것. 혼합한 제품으로부터 발생하는 가스의 압력으로 용기가 파열될 염려가 있어 위험함. 또한, 혼합한 제품이 위로 튀어 오르거나 주변을 오염시키고 지워지지 않게 됨. 혼합한 제품의 잔액은 효과가 없으므로 반드시 바로 버릴 것
- 용기를 버릴 때는 뚜껑을 열어서 버릴 것

(14) 제모제(치오글라이콜릭애씨드 함유 제품에만 표시함)

① 다음과 같은 사람(부위)에는 사용하지 말 것

- 생리 전후, 산전, 산후, 병후의 환자
- 얼굴, 상처, 부스럼, 습진, 짓무름, 기타의 염증, 반점 또는 자극이 있는 피부
- 유사 제품에 부작용이 나타난 적이 있는 피부
- 약한 피부 또는 남성의 수염부위

② 이 제품을 사용하는 동안 다음의 약이나 화장품을 사용하지 말 것.

- 땀발생억제제(Antiperspirant), 향수, 수렴로션(Astringent Lotion)은 이 제품 사용 후 24시간 후에 사용할 것
- 부종, 홍반, 가려움, 피부염(발진, 알레르기), 광과민반응, 중증의 화상 및 수포 등의 증상이 나타날 수 있으므로 이러한 경우 이 제품의 사용을 즉각 중지하고 의사 또는 약사와 상의할 것

③ 그 밖의 사용 시 주의사항

- 사용 중 따가운 느낌, 불쾌감, 자극이 발생할 경우 즉시 닦아내어 제거하고 찬물로 씻으며, 불쾌감이나 자극이 지속될 경우 의사 또는 약사와 상의할 것

- 자극감이 나타날 수 있으므로 매일 사용하지 말 것
- 이 제품의 사용 전후에 비누류를 사용하면 자극감이 나타날 수 있으므로 주의할 것
- 이 제품은 외용으로만 사용할 것
- 눈에 들어가지 않도록 하며 눈 또는 점막에 닿았을 경우 미지근한 물로 씻어내고 붕산수(농도 약 2%)로 헹구어 낼 것
- 이 제품을 10분 이상 피부에 방치하거나 피부에서 건조시키지 말 것
- 제모에 필요한 시간은 모질(毛質)에 따라 차이가 있을 수 있으므로 정해진 시간 내에 모가 깨끗이 제거되지 않은 경우 2~3일의 간격을 두고 사용할 것

(15) 그 밖에 화장품의 안전정보와 관련하여 기재 · 표시하도록 식품의약품안전처장이 정하여 고시하는 사용 시의 주의사항

4. 화장품의 품질 특성

품질이란 일반적으로 소비자의 만족도에 의해 결정되는 것이다. 기업의 경우 품질을 고려하여 '기획 설계의 품질, 제조상의 품질, 판매상의 품질'로 나눌 수 있는데, 어떤 경우에도 품질 특성을 만족시키는 것이 필요조건이다.

화장품에서의 품질 특성이란 화장품을 만들어 판매하는 경우, 기본적으로 소홀히 해서는 안 될 중요한 특성을 말한다. 일반적으로 안전성, 안정성, 사용성(사용감 및 사용 편리성), 유효성을 들 수 있다.

안전성이 좋다는 것은 피부에 대한 자극, 알레르기, 독성 등이 적다는 것을 의미한다. 화장품은 모든 사람들을 대상으로 장기간 지속적으로 사용해야 하는 물품이므로 피부에 사용했을 때 인체에 대한 부작용이나 위해요인이 없어야 한다.

안정성이 좋다는 것은 제품이 일정기간 동안 변질되거나 분리되지 않는 것을 의미한다. 화장품의 사용기간 중 화장품의 경시적인 변질, 변색, 변취, 분리, 미생물 오염 등이 일어나지 않도록 품질의 안정성이 유지되어야 한다.

또한 유효성이 좋다는 것은 각각의 화장품들이 사용목적에 적합한 기능을 충분히 나타내어 피부에 적절한 보습, 주름개선, 미백, 자외선차단, 세정, 색채효과 등의 목적하는 효과를 나타내는 것이다.

마지막으로 사용성이 좋다는 것은 사용자의 기호에 따라 선택되는 향기, 색상, 디자인 등의 기호성(감각성) 및 사용감(발림성, 흡수성 등)과 사용편리성(용기의 형상, 크기, 중량, 휴대성 등)을 포함하는 개념의 사용 만족도이다.

표 2-3 화장품의 품질 특성

안전성	피부에 어떠한 자극이나 감작성, 경구독성, 이물혼입, 파손 등이 없어야 한다.
안정성	보관에 따른 변질, 변색, 변취, 미생물 오염이 없어야 한다.
유효성	기호성, 사용 편리성 등의 사용만족감이 좋아야 한다.
사용성	보습효과, 미백효과, 주름개선 효과, 자외선차단 효과, 세정효과, 색채효과 등의 화장품별 목적으로 하는 효과를 가져야 한다.

Chapter 3

화장품의 개발과 산업화

1. 화장품의 개발과정

상품 개발이란 기업이 지속적인 성장기반을 구축하기 위해 고객의 요구에 맞는 새로운 가치를 조직적으로 창조해 나가는 활동을 말한다. 화장품을 개발하는 경우에 먼저 시장의 변화와 기회요인을 잘 이해하여 소비자의 욕구(needs)를 정확히 파악하는 것이 중요하다. 그 후 기업이 가지고 있는 기술적인 측면(seeds)의 연구 성과를 기반으로 하여 소비자의 욕구를 만족시켜 줄 수 있는 아이디어를 도출한다.

본격적인 상품기획에 의해 상품 컨셉트(concept) 개발과 제품화 연구가 진행되는데, 제품화 연구는 내용물의 품질을 결정하는 처방연구와 용기, 포장재 등의 포장 연구로 나누어진다. 화장품의 품질특성을 검토한 후에 처방과 용기, 제조 공정 등의 사양을 결정하고 기능성 화장품의 경우에는 식약청의 허가 신청을 진행한다. 컨셉트와 품질력에 대한 소비자 품평단의 종합평가 단계를 거치면서 출시여부를 결정하게 되고 시장에 상품이 출시된다.

상품의 개발 기획단계로부터 상품의 출시까지의 기간은 상품의 특성에 따라 다르지만 대부분 1년 정도 선행하여 진행하며, 유효성분의 개발이나 신제형을 도입하는 경우는 보다 긴 기간이 요구되기도 한다. 상품이 출시된 후에도 상품의 인지율, 사용률, 재구매율 등을 조사하여 마케팅 전략을 구사하게 된다.

시장에서 소비자로부터 큰 사랑을 받을 수 있는 제품을 개발하기 위해서는 사회의 발전 방향과 소비자의 트렌드 및 요구사항을 정확히 예측하여 상품을 기획하고, 상품의 아이디어를 현실화할 수 있는 기술력을 바탕으로 소비자의 보이지 않는 욕구를 만족시켜 줄 수 있는 제품을 개발하는 것이 중요하다.

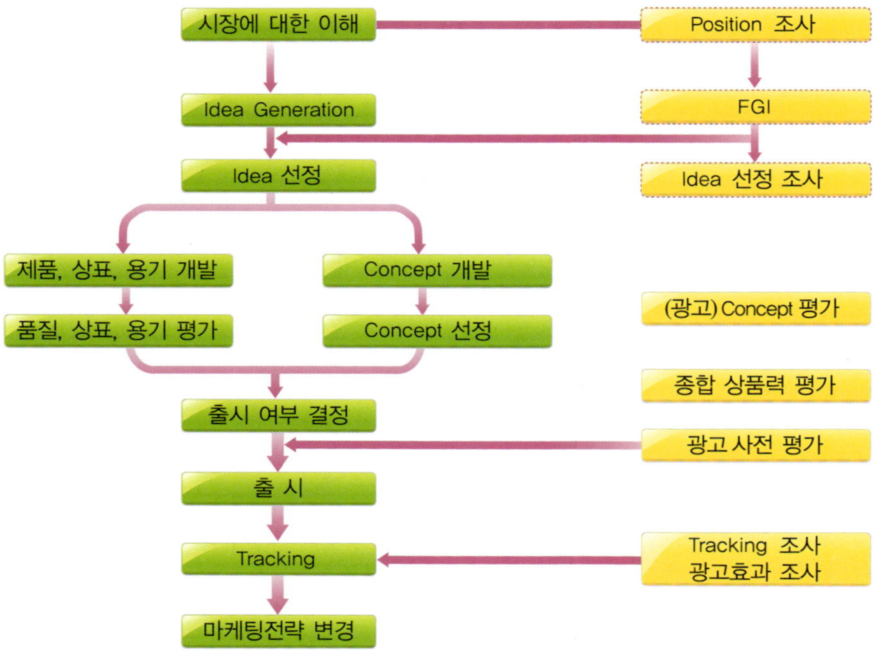

그림 3-1 화장품 신제품 개발 프로세스

2. 화장품 산업에 대한 이해

화장품 산업은 다품종 소량 생산으로 고부가 가치를 창출하고 자원 및 에너지를 절약함으로써 환경친화적이며, 첨단기술 및 두뇌 집약형 산업으로서 자원이 부족한 우리 실정에 적합한 미래지향적인 산업이라고 할 수 있다. 아울러 화장품은 기호성이 강한 이미지 상품이기 때문에 상품수명(life cycle)이 짧아 새로운 제품개발이 빠른 속도로 이루어지며 경제 사이클의 변화에 의해서 영향을 많이 받게 되는 속성을 가지고 있다.

일반적으로 화장품 산업은 인종별로 피부 특성이 다르고 화장의 습관이 각 국가별로 차이를 갖기 때문에 대부분의 국가에서 내수 중심의 산업으로 성장해 왔다. 또한 화장품 산업은 정밀 화학공업의 일반적인 특징인 고부가가치의 특성을 지닌다. 최근 시장 개방에 따라 수입 화장품이 크게 증가하고 신규 업체가 대거 진출함으로써 화장품 산업의 수익성은 매우 악화되었으나, 제조업 전체와 비교할 때 여전히 수익구조가 높은 산업이다.

그러나 화장품의 원료 개발을 위한 투자 부족, 미약한 기술 수준 등의 원인으로 화장품 원료의 수입 의존도는 생산 원재료비의 80% 정도로 매우 높은 편이다.

최근 들어 우리 고유의 화장품 원료 개발이 활발히 이루어지고 있으나 아직도 향료나 계면활성제 같은 주요 원료의 경우는 거의 수입에 의존하고 있는 편이다.

화장품은 다른 제품에 비해 비교적 수명이 짧고 기호성과 유행성이 제품의 판매에 상당한 영향을 미치기 때문에 생산 구조적인 면에서 제품의 사양이 다양하여 다품종 소량 생산 체제를 갖추고 있다. 화장품의 제조 수명이 짧은 것은 여러 가지 요인이 있겠지만 화장품을 제조하는 각 회사의 치열한 경쟁이 주요한 요인이라 하겠다.

제조업체들은 막대한 예산을 투입해서 신제품을 개발하면서 광고비에 많은 투자를 하는데, 특히 광고나 새로운 신상품에 매우 민감한 소비자들은 유행처럼 화장품을 구매하며 유행의 기간이 짧듯이 화장품의 제품 수명도 단축된다.

현재 화장품의 공급은 과잉 상태이며, 수입개방으로 인해 외제 화장품의 국내 시장 진출로 경쟁판매가 가열되고 있다. 유통은 방문 판매, 일반 판매, 업소 판매, 시판, 온라인 판매, 그리고 최근의 다단계 판매 등 유통구조가 복잡하고 다양한 경로를 가진다.

그럼에도 불구하고 화장품 산업은 노령화 사회로의 진입에 따른 노화지연 및 미의 유지에 대한 관심이 높아짐으로써 미래 발전성이 크다. 인간의 미에 대한 가치와 욕구는 우리 사회가 첨단사회로 진입함에 따라 증가하고 이를 대상으로 하는 화장품 산업은 미래지향적이며 계속적인 발전이 이루어지리라고 본다.

화장품은 피부를 닮고 싶어 한다.

Part Ⅱ 피부와 화장품

Chapter 4. 피부의 구조
5. 피부의 부속기관
6. 피부의 기능
7. 피부와 화장품

Chapter 4

피부의 구조

피부는 다양한 세포들과 독특한 구조로 이루어져 있으며 건강과 생존에 매우 중요한 복합적인 기능을 하는 역동적인 기관이다. 총 면적은 성인의 경우에 1.2~2.2m^2 정도이며, 표피와 진피를 합친 부피는 2.4~3.6L이고, 무게는 4kg 이상의 큰 기관이다. 피부는 물리적 · 화학적으로 외부 환경으로부터 체내 기관을 보호할 뿐만 아니라 체온을 유지하고 비타민을 합성하는 등의 기능을 한다.

피부를 현미경으로 확대하여 관찰하면, 그물모양의 구조를 이루고 있는데, 언덕모양으로 올라와 있는 부분을 피부소릉(皮膚小稜 = hill)이라고 하며, 낮은 부분을 피부소구(皮膚小構 = furrow)라 한다. 피부의 결은 피부소구와 피부소릉의 높낮이를 통해 결정되며, 젊은 피부일수록 남성보다는 여성의 경우에 높낮이의 차이가 적다.

피부소릉의 중심부에는 땀을 분비하는 한공(汗孔)이 존재하며, 피부소구와 피부소릉이 교차하는 곳에 모공이 있어 모공을 통해 모발이 피부 밖으로 나와 있으며, 피지가 나오는 통로이기도 하다. 따라서 피부 표면에서 땀과 피지가 만나 pH 4.5~6.5의 약산성인 피지막을 만들어 피부를 윤기나게 하며 보호하는 기능을 한다.

피부는 조직학적으로 바깥쪽으로부터 표피(epidermis), 진피(dermis), 피하조직(subcutaneous tissue)의 3가지 구조로 이루어져 있다. 두께는 부위와 연령 및 성별에 따라 다르고, 피하지방층의 두께도 부위에 따라 차이가 있다. 대체로 표피는 0.1~0.3mm이고, 표피와 진피를 합쳐서 0.6~2.35mm이며, 일반적으로 눈꺼풀이 가장 얇고, 손과 발바닥이 가장 두껍다. 그 외의 피부 부속기관으로 한선(sweat gland), 피지선(sebaceous gland), 모발(hair), 손 · 발톱(nail) 등으로 구성되어 있다.

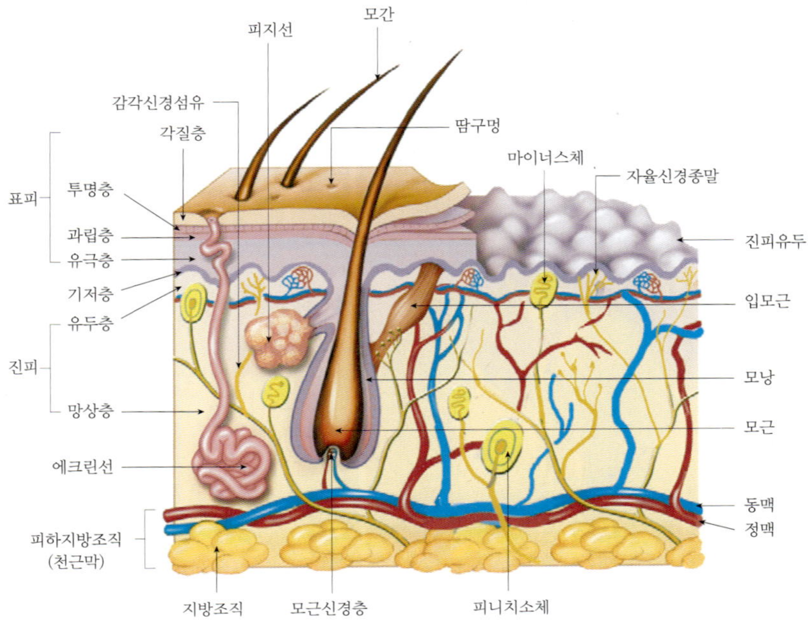

그림 4-1 피부의 구조

1. 표피(Epidermis)

1. 표피의 구조

표피는 피부의 가장 바깥 부분에 위치한 얇은 층으로 평균 두께는 0.1~0.3mm이다. 표피의 각질형성세포(keratinocyte)는 각질화되는 과정에 따라 5개의 층으로 나뉜다. 표피의 아래로부터 기저층, 유극층, 과립층, 투명층, 각질층의 순서로 이루어져 있으며 우리의 몸과 바로 아래의 진피층을 보호한다.

(1) 기저층 (Basal cell layer)

표피의 가장 아래쪽에 있는 '바닥층'이라는 의미로 '기저층'이라고 불리며 진피와 접하고 있는 단층으로 원추상 형태의 유핵세포로 구성되어 있다. 진피의 유두층과 물결모양으로 접하고 있으며 진피에서 혈액을 통해 영양을 공급받고 세포 분열을 촉진하여 새로운 세포를 생성한다.

표피와 진피의 경계부위의 이러한 물결모양은 젊은 피부일수록 굴곡이 심하며, 피부가 노화될수록 편평해져서 영양공급과 노폐물 배출 기능이 떨어진다. 기저층은 우리가 흔히 각질이라고 불리는 케라틴(keratin)을 생성할 수 있는 각질형성세포(keratinocyte)와 멜라닌(melanin)이라고 불리는 유기색소를 생성할 수 있는 색소형성세포(melanocyte)로서 구성된다.

각질형성세포는 피부를 물리적인 충격으로부터 보호해주는 각질을 만들어 주고, 색소형성세포는 자외선에 대해 보호 작용을 하는 멜라닌 색소를 생성한다. 멜라닌형성세포와 각질형성세포는 약 1:4 ~ 1:10 정도의 비율로 존재하며 피부보호에 중요한 역할을 한다.

(2) 유극층 (Spinous layer)

표피의 가장 두꺼운 층으로 표피의 대부분을 차지하고 있으며, 5~10층의 유핵세포로 이루어져 있다. 데스모좀(desmosome)이라고 하는 세포의 가시 모양의 돌기가 주변세포와 연결되어 있어 '가시층'이라고도 한다. 유핵세포로서 세포분열이 가능하기 때문에 피부에 상처가 생겼을 때 세포 재생이 가능하다. 면역세포인 랑게르한스 세포가 존재하여 인체면역에 관여하며, 세포 사이사이에 림프액이 흐르고 있어 림프순환을 통한 물질교환이 이루어지는 층이다.

피지막과 화장품 check point

피부 표면에는 피지선에서 나온 피지와 한선에서 나온 땀이 만나 얇은 막을 형성하고 있는데, 이러한 피부의 막을 피지막이라고 부른다.

피지막은 기름에 수분이 섞여 있는 유중수형(W/O)타입의 유화상태이다. 더러는 땀을 많이 흘려 수중유형(O/W) 타입의 유화상태로 변한다. 따라서 피지막은 W/O타입과 O/W타입의 유화상태를 번갈아 오가며 피부의 수분증발을 막고 유분을 공급하여 매끄러운 피부를 유지시켜 주고, 외부의 화학적 자극과 각종 세균으로부터 인체를 보호하는 역할을 한다.

이러한 피지막의 긍정적 효과를 응용하여 개발된 것이 화장품으로, 피지막은 모든 기초화장품의 목적인 보습과 유분공급의 지향점이 된다.

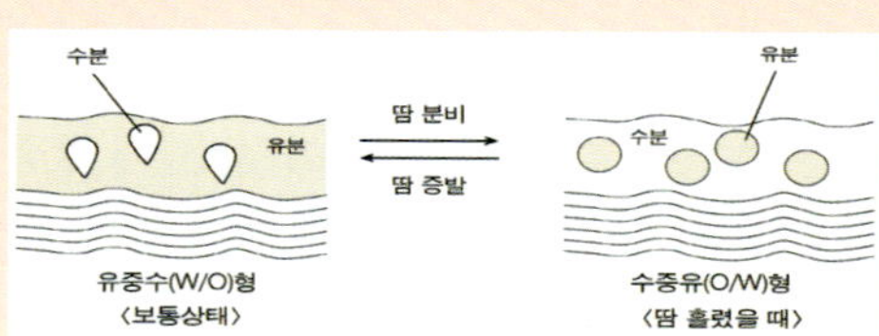

(3) 과립층 (Granular layer)

2~5개의 편평형 세포로 이루어진 층으로 외부로부터 수분이 침투하거나 내부로부터 수분이 나가는 것을 막아주는 역할을 한다. 케라토히알린(keratohyalin)이라는 과립형 물질을 포함하고 있어 각질화가 시작되는 곳이며, 빛을 산란시켜 자외선을 흡수하고 외부 물질에 대한 방어 역할과 수분유출을 막아주는 기능을 한다.

특히 과립층에는 피부 장벽 중의 하나인 수분 저지막이 존재하는데 수분저지막은 전기적인 막으로 피부 단면에서는 눈에 보이지 않는 막이다. 우리가 비싼 화장품을 발라도 쉽게 흡수되지 못하도록 막는 피부 장벽 중의 하나이기도 하다.

(4) 투명층 (Stratum lucidum)

2~3층의 세포로 구성되어 있으며, 주로 손바닥과 발바닥에서 관찰할 수 있다.

투명층에는 엘라이딘(elaidin)이라는 반유동성 물질을 포함하고 있어 수분 침투를 방지하며, 세포가 투명하게 보인다. 또, 자외선을 반사하는 성질이 있기에 일반적으로 피부의 멜라닌 색소가 올라오지 않는다. 흑인들의 경우도 손바닥과 발바닥은 하얀 이유가 바로 투명층 때문이다.

(5) 각질층 (Stratum corneum)

피부 가장 바깥쪽의 무핵의 세포층으로 16~24층으로 겹겹이 쌓여있다. 이러한 각질세포 사이에는 연속적인 지질층(lipid layer)이 있어서 각질층을 서로 '벽돌과 진흙'의 형태로 연결하고 있다. 이러한 각질층은 외부의 화학자극이나 물리적인 충격으로부터 인체를 보호하는 역할을 하기 때문에 피부가 장벽기능을 수행하는데 가장 중요한 부분이 된다.

기저층에서 생성된 각질세포가 14일에 걸쳐 각질층에 도달한 후, 14일 동안 각질층에 머물다가 피부로부터 자연적으로 탈락하게 되는 28일 주기를 턴오버(turn over)라 하며 각질형성주기라고도 한다.

각질층은 케라틴(keratin, 58%), 천연보습인자(natural moisturizing factor, 31%), 각질세포간 지질(lipid, 11%) 등으로 구성되어 있다. 또한 각질층은 층

상의 라멜라구조(lamella structure)로 세포와 세포를 단단히 결합시켜 수분증발을 억제시킨다.

정상피부의 각질층 수분함량은 10~20%이고, 10% 이하가 되면 피부는 건조해짐으로써 거칠고 예민하게 된다.

각질세포 내 케라틴 단백질을 배열시키고 접합제 역할을 하는 필라그린(filaggrin)이라는 단백질이 분해되면서 요산, 피롤리돈카르복시산(PCA) 및 여러 아미노산을 생성시킨다. 이렇게 생성된 수용성 물질들을 총칭하여 천연보습인자(NMF)라고 부른다.

표 4-1 천연보습인자 (NMF, natural moisturizing factor)의 구성성분

성 분	함 량
유리 아미노산	40.0%
피롤리돈카르복시산(PCA)	12.0%
젖산염	12.0%
요소	7.0%
염소	6.0%
나트륨	5.0%
칼륨	4.0%
칼슘	1.5%
암모니아	1.5%
마그네슘	1.0%
인산염	0.5%
시트르산염, 포름산염	0.5%
기타	9.0%

2. 표피의 구성세포

(1) 각질형성세포 (Keratinocyte)

표피의 기저층에 존재하며 세포분열을 통해 새로운 세포를 만들어 내고 생성된 세포는 시간이 지남에 따라 형태가 변화되면서 각질층에 도달하면 각질세포가 되어 떨어져 나가게 된다.

이런 일련의 과정을 각화과정(keratinization)이라고 하며 세포의 교체주기는 대개 4주이다. 노화와 함께 각화과정이 지연되면 각질층이 두꺼워지는 과각화증(hyperkeratosis)을 나타내게 되는데, 이때는 피부가 두껍고 거칠며 칙칙하게 보인다.

각질형성세포에 의해 생성되어 각질층에 축적된 각질은 정상피부의 경우 28일 주기로 탈락되나 피부가 노화될수록, 여드름이 진행된 피부일수록, 탈락이 지연되어 피부가 거칠어지거나 안색이 칙칙한 경우가 많다. 따라서 이러한 비후된 각질층을 제거하기 위한 각질제거용 화장품이 설계되고 있다.

(2) 멜라닌형성세포 (Melanocyte)

멜라닌세포는 표피세포의 약 5%를 차지하고 있으며, 기저층에 위치하고 있는 세포로 수상돌기를 가지고 있다. 멜라닌세포에서 만들어진 유기색소인 멜라닌은 멜라닌 세포돌기를 통해 각질형성세포에게 전달되어 각질층까지 도달한 후 각질의 탈락과 함께 멜라닌도 탈락되는 과정을 반복하고 있다. 피부에서 멜라닌의 역할은 피부색을 결정하며, 외부의 자외선이 피부 깊숙이 통과하지 못하도록 자외선의 일부를 흡수하여 자외선으로부터 인체를 보호하는 역할을 하고 있다.

멜라닌형성세포의 수는 인종과 피부색에 관계없이 일정하며 피부색을 결정짓는 것은 멜라닌의 농도, 즉 양에 의해 결정된다. 멜라닌은 자외선, 호르몬의 변화, 스트레스 등에 의해 생성이 촉진된다. 최근 들어 자외선에 의한 멜라닌 생성을 억제하기 위한 자외선차단제 등의 사용이 늘어나는 것은 자외선에 의한 색소의 증가와 광노화를 억제하기 위한 노력의 결과이다.

(3) 랑게르한스세포 (Langerhans cell)

표피세포의 2~8%를 차지하며 유극층에 존재하는 별모양의 세포질 돌기를 가진 수지상세포이다. 이들 세포는 외부에서 들어온 이물질인 항원을 면역담당세포인 T-림프구에 전달하는 역할을 하는 세포로 피부면역에 관여하고 있다. 특히 알레르기 접촉피부염에서의 랑게르한스세포의 역할이 잘 알려져 있다.

(4) 머켈세포 (Merkel cell)

주로 촉각이 예민한 부위에 존재하는 세포로, 기저층 부근에 위치하며 손바닥, 발바닥 등에서도 발견된다. 촉각수용체로서 피부의 촉각을 감지하는 역할을 하며 인접한 각화세포와 부착관(desmosome)에 의해 부착되어 있다. 또한 신경의 말단과 연결되어 촉각을 감지하는 세포로 작용하기 때문에 촉각세포라고도 한다.

2. 진피 (Demis)

진피는 표피와 피하지방층 사이에 위치하는 유연성 있는 결합조직으로 피부에서 가장 두꺼운 부분이다. 표피의 약 10~40배에 달하는데, 진피층의 경계는 확실하지 않으나 유두층과 아랫부분의 망상층으로 나눌 수 있고, 교원섬유(collagen fiber)와 탄력섬유(elastin fiber) 등의 섬유성 단백질과 기질로 이루어져 있다.

1. 유두층 (Papillary layer, stratum papillare)

유두층은 표피의 기저층과 접하고 있는 진피의 윗부분으로 유두모양을 하고 있다. 마치 갓 태어난 아기가 엄마의 젖가슴에서 모유를 통해 모든 필요한 영양분을 얻듯이, 유두돌기의 수없이 얽힌 모세혈관들에 의해 표피층 및 진피층에 각종 영양분을 공급한다.

여기에는 모세혈관과 신경말단이 풍부하게 분포되어 있어 각질형성세포에 영양소와 산소를 공급한다. 교원섬유가 드문드문 불규칙하게 배열되어 있으며, 수분을 많이 함유하고 있다. 표피의 각화를 원활하게 해서 피부 표면을 매끄럽게 하므로 피부에 긴장감과 탄력을 준다.

2. 망상층 (Reticular layer, stratum reticulare)

유두층 아래에 위치한 단단하고 불규칙한 그물모양의 결합조직으로 진피의 대부분을 이룬다.

모세혈관이 거의 없고, 혈관 · 림프관 · 피지선 · 한선 · 신경 등의 피부 부속기관이 존재하며, 일정한 방향을 가진 교원섬유(90% 이상)와 탄력섬유가 매우 치밀하게 구성되어 있다. 두 섬유질 사이에는 무코 다당류가 겔(Gel) 상태로 분포되어 있다. 피부가 탄력을 갖는 것도 바로 이 망상층의 탄력성과 팽창성 때문인데, 노화가 되면 망상층의 콜라겐이나 엘라스틴 및 무코 다당류 등이 감소하여 주름이 형성된다.

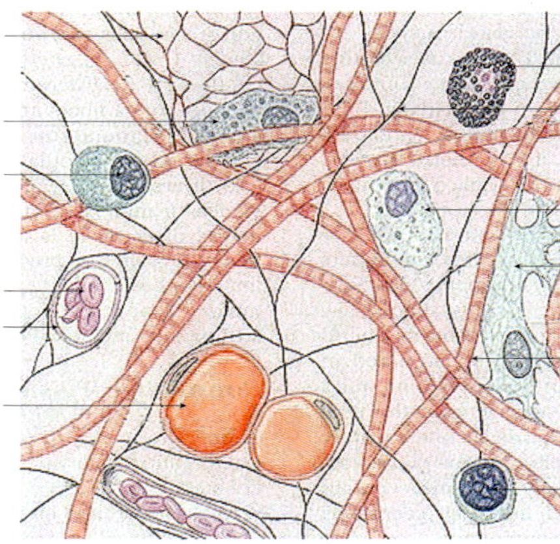

그림 4-2 진피의 구성

3. 피하조직(Subcutaneous tissue)

피하조직은 진피와 근육, 뼈 사이에 있는 부분으로 지방을 다량 함유하고 있으며 피부의 가장 아래쪽에 있어 피하조직이라고 부른다.

신체 부위나 나이, 영양상태에 따라 피하지방의 두께가 달라지고, 이에 따라 피하조직의 두께도 달라지나, 일반적으로 피하조직은 여성호르몬의 영향을 받기 때문에 여성이 남성보다 피하지방층이 두꺼우면서 곡선미를 나타내게 된다.

또한 피하지방은 잉여 에너지나 영양을 저장하는 에너지원으로 쓰이거나 외부 압력으로부터 신체를 보호하는 역할을 하고 열의 전도를 막아 체온을 유지해준다.

check point

교원섬유, 콜라겐 섬유 (Collagen fiber)

교원섬유는 콜라겐이라고도 하며 진피 섬유 성분의 90% 차지하며 진피에서 물을 제외한 무게(건조 중량)의 70~80%를 차지하는 매우 중요한 구성 물질로서 피부를 팽팽하게 해주는 장력을 제공하는 역할을 한다. 일반적으로 콜라겐은 피부의 진피층에만 있다고 생각할 수도 있으나, 콜라겐은 힘줄, 인대, 연골, 뼈 등 인체 결합조직의 주된 단백질로서 포유동물의 경우 전체 단백질의 1/3이 콜라겐이라고 한다.

교원섬유가 피부에서 가지는 대표적인 작용은 진피의 수분저장 기능인데, 교원섬유는 많은 수분을 함유할 수 있어서 '피부의 저수지'라는 비유를 하기도 한다. 교원섬유의 분자량은 약 30만으로 사슬모양으로 결합된 아미노산 1000여 개가 세 가닥의 나선 구조로 되어 있으며, 젊은 피부일수록 수분 보유력이 좋은 용해성 교원질이 존재하며, 노화 될수록 수분 보유력이 좋지 못한 불용해성 교원질로 변질된다. 이러한 교원질의 변화는 진피의 수분함량을 감소시켜 피부 탄력과 주름의 원인이 되기도 하는데, 콜라겐은 피부 보습을 위한 화장품 성분으로 사용하기도 하고 피부의 주름을 펴거나 탄력을 주는 주사제로도 사용되고 있다.

탄력섬유 (Elastin fiber)

진피의 2~3%를 차지하는 탄력섬유는 교원섬유에 비해 짧고 가늘며 원래 길이의 150%까지 늘어날 수 있다. 신축성이 있어 다시 원래 길이로 되돌아 올 수 있는 특징이 있다. 물론, 고무줄이 아니기 때문에 만약 자신의 길이보다 1.5배 이상 늘어나게 되면 끊어지게 되는데, 이러한 현상을 우리는 튼살이라고 한다. 주로 피하지방의 급격한 증가와 함께 나타난다. 나이가 들면 탄력섬유 역시 파괴되어, 피부가 이완되고 주름이 생기게 된다.

기질 (Ground substance)

세포 사이에 있는 무정형의 젤 상태 물질로서 구성성분으로는 히아루론산(Hyaluronic acid), 콘드로이틴황산(Condroitin sulfate), 헤파린황산(Heparin sulfate) 등이다. 친수성의 다당류로서 자신의 무게의 약 1000배까지 수분을 흡수할 수 있다. 진피의 보습인자로서 수분유지, 노화방지 등에 중요한 역할을 한다.

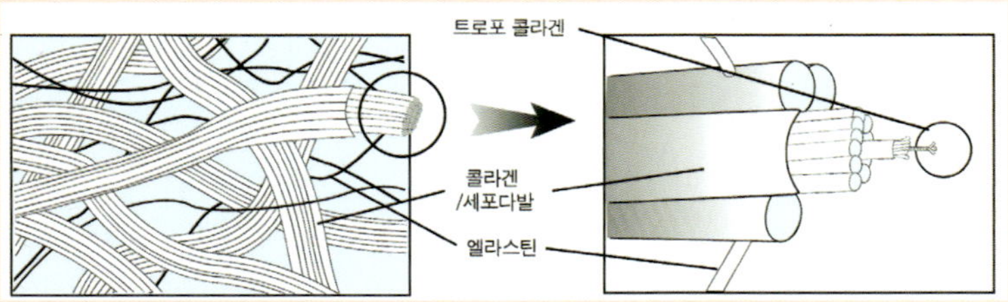

교원섬유(콜라겐 섬유)

Chapter 5
피부의 부속기관

1. 피지선(기름샘, Sebaceous gland)

피지선은 진피층의 모낭에 부속되어 '모낭샘'이라고도 한다. 얼굴(특히 T존 부위)과 두피 및 가슴 부분에 집중되어 있으며, 손바닥과 발바닥을 제외한 전신의 피부에 존재한다.

나이, 성별, 계절, 피부온도 등에 따라 피지량이 변화하지만 일반적으로 피지선은 여성보다 남성이 크고 피지량도 많다. 왜냐하면 사춘기 때부터 분비되기 시작하는 남성 호르몬인 테스토스테론이 피지선을 자극하여 피지분비가 시작되는데, 남성과 여성의 테스토스테론 분비 비율이 10:1로 남성들이 테스토스테론의 영향을 더욱 많이 받기 때문이다. 따라서 평균적으로 남성들의 피지 분비량이 더 많기에 지성 피부화되고 여드름의 확률도 더 높다고 할 수 있다.

분비된 피지는 피부 표면에 분포되어 땀과 혼합되면서 피지막을 형성한다. 피지막은 피부와 모발에 촉촉함과 윤기를 부여하고, 미생물이나 이물질 등이 피부 내부로 침투하는 것을 막을 뿐만 아니라 체온의 저하도 막아준다. 적당한 피지는 피부를 보호하지만 너무 과다하게 분비되면 모공을 막고 여드름 균에 의해 피지가 분해되어 여드름 발생의 원인이 되기도 한다.

표 5-1 피지의 조성

성분명	함량 평균 (%)
트리글리세리드(Triglyceride)	41.0
디글리세리드(Diglyceride)	2.2
유리지방산(Free fatty acid)	16.4
스쿠알란(Squalane)	12.0
왁스 에스테르(Wax ester)	25.0
콜레스테롤(Cholesterol)	1.4
콜레스테롤 에스테르(Cholesterol ester)	2.1

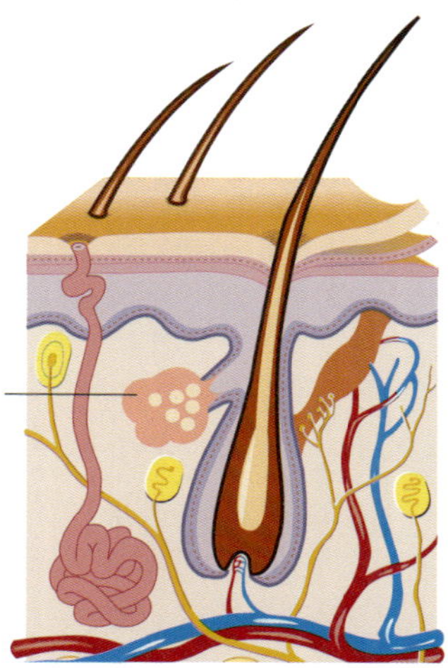

그림 5-1 피부의 부속기관(피지선)

2. 한선(땀샘, Sweat gland)

한선은 땀을 만들어 피부 표면에 분비하며 노폐물을 배출하고 피부의 각질층을 습하게 만들어서 마찰을 감소시킴으로써 피부를 보호한다. 우리는 보통 땀을 액체라고만 인식하지만 평상시에 땀은 분비되면서 증발한다. 액체로서 인식하지 않고 증발하는 땀을 불감지성 발한이라고 하며, 액체로서 인식되는 땀을 감지성 발한이라고 한다. 하루에 발한량이 0.5L정도 되며, 운동할 때는 1~2L 또는 그 이상이 되기도 한다.

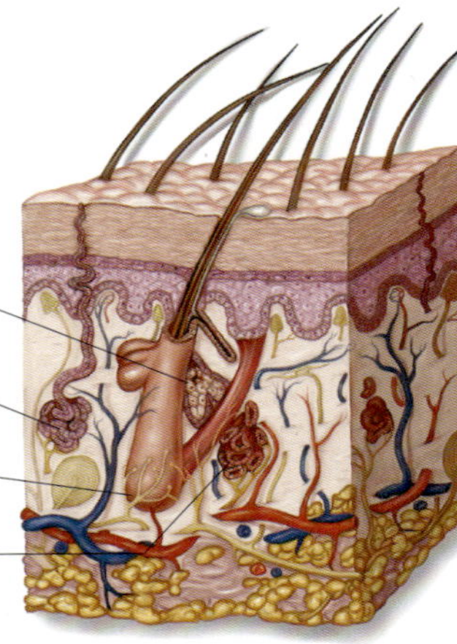

그림 5-2 피부의 부속기관(대한선과 소한선)

1. 에크린선(소한선, Eccrine sweat gland)

일반적으로 우리가 흘리는 땀을 분비하는 땀샘을 가리킨다. 아포크린선보다 작아 소한선이라고도 한다. 전신에 분포하며 특히 머리, 겨드랑이, 손바닥, 발바닥에 많다. pH 3.8~5.6 정도의 약산성인 무색, 무취의 땀이 분비되며, 독립된 땀구멍으로 분비되고 체온을 유지하는 기능을 한다.

2. 아포크린선(대한선, Apocrine sweat gland)

아포크린선은 독특한 향을 내는 물질을 함유하여 피지선과 함께 개인의 체취를 만들어내므로 체취선이라고 한다. 에크린선보다 크며, 진피 아랫부분에 위치하고 있어 모낭과 연결하여 피부 표면으로 통하게 되어 있다.

아포크린선은 서혜부와 겨드랑이, 대음순, 음낭, 항문주위, 유두주변, 배꼽 주변 등의 특정부위에 주로 분포되어 있다.

아포크린선에서 분비되는 땀은 단백질 등의 다양한 성분을 함유하고 있어 특유의 향을 갖게 된다. 피부에 존재하는 균에 의해 부패되어 유기성분이 반응하게 되면서 악취가 발생한다.

3. 조갑(손톱과 발톱, Nails)

조갑은 표피에서 유래되며 손가락과 발가락을 보호하는 기능을 한다. 또한 물건을 잡는데 도움을 주고, 힘을 가하는 것을 가능하게 하며 걸음걸이를 용이하게 한다.

손톱과 발톱은 주로 케라틴(keratin)으로 구성되어 있는데, 건강한 손톱은 윤기가 있고 강하며 반달 부분이 희고 분홍빛을 띤다.

1. 조갑의 구조

① 조근(Nail root)

피부 밑에 묻혀있는 손 · 발톱의 뿌리 부분으로 새로운 세포 조직이 형성되어 손 · 발톱이 성장하는 부위이다. 이 부위를 다치게 되면 손 · 발톱에 장애가 발생한다.

② 반월(Lunula)

완전히 각질화가 되지 않은 조판의 베이스 부분으로 흰색의 반달 모양을 하고 있다.

③ 조판(Nail plate)

조체(nail body)라고도 하며 혈관이나 신경조직이 없는 손톱 본체를 말한다.

④ 자유연(Free edge)

조상이 끝난 지점부터 손톱 끝부분까지를 가리키는데 우리가 손 · 발톱을 정리하는 부위이다.

⑤ 조상(Nail bed)

조판의 아랫부분으로 신경조직과 모세혈관이 존재한다.

⑥ 조소피(Cuticle)

손톱 주위를 덮고 있는 피부로 미생물이나 세균의 침입으로부터 손 · 발톱을 보호한다.

⑦ 조구(Nail grooves)

조상 양쪽 측면의 움푹 파인 부분이다.

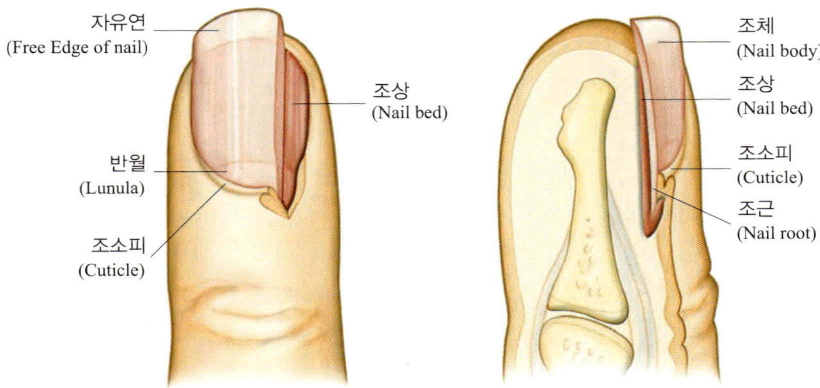

그림 5-3 손톱의 구조

2. 조갑의 성장

손 · 발톱의 성장 속도는 내적인 혹은 외적인 여러 조건에 따라 영향을 받게 되는데 일반적으로 1일 평균 0.1~0.15mm로 1개월에 3mm 정도 자란다. 이러한 성장속도는 개인차가 있고 나이에 따라서도 다르다. 즉, 유아기로부터 청년기에는 빠르고 노년기에는 느려진다.

또한 손톱 중 중지의 성장이 가장 빠르고 엄지와 소지(새끼손가락)의 손톱은 성장이 느린 경향이 있다. 발톱은 손톱보다 성장이 느린 편이며, 손톱은 손톱 밑의 피부인 조상의 위를 이동하며 자라는 것이 아니라 조상과 함께 손끝을 향해 이동해간다.

3. 조갑의 특성

손 · 발톱은 피부 표면의 각질층이 변화한 것으로 우리 몸의 생물 정보가 모두 들어 있기 때문에 인체의 건강 상태를 진단할 수 있는 좋은 척도가 되기도 한다.

손 · 발톱은 모발과 마찬가지로 경단백질인 케라틴과 이를 조성하는 아미노산으로 구성되어 있다. 또 지질(0.1~1%), 유황(3%), 칼슘, 마그네슘, 구리, 망간, 아연, 철 등의 미네랄과 미량원소들로 구성되어 있다. 손 · 발톱의 수분(7~10%)은 피부에 비해 적은 편이며, 외부 환경 요인의 영향을 많이 받는다. 수분을 적당히 함유한 손 · 발톱은 부드럽고 잘 잘라지지만 건조한 손 · 발톱은 부스러지기 쉽다.

check point

건강한 손 · 발톱의 조건

- 조상(nail bed)에 강하게 부착되어 있다.
- 단단하고 탄력이 있으며 둥근 아치를 형성한다.
- 매끄럽고 광택이 나며 반투명한 핑크색을 띤다.
- 수분을 약 7~10% 정도 함유한다.

4. 조갑의 손상

일반적인 손톱과 발톱의 손상으로는 층상이 분리되는 조갑층상분열증(onychoschsis)이라는 것이 있다. 조갑층상분열증은 조상부로부터 수분을 공급받지 못하여 수분량이 감소된 것이 원인이 되기도 하는데, 외적요인으로는 네일 에나멜이나 리무버의 잦은 사용으로 인한 탈수와 탈지 작용 및 비누나 세제에 의한 탈지 등이 있다. 따라서 네일 에나멜이나 리무버를 사용할 때는 과도한 탈수나 탈지에 유의할 필요가 있다.

4. 모발(Hair)

모발은 외부 환경으로부터 두부를 보호해주는 역할을 하며, 신체의 노폐물 배출뿐 아니라 장식의 기능으로 아름다움을 표현할 수 있다.

1. 모발의 구조

모발은 피부를 경계로 하여 피부 밖은 모간부(hair shaft), 피부 안을 모근부(hair root)로 나눈다.

모근부는 피부 안에 위치하는 부분으로 모낭(hair follicle), 모구(hair bulb), 모유두(hair papilla), 피지선(sebaceous gland), 입모근(arrector pili muscle) 등이 있다. 모간부는 피부 밖에 위치하는 부분으로 모표피(cuticle), 모피질(cortex), 모수질(medulla)의 3개 층으로 되어 있으며 이것은 모근까지 연속되어 있다.

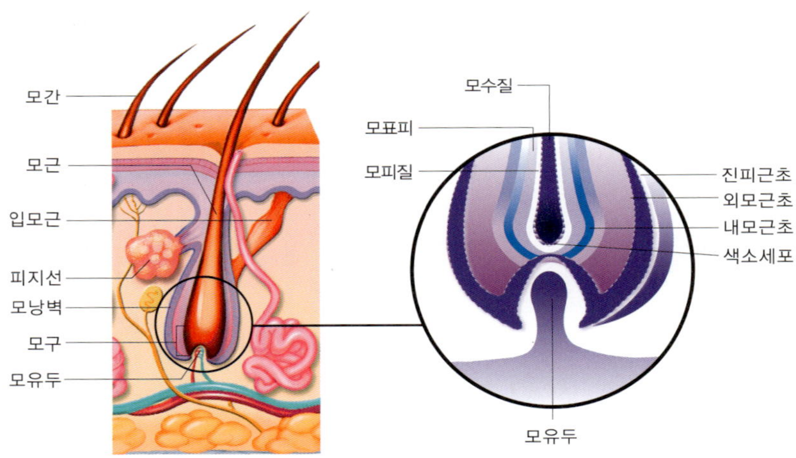

그림 5-4 모발의 구조

(1) 모소피와 모표피 (Cuticle)

모소피는 모발의 가장 바깥층을 둘러싸고 있는 얇은 층으로 모표피 또는 큐티클이라 부른다. 개인에 따라 경질의 케라틴이 5~15층으로 겹쳐 있는데, 마치 생선 비늘모양으로 겹쳐 있다.

모소피는 멜라닌을 함유하지 않고 무색투명하며, 경질의 케라틴 단백질로 만들어져 있어서 딱딱한 반면에 부서지기 쉽고, 마찰에 약하기 때문에 무리한 빗질이나 거친 샴푸에 의해 손상되거나 박리되기 쉽다.

오일에는 친화성이 좋으나 물이나 용액제의 침투나 작용에는 저항성이 크기 때문에 염모제 도포 시 모소피를 팽윤 · 연화시키는 시간이 필요하다. 물리적인 자극에 의해 쉽게 손상되며 한 번 손상되면 스스로 재생하지 못하기 때문에 모소피가 손상을 받으면 두발 전체에 악영향을 미친다.

모소피를 투과형 전자현미경으로 확대하여서 마이크로 레벨의 구조로 관찰하면 모소피가 1장씩 겹쳐 있는 것을 알 수 있다. 모소피는 가장 외측부터 에피큐티클, 엑소큐티클, 엔도큐티클의 3층으로 구성되어 있다.

(2) 모피질 (Cortex)

모피질은 모발에서 85~90%를 차지하는 두꺼운 부분으로 과립상의 멜라닌을 함유하며 그 양에 따라 모발의 색이 결정된다. 딱딱한 케라틴으로 이루어진 긴 축 방향에 가늘고 길게 늘어진 섬유세포가 다발로 되어 있으며, 섬유간에는 비교적 연한 케라틴으로 된 단백질의 세포 간 결합물질인 간충 물질로 채워져 있다.

그래서 펌과 염색 시술 시 물에 녹아 유출되어 피질 세포끼리의 결합이 약해져 모발이 손상된다. 이 구조가 모발의 강도, 탄력성, 흡수성, 약품 저항성 등의 특성을 나타내며, 퍼머넌트 웨이브제와 염모제가 작용하는 부분이다.

(3) 모수질 (Medulla)

모발의 중심 부위로 구멍이 많은 벌집 상태의 다각형 세포로 이루어져 있으며, 멜라닌 색소를 함유하고 있다. 시스틴 함량은 모피질보다 작다. 0.09mm이상의 굵은 모발은 모수질이 있고, 가는 모발(0.07mm)은 모수질이 없으며, 배냇머리와 연모(솜털)에는 존재하지 않고 눈썹이나 코털 등의 단모나 헤어 등의 장모에서도 연속하여 있지는 않다.

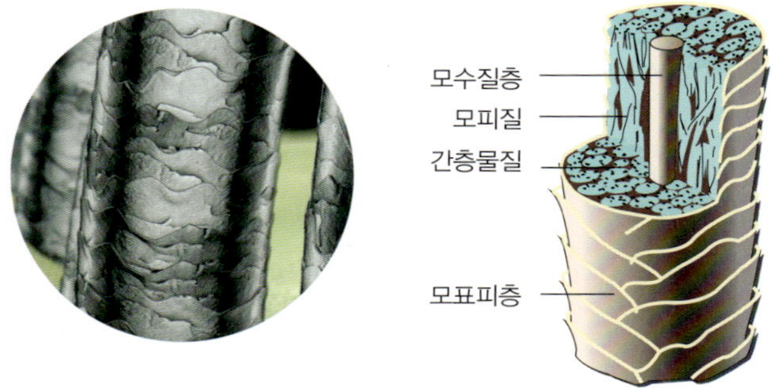

그림 5-5 모발의 단면

2. 모발의 생장주기(Hair cycle)

사람의 머리카락은 동물의 털과는 달리 한 가닥, 한 가닥이 모두 독립된 수명이 있어서 성장과 퇴행, 신생을 반복하고 있다. 이것을 모발의 성장주기 또는 모주기라고 한다. 모발의 성장주기는 성장기, 퇴행기, 휴지기의 세단계로 진행된다.

(1) 성장기 (Anagen)

모유두의 발달과 모모세포의 활동이 활발하여 모발이 성장하는 시기로 모발의 80~90%가 이 시기에 속한다. 한달에 1~1.5cm 정도 자라는데 이때 섭취하는 음식물이나 비타민, 연령, 질병, 호르몬 분비 등에 따라 모발의 성장에 차이가 날 수 있다. 대체로 남성의 경우는 3~5년, 여성의 경우는 4~6년 정도이고, 여자가 남자보다 모발의 성장률이 높다.

(2) 퇴행기 (Catagen)

모발의 대사과정이 늦어지는 시기로 2~3주 정도이며 전체 모발의 1%가 이 시기에 속한다. 모유두가 위축하기 시작하여 모모세포의 분열이 감소되면서 성장이 멈추게 된다.

(3) 휴지기 (Telogen)

모낭과 모유두가 완전히 분리되어 성장이 멈추고 동시에 모근이 위로 밀려 올라가게 됨으로써 탈모가 시작되는 시기이다. 기간은 3~4개월 정도 걸리고 전체 모발의 10% 내외를 차지한다.

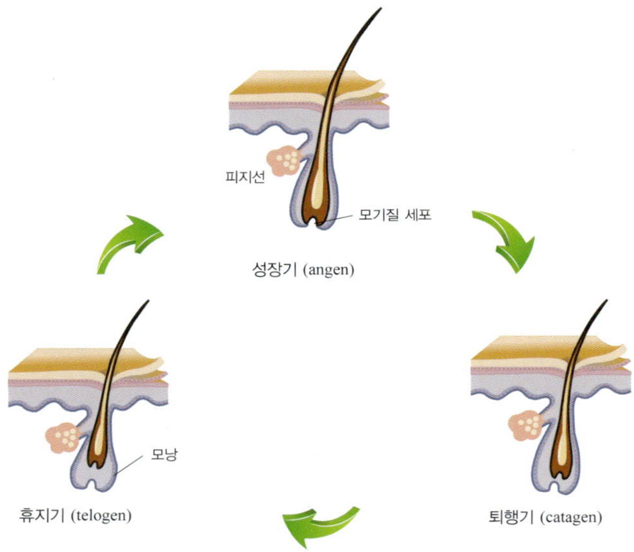

그림 5-6 모발성장주기

3. 모발의 특성

(1) 모발의 흡수성과 흡습성

정상적인 모발을 물에 적시면 그 중량의 30~35% 가량의 물을 흡수하고 길이는 1~2%에 굵기는 15~17% 증가하며, 이것을 자연 건조하면 습도 65~75%에서는 수분함유량이 13%로 낮아지고 굵기는 원래대로 돌아간다. 모발의 정상적인 수분은 11~13%인데 온도나 습도에 따라 수분량도 변화한다.

흡수성과 흡습성은 모피질(cortex)의 친수성에 기인한다. 손상을 받으면 모발 성분의 유실에 의해 수분을 보존하는 보수성이 떨어져서 건조해진다.

일반적으로 수분함유량이 10% 이하가 되면 건성 모발이라 하여 모발 손상의 지표로 상용되고 있다.

(2) 유지 흡착성

모피질은 친수성인 것에 반해 모표피는 친유성이기 때문에 유지는 주로 모표피의 표면에 흡착된다. 일반적으로 식물성 유지보다는 광물성 유지가 흡수되기 쉬워서 파라핀 오일과 같은 광물유가 헤어오일이나 헤어크림에 주로 이용된다.

(3) 산, 알칼리에 대한 저항성

모발의 등전점은 pH 4.1~5.5 사이의 약산성 영역에 있어 이 범위에서는 염결합이 가장 안정적인 상태이고, 피부와 모발을 최적의 상태로 유지해 세균의 침입으로부터 보호한다.

단백질은 산과 만나면 단단해지는 성질이 있기 때문에 모표피가 단단해져서 모발 내부로 산이 침투하는 것을 막아준다. 따라서 산은 pH 1~2의 강산성이 아닌 경우는 산에 의해 손상을 받지 않는다.

알칼리에서 염결합의 안정성이 저하되어 유연성이 증가되고, pH 10~12에서는 염결합과 시스틴 결합이 절단되어 팽윤이 지나치게 일어나서 용해된다.

모발은 산에는 비교적 강하나 알칼리에는 약하여 pH의 상승과 더불어 유연성이 증가하고, pH 10 부근에서는 강하게 팽윤하고, pH 12를 넘으면 팽윤이 강하게 일어나서 용해하기 시작한다.

또 황화물이나 치오글리콜산이나 시스틴 등의 시스테인(SH) 화합물과 같은 환원제에 매우 약하여 이를 강하게 작용시키면 모발은 절단되거나 용해가 일어난다. 이 성질을 이용하여 퍼머넌트 웨이브제나 화학적 탈모제가 만들어진다.

Chapter 6

피부의 기능

피부는 우리 몸의 신진대사에 영향을 미치는 다양한 기능들을 수행하며, 신체의 항상성을 깨뜨리는 외적 요인들로부터 내부기관을 보호하고 생명을 지키는 역할을 한다.

1. 보호기능

피부는 외부환경과 직접적으로 접해있기 때문에 많은 자극을 받고 있다. 피부는 이러한 주위에서 오는 자극 요인으로부터 생체를 보호하는 작용을 한다.

(1) 화학적 방어기능

피부의 화학적 방어기능은 피부 위의 피부 보호막에 의해 이루어진다. 피부 보호막은 피부 표면의 산성막(pH 5.5~6.5)으로 피부 자체만으로 보호하지 못하는 부분들을 추가적으로 보호한다. 따라서 약산성 피지막은 외부의 유해물질이 피부 속으로 잘 들어가지 못하도록 마치 랩핑과 같은 역할을 하며, 피지 속에 포함된 지방산에는 어느 정도 화농균과 백선균을 죽이는 작용이 있어 미생물의 침입으로부터 방어한다.

또한 멜라닌 색소는 자외선을 흡수 또는 산란하여 광선과 열에 의한 생체 내의 피부 손상에 대해 보호작용을 한다.

(2) 물리적 방어기능

진피의 탄력섬유와 진피 아래의 피하지방조직은 외부로부터의 물리적인 힘에 대한 완충역할을 한다. 또한 피부에 지속적이고 약한 자극이 계속되면 피부는 이 지속적이고 약한 자극에 대한 보호작용으로 굳은살을 만드는데, 이 경우는 각질층이 물리적인 방어 기능을 하고 있는 것이다.

(3) 생물학적 방어 기능

표피의 랑게르한스세포와 진피층에 있는 대식세포를 통해 이루어진다.

2. 체온조절기능

인간은 36.5℃라는 체온을 항상 유지해야 하는 항온동물이다. 그러므로 생명을 유지하는 데 있어 체온유지는 매우 중요하다. 우리가 더우면 창문을 열어 열을 외부로 버리고 추우면 창문을 닫아 외부로 열을 뺏기지 않게 하는 것처럼 우리 피부의 모공이 마치 창문의 역할을 한다. 피부는 더우면 체내의 열을 발산하기 위해 모공을 열고, 그 반면에 추우면 모공을 닫아서 외부로 열을 빼앗기지 않도록 노력한다.

또한 피부는 모세혈관의 확장과 수축에 의한 혈류량의 변화로도 체온을 조절하는데, 피부에 열이 발생하면 모세혈관은 외부와 닿을 수 있는 체표면적을 보다 넓게 확장하여 한 번에 더 많은 열을 방출하려는 노력으로 모세혈관이 10~20배 확장됨으로써, 확장된 모세혈관에서 많은 양의 열을 한번에 발산할 수 있다.

혈관과 에크린선은 자율신경의 지배를 받는데, 발한에 의한 체온 조절은 주위의 온도가 높으면 피부 모세혈관을 확장시키고 발한을 증가시킨다. 그로써 분비된 땀이 기화되어 증발할 때 체온은 떨어진다. 그 반면, 주위의 온도가 낮으면 피부 혈관을 수축하여 체온이 빠져 나가는 것을 막고, 땀의 분비를 줄임으로써 기화열로 빼앗기는 비율을 낮춘다.

3. 감각기능

피부 면적 $1cm^2$에는 촉각점이 25개, 온각점이 1~3개, 냉각점이 6~23개, 통각점이 100~200개가량 존재한다. 촉각 · 통각 등은 진피의 유두층에, 온각 · 한각 · 압각은 진피의 망상층에 위치한다. 또한 촉각점은 손끝 · 입술 · 혀끝 등에 온각점은 혀끝에 많이 분포되어 있다.

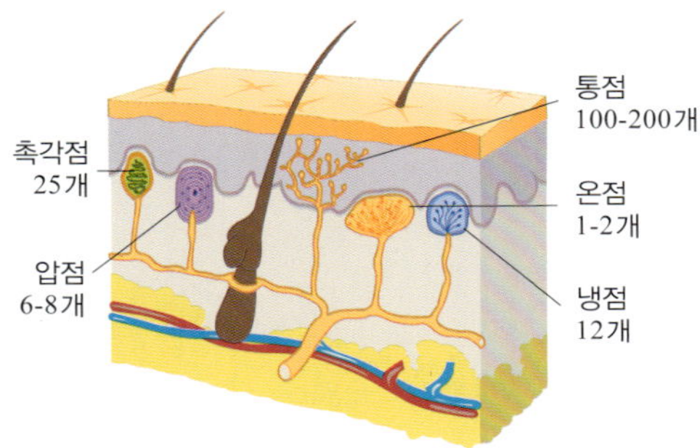

그림 6-1 피부의 감각신경

4. 분비기능

분비기능은 인체 내의 노폐물을 피부 밖으로 내보내는 작용으로 체온조절과도 관련이 있으며, 주로 땀샘과 피지샘에 의해 분비되고 배설된다. 피지선에서 분비되는 피지는 피지막을 형성하여 수분증발을 억제하며, 피지 속의 지방산은 세균이나 곰팡이의 성장을 억제하는 기능이 있다. 땀 분비는 노폐물을 배설하는 신장의 보조역할도 하지만 주요 목적은 체온조절이다.

5. 흡수기능

피부 표면에 접촉한 물질이 부속기관인 모낭, 한선, 피지선을 통하여 진피 내로 흡수되거나 또는 표피를 경유하여 진피로 도달하는 것을 '경피 흡수'라고 한다. 피부를 통한 흡수경로는 각질층을 통한 흡수, 모공을 통한 흡수, 에크린 한선을 통한 흡수의 3가지로 추정되고 있다.

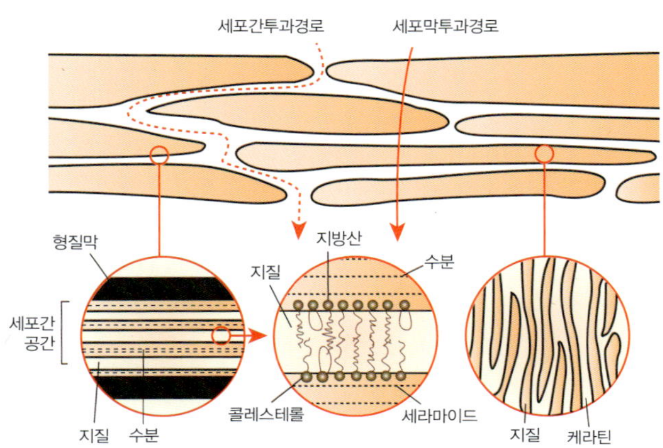

그림 6-2 피부를 통한 흡수경로

화장품과 피부의 흡수작용

Check point

화장품을 공부하는데 있어서 피부의 흡수작용은 매우 중요한 부분이다.

많은 화장품 광고에서 고농축 화장품을 강조하고 있는데, 중요한 것은 고가의 화장품 속에 들어있는 많은 유효성분들이 얼마나 고농축인가 보다는 '얼마나 피부 속 깊숙이 흡수되는가'이다.

그러나 사실 화장품의 많은 유효성분들이 피부 속 깊숙이 흡수되기는 어렵다.

예를 들어 100개의 유효성분을 피부에 발랐다면, 그 중 약 10개~20개만 피부 속으로 흡수가 되고 나머지는 피부 위에 남아 있게 되는 것이다.

그렇다면 피부의 흡수 작용을 막는 방해요인은 무엇일까?

바로 피지막, 각질, 각질간 지질, 수분저지막, 기저세포막 등이다. 이러한 것들을 피부장벽이라고 한다.

가끔은 내가 사용하는 비싼 화장품의 흡수를 막는 피부장벽이 원망스러울 수도 있겠지만 피부장벽은 인간이 건강하게 살아갈 수 있게 하는 중요한 기능을 담당하는 곳이다.

6. 저장기능

피하조직의 피하지방은 잉여의 영양물질을 저장하고 있다. 또한 피부에는 수분도 상당히 포함되어 있어 소아기 때의 수분량은 피부의 80%를 차지하나 연령이 많아질수록 감소되어 거의 60%에 이르게 된다.

7. 비타민 D 형성기능

각화와 함께 표피 내에서 만들어진 프로 비타민 D로부터 일광 중의 자외선 조사에 의하여 비타민 D가 만들어진다. 피지막에 포함되어 있는 에르고스테롤에 자외선이 작용하면 비타민 D로 변하고, 경피흡수를 통해 체내에 들어와 뼈의 발육에 도움을 준다.

8. 재생기능

피부는 상처를 입어도 곧 원래의 모양으로 되돌아가는데, 정상적인 피부의 표피는 그 표면으로부터 낡은 각질세포가 떨어져 나가고, 탈락된 세포의 분량만큼 기저세포가 차례로 분열하여 새로운 표피세포를 만들어 낸다.

즉 표피의 재생은 각화된 세포의 탈락이 자극이 되어 일어나는 것이다.

피부의 결손이 표피에 한정될 경우 기저세포가 남아 있으면 기저층으로 부터 재생되어 상처를 남기지 않고 회복되며, 기저층이 손상되었을 경우에도 모낭과 한관이 남아 있으면 그곳으로부터 표피의 일부가 재생된다. 그러나 이 모든 것이 손상되면 흉터가 남는다.

9. 표정기능

피부는 외부뿐만 아니라 신체 내부로부터도 여러 가지 영향을 받는다. 그래서 감정의 변화에 따라 창백해지고, 털이 서는 것과 같은 피부의 변화가 나타날 수 있다.

10. 호흡기능

피부는 폐호흡의 1% 정도의 호흡을 하는데, 피부 표면은 직접 공기를 통하여 산소를 흡입하고 이산화탄소를 방출한다.

Chapter 7

피부와 화장품

우리의 인체는 65~70%의 물로 채워져 있다. 이 중 40%는 세포 내에 존재하고 20%는 조직 내에 존재하며, 5% 정도가 혈액 내에 존재하면서 인체에 필요한 각종 생리활성 물질을 운반하는 작용을 하고 있다. 피부의 각질층에도 10~20%의 수분을 항상 함유하고 있어서 피부가 항상 촉촉한 상태로 유지되도록 하고 있다. 피부의 수분량이 10% 이하로 떨어지게 되면 유연성이 감소해 잔주름 등이 생기기도 하므로 피부 노화를 예방하기 위한 방법으로 보습은 필요조건이라 하겠다.

각질층의 보습을 유지하는 보습 메커니즘을 살펴보자면 첫째로 수용성 보습성분인 천연보습인자(Natural moisturizing factor, NMF)의 작용을 들 수 있다. 각질층에 존재하는 천연보습인자(NMF)는 아미노산, 피롤리돈카르복시산, 젖산염, 무기염 등으로 구성된 것이다. 이들 수용성 성분에 의해 표피가 적절한 보습을 유지할 수 있어서 각질층에 유연성을 부여할 수 있다.

둘째로 각질세포 간 지질이다. 각질층에는 피지선에서 나온 피지와는 별도로 각질층 자체에서 생긴 지질인 각질세포 간 지질이 존재하는데, 이들 각질세포간 지질은 세포 사이에 존재하여 물 분자와 수소 결합망을 형성하고 있어 층상의 라멜라(lamella) 구조를 이루어 수분을 일정하게 유지할 수 있게 해준다.

셋째로 피부 위의 피지막은 한선을 통해 배출된 땀과 피지선에서 나온 피지가 서로 만나 만든 얇은 막으로, W/O 타입의 유화상태로 존재하나 피부상태가 변함에 따라 때로는 O/W 타입의 유화상태로도 변하면서 서로 가역적 전환을 하며 피부의 수분조절에 관여하고 있다. 그러나 나이가 들어감에 따라 피지분비 능력이 저하되면서 피부의 보호막 역할을 해주는 산성피지막이 얇아져서 온도 및 기타 기계적 자극에 노출될 경우에 민감한 반응을 나타내게 된다.

이런 경우에는 수분증발이 잘 되기 때문에 적절한 관리를 해주지 않으면 노화 과정이 빠르게 진행되어 주름발생의 가능성이 높아진다. 즉, 노화가 진행된다는 것은 수분을 잃어버리는 과정이므로 수분증발 억제를 도와주는 천연 피지막을 대신할 인공 피지막을 제공하는 것이 기초화장품의 이상이자 목표이다.

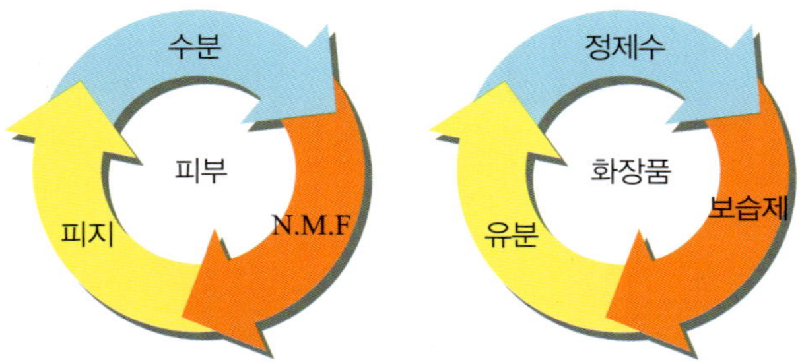

그림 7-1 피부와 기초 화장품의 관계 모식도

기초화장품의 기능은 피부 본래가 가지고 있는 기능을 정상적으로 작용하도록 도와주는 것이다. 따라서 화장품을 개발할 때 피부의 보습 메커니즘을 고려하여 수용성 보습물질과 유용성 오일 차폐막으로 보습환경을 조성하여 피부의 항상성이 정상적으로 유지되도록 하는 것이 바람직하겠다.

또한 앞서 피부의 기능에서 설명했듯이 피부는 흡수기능도 있지만 기본적으로 보호기능을 주로 하는 기관이다. 우리가 화장품을 도포하는 피부는 각질층으로 피부의 가장 바깥쪽에 위치하면서 우리 몸을 외부로부터 보호하는 장벽으로서의 역할을 충실히 수행하고 있다. 특히 각질층들 사이에는 표피에서 분비된 극성지질(polar lipid)과 피지선에서 생성한 비극성지질(nonpolar lipid)들이 결합한 막을 형성하고 있는데, 이들을 포함하여 각질층과 과립층 사이의 수분저지막(barrier zone)과 기저층 아래의 기저세포막 등을 통틀어 피부장벽이라 한다. 각질층에서 형성된 지질성분 즉, 세라마이드, 콜레스테롤, 지방산 등은 과도한 수분의 손실을 막아주는 역할을 하지만, 동시에 수용성 물질의 체내 흡수를 방해하는 요인이 되기도 한다.

따라서 화장품을 공부하는 입장에 있어서 고려해야 할 문제 중 하나가 바로 어떻게 하면 피부장벽을 뚫고 화장품의 유효성분들을 피부 속으로 안전하게 넣어 줄 수 있는가이다. 이에 피부 흡수율을 높일 수 있는 새로운 원료와 다양한 제형연구가 진행되고 있다.

피부에 친숙한 화장품 만들기.

Part III 화장품 제조원리

Chapter 8. 계면화학

Chapter 8

계면화학

1. 표면과 계면

물질에는 기체, 액체, 고체의 세 가지 상이 존재한다. 이러한 세 가지 상은 물질의 분자들이 서로 끌어당기는 인력의 결과로 존재하는데, 일정 공간 내에 많은 분자들이 존재하면 액체나 고체 상태를 유지하고, 일정 공간 내에 적은 수의 분자들이 존재하면 기체가 된다.

이와 같이 물리적 상태가 다른 물질들이나 또는 같은 물리적 상태라도 화학적 성질이 다른 물질들이 서로 접촉하게 되었을 때 그 접촉면을 '계면'이라고 한다. 일반적으로 기체 또는 진공과 경계면을 이루는 액체나 고체의 경우는 그 경계면을 표면이라고 하는데 넓은 의미로 표면도 계면의 일부라고 보면 된다.

그림 8-1 계면

액체 또는 고체는 내부의 분자들이 모든 방향에서 서로간의 인력이 작용하여 균형을 이루고 있어 전체적인 인력의 합계가 "0"이지만 표면에 존재하는 분자는 전체적으로 표면의 안쪽방향으로 인력이 작용한다.

이 힘에 의해 표면에서 발생하는 에너지를 표면 자유 에너지 또는 표면 장력이라고 한다. 이 표면장력 때문에 물방울이나 수은방울과 같은 유동성 있는 액체가 기체와 접촉하였을 때 구형을 형성하는 것을 볼 수 있는 것이다.

2. 계면활성제의 구조와 기능

계면이란 기체와 액체, 액체와 액체, 액체와 고체가 서로 맞닿은 경계면이다. 계면활성제(surface active agent, surfactant)란 이런 계면의 경계에 흡착하여 그 계면의 성질을 현저히 변화시키는 물질로서 계면이 가지고 있는 표면장력을 약하게 한다.

계면활성제는 물에 녹기 쉬운 친수성 성분과 기름에 녹기 쉬운 친유성 부분을 동시에 가지고 있는 화합물이다.

계면활성제는 수상과 유상 모두 친화성을 가지는 특성 때문에 기름과 물이 함께 들어있는 상태에서 계면활성제를 첨가시키면 기름과 물의 경계면에서 친수성기는 물과 접촉되고 친유성기는 기름에 접촉되어 두 물질의 반발력을 감소시켜 안정된 상태를 만들어 준다.

이러한 성질 때문에 계면활성제는 비누나 세제와 같은 세정 용도로 많이 사용되고 있다. 그리고 유화, 가용화, 분산, 습윤, 대전방지 등의 다양한 기능을 가지게 되어 식품과 화장품에서도 많이 사용되고 있다.

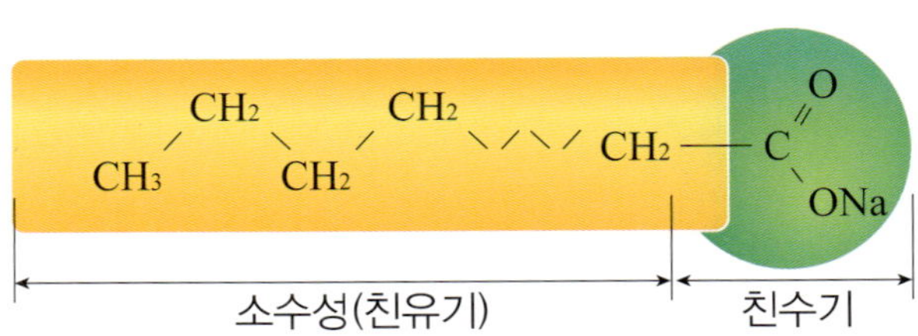

그림 8-2 계면활성제의 구조

3. 계면활성제의 특성

1. HLB (Hydrophile Lipophile Balance)

계면활성제는 친수성기와 친유성기를 동시에 가지고 있다. 계면활성제가 가지고 있는 친수성기와 친유성기의 비율을 수치화하여 그 성질이 친수성인가 친유성인가를 나타내는 상대적 세기를 HLB(Hydrophile Lipophile Balance)라고 한다.

1949년에 그리핀(W.C.Griffin)은 수많은 유화실험을 통해 비이온 계면활성제를 구성하는 친수기와 친유기의 크기의 비율에 따라 계면활성제 전체의 친수성 및 친유성의 크기가 다른 것을 알아내었다. 그는 이것을 HLB(Hydrophile Lipophile Balance)라 하고, 친수성이 최대인 계면활성제의 HLB값을 20으로 하고, 반대로 친유성이 가장 큰 HLB값을 1로 해서 그 사이에 모든 계면활성제 각각의 값을 배열하여 분류하였다.

그러나 그리핀계산식은 이온성 계면활성제에 대해서는 적용되지 않으며, 비이온성 계면활성제 중에서도 산화 프로필렌, 질소, 유황 등이 함유되어 있는 것은 적용할 수가 없어서 이들에 대해서는 실험적인 방법에 의해 HLB값을 산출해야만 한다.

그 반면 데이비스(Davies)가 제안한 HLB의 개량된 계산방법은 계면활성제의 분자를 원자단으로 나눠 생각하고 각각의 원자단의 종류에 대해서 특유의 값을 매김으로써 그들을 합산하여 구한 계면활성제의 HLB값을 얻는 방법이다.

그리핀방법에서는 계산할 수 없었던 이온성 계면활성제의 HLB값까지도 계산식으로 구할 수 있는 점에 있어 편리하다.

계면활성제의 HLB값이 크면 친수성이 크고 따라서 수상에 우선적으로 용해되고, HLB값이 적으면 친유성이 커서 유상에 우선적으로 용해된다. 이러한 HLB값의 특성에 의해 HLB값에 따른 계면활성제의 용도가 구분된다.

그러나 HLB는 계면활성제를 선택할 때 매우 유용한 기준이 되기는 하지만, 계면활성제를 선정하는 하나의 방향제시가 되는 기준일 뿐 모든 계면활성제에 전반적으로 적용될 수 있는 기준은 아니다.

표 8-1 HLB에 따른 계면활성제의 주요용도

HLB 범위	주요용도
1~4	소포제
3~6	W/O 유화제
7~9	습윤제
8~18	O/W 유화제
13~15	세정제
15~18	가용화제

2. 미셀(Micelle)

계면활성제는 물속에 용해될 때, 그 농도에 따라 계면활성제 분자의 배열상태가 변하게 된다. 계면활성제 분자들이 농도가 낮은 수용액에서는 단분자(monomer)의 형태로 자유롭게 존재하다가 계면활성제의 농도가 높아짐에 따라 계면활성제 분자들끼리의 자발적인 회합이 일어나서 미셀(micelle)을 형성하게 된다. 이러한 현상을 미셀화(micellization)라고 하며, 미셀이 막 형성을 시작할 때의 계면활성제의 농도를 임계미셀농도(CMC : Critical Micelle Concentration)라고 한다.

이 농도에서부터는 더 이상 표면장력이 낮아지지 않으며, 미셀이 형성되기 시작하므로 미셀에 의한 가용화 현상으로 인해 물에 용해되지 않은 유성성분의 용해도가 급격하게 증가한다. 즉, 계면활성제는 CMC에서부터 계면활성제로서의 성질을 지니며, 이 농도 이하에서는 계면활성제의 능력이 떨어진다.

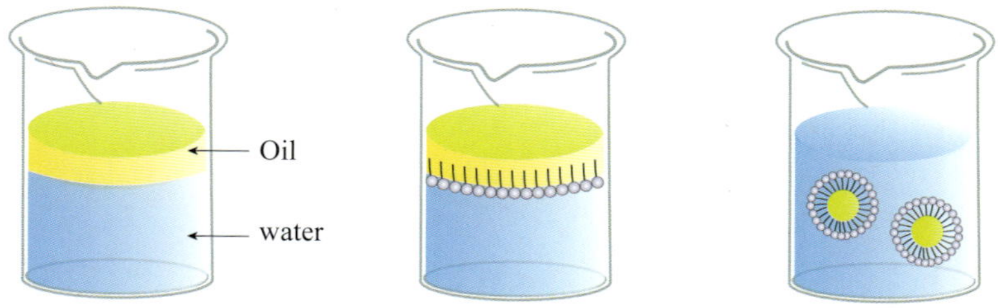

그림 8-3 미셀의 형성과정

미셀의 구조는 내측에 친유기(소수성)를, 외측에 친수기를 향하게 하여 둥근 형태의 입자를 형성시킨다. 미셀은 단순한 소형 미셀, 구상미셀, 봉상 미셀, 층상 미셀 등 여러 가지 형태가 있다. 이는 계면활성제 형태나 농도 외에 다른 각종 조건에 따라 변한다.

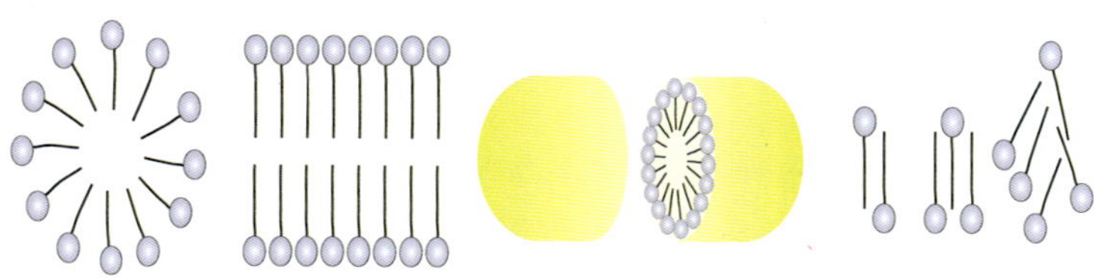

그림 8-4 미셀 (micelle)의 종류

4. 가용화(Solubilization)

물에 녹지 않는 소량의 유성성분을 계면활성제의 미셀 형성 작용을 이용하여 투명한 상태로 용해시키는 것을 가용화라 한다. 이때 미셀의 크기는 가시광선의 파장(400~800nm)보다 작아서 빛을 그대로 투과시키므로 투명한 상태로 보인다.

가용화는 물에 녹지 않는 물질이 미셀에 흡착되거나 미셀 중에 스며들어가는 현상이며, 가용화에는 CMC 이상의 계면활성제 농도가 필요하게 된다. 실제로 가용화 현상은 미셀을 형성하지 않는 저농도에서는 볼 수 없으며, 미셀형성 한계농도인 CMC 이상에서 나타난다.

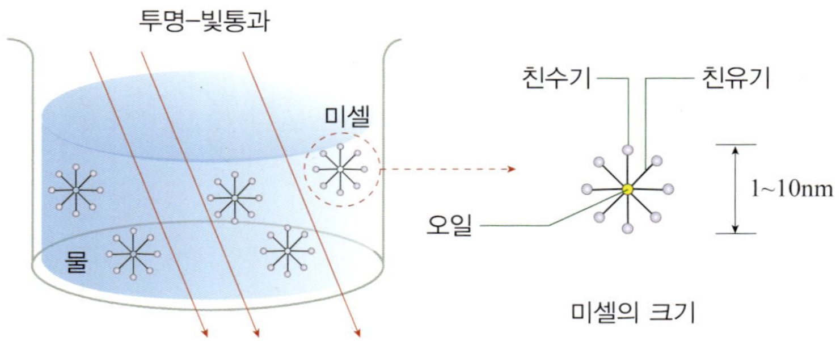

그림 8-5 가용화의 원리

이러한 가용화 현상을 이용한 화장품은 스킨 토너, 에센스, 헤어토닉, 향수류와 같이 수용액에 유성성분을 용해시키는 경우가 대표적이며, 립스틱과 같이 유성성분 베이스에 수용성 성분을 첨가하는 경우도 있다.

5. 유화(Emulsion)

하나의 액체에 상호 혼합되지 않는 두 액체의 한쪽이 작은 방울로 되어서 미세한 입자의 상태로 균일하게 분산시키는 것을 유화기술이라 한다. 즉, 많은 양의 유성성분을 물에 균일하게 혼합하는 기술을 유화기술이라 한다. 유화입자의 크기는 가시광선보다 커서 빛을 통과시키지 못하고 산란시키기 때문에 유화제품은 뿌옇게 우유처럼 백탁화되어 보인다.

이렇게 해서 생성된 분산계를 에멀션(유제, 유탁액, emulsion)이라고 하며 이때 사용된 계면활성제를 유화제라고 부른다.

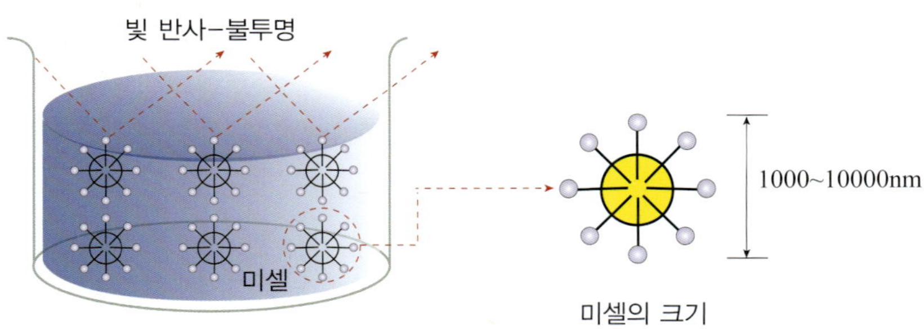

그림 8-6 유화의 원리

에멀션은 연속상(외상, 분산매)과 불연속상(내상, 분산상)으로 이루어지는 계인데 미세한 입자로 되어 분산하고 있는 부분을 내부상, 미세한 입자를 둘러싸고 있는 액체의 부분을 외부상이라고 부른다. 일반적으로 화장품용 에멀션일 때 한쪽의 액체는 물이나 수용성 물질이고 다른 한쪽은 유지나 왁스류 같은 유성혼합물질이다.

화장품에서는 크림이나 로션류의 기초화장품은 물론이고 색조화장품에서도 유화를 이용한 경우가 비교적 많다. 왜냐하면 유화를 사용하게 되면 유성 원료와 비유성 원료를 비교적 간단하게 혼합할 수 있으며, 단독으로 사용할 수 있는 유지류와는 다른 형태의 사용감과 외관을 나타낼 수 있어 상품가치도 높아질 뿐만 아니라 기능면에서도 유지류 단독으로 얻을 수 없는 피부의 보호 작용을 부여할 수도 있기 때문이다.

에멀션의 형태에는 물을 연속상으로 하고 그 안에 오일이 분산되어 있는 수중유적형(水中油摘型, oil-in-water type, O/W형)과 그 반대로 오일을 연속상으로 하고 그 안에 물이 분산되어 있는 유중수적형(油中水摘型, water-in-oil type, W/O형)의 두 가지가 있다. 일반적으로 크림이나 로션류와 같은 기초화장품들은 대부분 O/W 타입에 속하지만 색조화장품이나 자외선 차단제 및 특수 영양크림 등은 W/O 타입에 속한다.

또한 다중 에멀션(multiple emulsion)이라 하여 분산상 내부에 또 다른 에멀션이 형성되어 있는 경우도 있다. 에멀션의 형태는 화장품의 외관이나 사용감에 큰 영향을 미치기 때문에 화장품의 사용목적, 사용연령층, 첨가제 등을 충분히 고려해서 결정해야 한다.

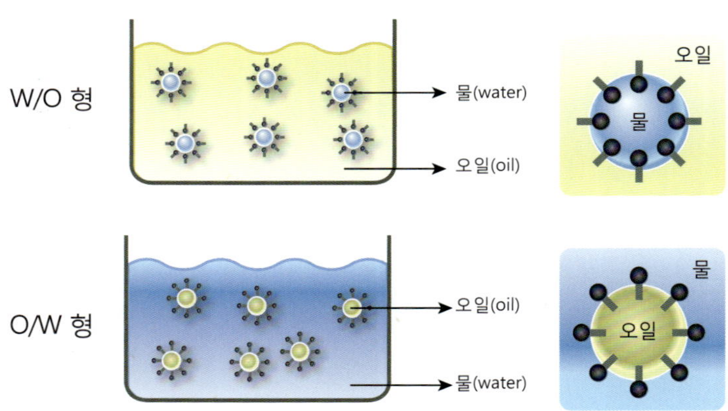

그림 8-7 O/W형과 W/O형

표 8-2 에멀션 형태의 구별방법

	W/O type	O/W type
전기 전도도	×	○
물에 희석	×	○
수용성 염료로 염색	×	○

에멀션의 형태를 판정하는 방법은 다양하다. 하지만 가장 많이 사용되는 방법은 전기 전도도, 희석법, 염색법이다.

전기 전도도는 O/W형 에멀션이 W/O형 에멀션보다 전도도가 높은 것을 이용한 방법이다. W/O형 에멀션은 바깥 부분이 오일이기 때문에 전기가 흐르기 힘들지만, O/W형 에멀션은 바깥 부분이 물이기 때문에 전기 전도도가 좋다. 이것을 이용하여 간단히 에멀션 형태를 구분할 수 있다.

희석법은 에멀션을 물에 희석시켜 분산 정도를 판단하는 방법이다. W/O형 에멀션은 주변이 오일이기 때문에 물에 희석되지 않고 물 표면 위에 뜬다. 그러나 O/W형 에멀션은 바깥 부분이 물이기 때문에 물에 희석되어 분산된다.

염색법은 수용성 염료 또는 유용성 염료를 용해시키는 방법으로 판단하는 것이다. O/W형 에멀션은 수용성 에멀션에 잘 염색되고 W/O형 에멀션은 유용성 에멀션에 잘 염색되는 것을 보고 판단할 수 있다.

에멀션의 입자 크기 측정은 현미경을 이용하여 분산상의 직경을 측정한다. 하지만 일반적으로 화장품용 에멀션의 경우 입자 크기가 균일하지 않기 때문에 최소와 최대의 입자를 측정하는 것과 함께 가장 많이 분포되어 있는 입자 크기를 측정하여 기록한다. 일반적으로 우리가 알고 있는 불투명한 에멀션을 마크로에멀션(macroemulsion)이라 부른다.

마크로에멀션은 입자크기가 1,000~10,000nm로 다량의 오일을 함유한 백색의 에멀션으로 가장 일반적인 타입이다. 미니에멀션은 나노에멀션이라고도 하고 입자 크기는 100~1,000nm로 오일을 적게 함유하고 있으며 다소 푸른색으로 보인다.

마이크로에멀션은 입자의 크기가 10~100nm로 매우 안정한 형태의 에멀션으로 투명 또는 반투명의 형태를 가진다.

표 8-3 에멀션의 구분

유형	입자크기(nm)	외관	열역학적 안정성
마크로에멀션	1,000 ~ 10,000	유백색 불투명	불안정
미니에멀션	100 ~ 1,000	청백색 불투명	불안정
마이크로에멀션	10 ~ 100	반투명	안정

일반적으로 유화는 유화제에 의해 오일과 물의 계면장력을 최소화하여 물과 기름을 섞이기 쉽게 하는 것이다. 물과 기름을 유화제 없이 강하게 흔들어 혼합한 후에 방치하면 혼합액은 계면장력을 최소화하기 위해 두 층으로 빠르게 분리된다. 그러나 계면 주위에 유화제가 존재하면 계면장력을 감소시키면서 물과 기름의 분리 속도가 크게 감소된다.

하지만 유화제가 에멀션의 열역학적인 불안정성을 완벽히 극복할 수 있는 것은 아니고 분리 현상을 지연시켜 줄 뿐이다. 즉 에멀션은 열역학적으로 불안정한 상태이므로 결국은 분리되어 물층과 기름층으로 나누어진다.

따라서 화장품 연구원들은 어떻게 하면 에멀션을 사용기간 동안 안정한 상태로 만들 수 있는가를 위해 많은 노력을 하고 있다. 물과 기름을 유화시켜 안정한 상태로 유지하기 위해서는 분산상의 크기를 미세하게 해주는 것이 좋으며, 이때 사용하는 장치가 호모믹서(homo-mixer)이다.

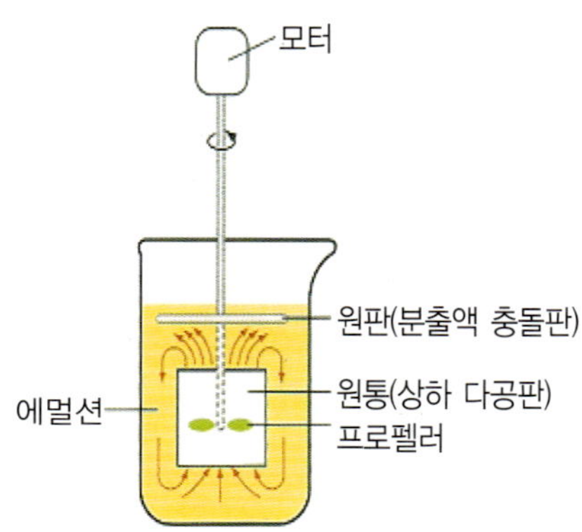

그림 8-8 호모믹서의 원리

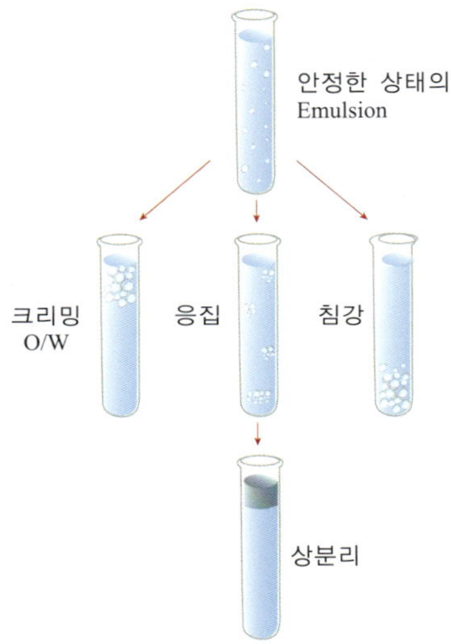

그림 8-9 에멀션의 파괴 과정

그림 8-10 호모믹서

6. 분산(Dispersion)

일반적으로 분산계라는 것은 기체, 액체, 고체 등의 하나의 상에 다른 상이 미세한 상태로 분산되어 있는 것을 말한다. 즉 화장품의 경우에는 거의 모든 제품이 일종의 분산계의 상태라고 할 수 있다. 그러나 여기에서는 액체-액체 분산계가 아닌 고체-액체 분산계인 현탁(suspension)에 대해서만 공부하고자 한다.

고체-액체 분산계는 안료 등의 고체입자를 액체 속에 균일하게 혼합시키는 것을 말한다.

고체-액체 분산계를 이용한 화장품으로는 파운데이션, 메이크업 베이스, 크림 마스카라, 아이라이너, 립스틱, 네일 에나멜 등과 같이 색조 화장품의 대부분이 여기에 속한다. 색조 화장품은 피부 또는 손톱에 색상을 부여하여 아름다워 보이도록 하는 것을 목적으로 사용하는 화장품들이기 때문에 색상을 부여하기 위한 성분으로 고체 상태인 안료가 이용되고 있는 것이다.

이들 안료들은 각각의 목적에 따라 여러 가지 분산매 중에서 볼 밀(ball mill), 콜로이드 밀(colloid mill), 롤러 밀(roller mill), 프로펠러식 교반기 등의 기계적인 힘에 의해 혼합, 분쇄, 분산 등이 실행되고 있다.

안료를 각각 분산매 중에 얼마나 쉽고 균일한 상태로 분산시킬 수 있는가의 여부는 제조상의 문제뿐만 아니라 상품 가치를 좌우하는 중요한 문제이다.

화장품의 기본성분이 정제수라니요?

Part Ⅳ 화장품 성분학

화장품 성분학이란?

Chapter 9. 유성원료

10. 수성원료

11. 계면활성제

12. 고분자화합물

13. 색 소

14. 향 료

15. 보존제

16. 기타 첨가제

17. 활성성분

화장품 성분학이란?

대표적인 화장품 성분으로는 물, 보습제, 유성원료, 계면활성제, 고분자화합물, 용제, 분체, 색소, 향료, 방부제, 활성성분, 기타 첨가물 등이 있다. 이들 성분의 조합에 따라 다양한 제형과 제품이 만들어질 수 있으며, 최근에는 기능성화장품 시장이 확대됨에 따라 유효활성 성분의 탐색과 개발에 많은 노력을 기울이고 있다. 특히 천연추출물 등을 통한 미백, 주름방지, 노화예방 등의 연구가 활발하게 이루어지고 있다.

화장품 성분의 표시방법은 나라마다 다르며, 미국의 경우는 1977년부터 FDA(Food Drug Administration)에서 화장품에 사용된 성분을 표기하는 것을 의무화하였고, 유럽의 경우는 1997년부터 전성분표시제를 시행해왔으며, 일본은 2001년부터 전성분표시제를 의무화하여 시행하고 있다.

우리나라에서도 2008년 10월 18일부터 전성분표시제를 도입해 시행하면서 화장품에 사용된 모든 성분에 대한 표기를 의무화하고 있다.

check point

원료의 사용기준

우리나라의 경우 법으로 정해진 '지정표시성분'만을 표기하는 지정성분표시제를 사용하다가 2008년 10월 8일 이후부터는 화장품에 배합된 모든 원료를 표기하는 전성분표시제를 사용하고 있다.

화장품의 성분표시는 화장품에 사용된 함량 순으로부터 많은 것부터 기재한다. 다만, 혼합원료는 개개의 성분으로 표시하고, 1% 이하로 사용된 성분과 향료 및 색소에 대해서는 순서에 상관없이 기재할 수 있다.

전성분표시제 시행에 따라 화장품에 사용한 원료 성분에 관한 정보가 투명하게 공개되고 적절한 사후관리도 가능해지면서 화장품의 원료 관리 방식에 있어서도 장원기, ICID 등 공정서에 등재된 원료만 사용하던 포지티브 방식(Positive system)에서 2012년 2월 전면 개정된 화장품법에서 네가티브 방식(Negative system)으로 변경되었다.

네가티브 방식(Negative system)이란 화장품 원료로서 사용할 수 없는 원료와 사용상의 제한이 필요한 원료를 지정하고 이외의 모든 원료는 화장품 책임판매업자의 안전성에 대한 책임하에 사용하도록 허가하는 방식이다. 즉, 화장품제조업자 및 책임판매업자는 네가티브 방식이 시행되면서 다양한 화장품의 원료를 개발하고 사용하게 됨으로써 제조, 수입에 대한 신제품 개발이 촉진되고 규격 및 안전성 심사로 인한 비용과 시간을 절약할 수 있게 되었다.

현재 화장품 제조에 사용할 수 없는 원료에 대해서는 식품의약품안전처장이 화장품 제조에 사용할 수 없는 원료를 지정하여 고시하고 있다(「화장품 안전기준 등에 관한 규정」 별표1, 2). 또한 보존제, 색소, 자외선차단제 등과 같이 특별히 사용상의 제한이 필요한 원료에 대해서는 그 사용기준을 지정하고 고시되어 있으며, 사용기준이 지정 · 고시된 원료 외의 보존제, 색소, 자외선차단제 등은 사용할 수 없다.

화장품에 사용이 불가능한 원료들은 나라마다 조금씩 차이가 있으므로 수입 또는 수출 여부를 결정하기 전에 미리 원료 성분을 확인해볼 필요가 있다.

Check point

Q. 화장품 구입 후 전성분 표시에 적혀있는 화장품 원료에 대한 자세한 정보를 확인하려면 어디서 확인할 수 있나요?

A. 화장품 원료에 관한 자세한 내용은 '대한 화장품협회'의 화장품 성분사전(hppt://kcia.or.kr/cid/main)에서 화장품 성분명의 영문명, 기원 및 정의, 분자구조식, 시성식, 배합목적 등에 관한 자세한 정보를 확인할 수 있습니다.

Chapter 9
유성원료

화장품에 사용되는 유성성분은 피부의 수분 증발을 억제하며 사용 감촉을 향상시키는 원료로 천연의 식물이나 동물의 기름을 사용한 것이며 대부분이 트리글리세리드(triglyceride)의 구조를 가지고 있다. 이러한 유성성분은 일반적으로 상온에서 액체인 것을 오일(oil)이라 부르며, 고체인 것은 지방(fat)이라 한다.

화장품에 이용되는 유성성분의 대부분은 동식물 혹은 광물로부터 추출하여 탈색이나 탈취 등의 정제과정을 거친 후에 불포화결합 상태의 물질에 수소를 결합시켜 안정한 경화유 형태로 만들어서 사용한다.

화장품에 유성 원료를 배합하는 목적은 피부를 유연하고 광택있게 해주며, 피부표면의 수분이 증발하는 것을 억제시켜 피부건조를 막아주고, 표피에 인공 피지막을 만들어 외부의 자극으로부터 피부를 보호할 목적으로 사용한다.

유성 원료는 크게 유지류, 왁스, 탄화수소류, 지방산, 고급알코올, 에스터류, 실리콘 등으로 구분할 수 있다.

1. 유지류(Oils and Fats)

유지류는 고급지방산과 글리세린의 트리글리세리드로 동물, 식물에 널리 분포하는 원료이다. 주로 천연에서 얻은 것을 탈색, 탈취하여 사용하며, 수소를 첨가하여 경화유로 사용하기도 한다. 넓은 의미로 액체 상태의 유용성 성분 대부분을 유지류라 말하기도 한다.

1. 식물성 오일

식물성 오일은 주로 식물의 잎이나 열매에서 추출하며, 좋은 냄새가 나기는 하지만 피부에 흡수되는 속도가 느린 편이고 쉽게 산화되는 단점이 있다.

(1) 밀배아 오일 (Triticum durum T., Triticum aestivum : Weatgerm oil)

밀가루 제분과정에서 분리된 밀의 눈을 압착하거나 용매추출을 통해 얻어진 오일이다. 불포화 지방산과 항산화제인 Vitamin E를 다량 함유하고 있어 산화가 쉽게 되지 않아 천연항산화제로도 많이 사용되는 원료로, 특히 건성과 노화피부의 세포 재생에 효과적이다.

(2) 아몬드 오일 (Prunus amygdalus : Almond oil)

아몬드는 중동이 원산이며, sweet almond와 bitter almond의 두 품종이 있다. 주로 이용되는 것은 스위트 아몬드이며, 비터 아몬드는 인체에 유해한 미량의 아미그달린(amygdalin) 성분을 함유하고 있어서 많이 사용되지는 않는다. 스위트 아몬드의 씨에서 추출한 오일에는 불포화지방산인 리놀레산(linoleic acid)이 풍부해 피부를 부드럽게 만들어준다. 크림과 로션의 에몰리언트제나 마사지 오일 등에 사용된다.

(3) 올리브 오일 (Olea europaea : Olive oil)

이탈리아나 스페인 등의 지중해 연안을 주산지로 하며 올리브의 열매를 압착하여 채취한 지방유이다. 영양분이 풍부하여 요리에도 많이 이용되며 올리브 오일은 화장품 원료로 사용 시에 피부 친화성이 매우 우수하다.

불포화지방산인 올레인산이 65~80%로 가장 많이 포함되어 있다. 피부 표면의 수분증발을 억제하고 사용 감촉을 향상시키는 효과가 있어 썬탠 오일, 마사지용 오일로 사용되고 각종 크림과 립스틱, 모발용 화장품의 원료가 된다.

(4) 아보카도 오일 (Persea Americana : Avocado oil)

캘리포니아를 주산지로 하며 아보카도 열매를 압착하여 추출한 지방유이다. 엽록소가 풍부해 오일이 초록빛이 나는 것이 특징이며 올레인산(77%)과 리놀레인산(11%)으로 구성되어 있고 각종 비타민을 많이 함유하고 있다. 피부에 수분과 부드러움을 유지시키며 다른 천연 오일에 비해 자외선 흡수효과가 우수하다. 피부 친화성이 높고 살균 및 진정효과 또한 우수하다. 크림류, 립스틱, 선탠 제품 등 화장품 종류에 따라 다양하게 응용된다.

(5) 마카다미아 오일 (Macadamia integrifolia : Macademia oil)

마카다미아 나무의 열매를 압착하여 얻은 오일이다. 주성분은 올레인산(oleic acid, 56%)이며, 식물유로는 특징적으로 피지의 성분인 글리세리드의 지방산 성분과 유사한 팔미톨레산(palmitoleic acid, 25%)을 많이 함유하고 있기 때문에 피부 친화적이다. 특히 노화될수록 피지의 팔미톨레산이 감소되기 때문에 건조하거나 노화된 피부를 위한 화장품 원료로 사용한다.

(6) 달맞이꽃 오일 (Oenothera biennis : Evening primrose oil)

밤에만 꽃이 피는데서 유래된 달맞이꽃은 인디언들이 상처치료에 종자를 사용하면서 알려지게 되었다. 달맞이꽃 오일은 달맞이꽃의 종자에서 오일을 추출한 것으로, 약하게 담황색을 띠고 있으며, 필수지방산인 감마리놀렌산이 풍부하여 피부 건조, 거칠음 등의 증상에 사용되는 오일이다. 피부노화를 예방할 목적으로 사용되며 아토피 피부, 노화 및 피부재생에 효과적인 원료이다.

(7) 로즈힙 오일 (Rosa rubiginosa : Rosehip oil)

칠레를 원산지로 하는 오일로 야생장미의 종자를 냉동압착하거나 용매 추출하여 얻은 오일이다. 피부재생에 탁월한 효과를 나타내는 특징이 있는 원료로 특히 자외선에 의한 건조로 생기는 입가나 눈가의 잔주름을 예방하는 효과가 알려져 있으며, 흉터나 상처의 회복과 재생이 뛰어나다. 이는 리놀레산(linoleic acid, 47%)과 리놀렌산(linolenic acid, 33%)의 함량이 많은 데서 기인한 것으로 알려져 있다.

(8) 살구씨 오일 (Prunus armeniac : Apricot kernel oil)

살구씨를 냉동 압착하여 추출한 오일로 사용감이 가볍고 피부흡수가 빠르다. 따라서 에몰리언트제로 많이 사용되는 원료로 건성피부를 비롯해서 민감성 피부나 염증성 피부를 개선시키는 용도로 많이 사용되고 있다.

(9) 해바라기 오일 (Helianthus annus : Sunflower oil)

해바라기의 씨를 압착하여 얻은 오일로, 비타민 A, D, E 뿐만 아니라 칼슘, 아연, 칼륨, 철, 인 등의 무기물질의 함량이 높으나 불포화지방산의 함량 또한 높아 산화가 빨리되는 단점이 있다.

2. 동물성 오일

동물성 오일은 일반적으로 피부 친화성이 좋고 흡수가 빠르지만 식물성 오일에 비해 색상이나 냄새가 좋지 않고 쉽게 산패되는 단점이 있어 최근에는 그다지 많이 이용되지 않고 있다.

(1) 밍크오일 (Mustela vison : Mink oil)

밍크 복부의 피하지방에서 추출한 후 정제한 오일로, 피부 퍼짐성과 침투성이 좋으며 피부재생 효과가 뛰어나다.

(2) 에뮤오일 (Dromaius novaehollandiae : Emu oil)

오스트레일리아에 서식하는 대형 조류인 에뮤의 앞 가슴살에서 추출한 오일로 호주 원주민들에 의해 오래전부터 상처치료 및 피부보호를 위해 사용해오던 원료로, 피부 친화력이 우수하고 항염증 효과도 우수한 오일로 알려져 있다.

2. 왁스(Wax)류

왁스(wax)는 고급 지방산과 고급1가 또는 2가 알코올이 결합된 에스터(ester)로 녹는점이 높은 고형의 유성원료의 한 종류로 탄소수가 C_{20}~C_{40} 개 정도인 고분자물질이다. 왁스류 역시 유지류처럼 동물, 식물에 널리 분포하며 주로 천연에서 얻은 것을 정제하여 사용한다.

넓은 의미로 고체 상태의 유용성 성분을 왁스라고 부른다. 왁스는 화장품의 점도를 증가시키므로 립스틱과 같은 화장품의 고형화에 도움을 주고 광택을 부여하여 사용감을 향상시키기 위한 목적으로 배합한다.

1. 식물성 왁스

(1) 카르나우바 왁스 (Copernicia cerifera : Carnauba wax)

브라질 등에서 자생하거나 재배되는 카르나우바 야자나무의 잎에서 얻게 되며, 녹는 온도가 80~86℃로 식물성 왁스 중에서 가장 높고 광택성이 뛰어나다. 립스틱과 크림 및 탈모제 등에 사용되며, 립스틱의 융점, 강도, 광택을 향상시킨다.

(2) 칸데릴라 왁스 (Euphorbia cerifera : Candelilla wax)

멕시코 북서부, 미국 텍사스 남부와 같이 온도차가 심하고 비가 적은 건조한 지대에서 자생하는 칸데릴라 식물의 줄기에서 얻어지며 녹는 온도가 68~72℃이다. 카르나우바 왁스와 함께 립스틱에 주로 사용되며, 립스틱의 부서짐을 예방하고 광택을 내는 데 효과적이다.

(3) 호호바 오일 (Simmondsia chinensis : Jojoba oil)

미국 남부와 멕시코 북부의 건조 지역에서 자라는 호호바 열매의 씨로부터 추출하는 오일로 옛날부터 원주민들에 의해 피부 치료 등의 약용목적으로 사용되어 왔다.

공기 중에서의 산화 및 열에 안정하여 다른 식물성 오일에 비해 부패되지 않아 오랜 기간 보존할 수 있는 장점이 있으며 피부에 도포 시 퍼짐성이 좋으며 산뜻하고 부드러운 감촉을 준다. 또한 상처치료 및 진정력이 뛰어나 모든 피부에 사용이 가능한 화장품 원료로 특히 피부와 두피의 문제를 개선시키는 데 사용할 수 있다.

화학적으로는 트리글리세라이드(triglyceride) 구조를 가지지 않기 때문에 보통의 식물유와는 다르다. 즉, 고급 지방산과 고급 알코올의 에스터 화합물로 액체 왁스에 속한다. 인체의 피지와 유사한 화학구조의 물질들을 함유하고 있어 퍼짐성과 친화성이 좋다. 또, 피부 침투성이 좋아서 각종 노폐물을 용해시키며 특히 지성피부에 효과적이다. 피부 치유효과와 에몰리언트 효과가 있으며 마사지 오일, 아로마테라피의 캐리어 오일 등으로 사용된다.

2. 동물성 왁스

⑴ 밀납 (Bees wax)

벌집에서 추출한 것으로 가장 오래된 화장품 원료 중의 하나이다. 주성분으로는 고급 지방산과 고급 알코올의 에스터(ester)인 멜리실 팔미테이트(melissyl palmitate)이며, 미량의 지방산과 탄화수소를 함유하고 있다.

녹는 온도는 60~67℃이며, 유연한 촉감을 부여해 크림, 로션, 파운데이션, 아이섀도우, 마스카라 등 화장품의 전반에 걸쳐서 널리 사용된다.

⑵ 라놀린 (Lanolin)

양의 털에서 추출하며, 피부에 대한 친화성, 부착성, 윤택성이 우수하다. 녹는 온도는 36 ~ 42℃이며, 기초 화장품, 메이크업 화장품, 모발 화장품 등에 폭넓게 사용되고 있다. 최근에는 동물성 원료의 사용이 줄어들고 있을 뿐만 아니라 알레르기 유발 가능성 때문에 사용량이 현저히 감소하였다.

궁금해요

Q. 베이비 오일을 어른이 발라도 될까요?

최근에 100% 식물성 오일을 사용한 베이비 오일이 시중에 많이 판매되고 있습니다. 하지만 기존에 출시된 대부분의 베이비 오일들은 미네랄 오일(mineral oil)이라고 불리는 석유에서 추출한 광물성 오일인 유동 파라핀(liquid paraffin)을 사용하고 있습니다.

아기 피부는 표피 세포 사이에서 분비되는 세포간 지질이 피부에 풍부하게 존재하고 있어 베이비 오일 사용 시 베이비 오일이 피부 속으로 스며드는 것을 막아주고 표피의 오일막을 형성시켜 피부의 수분증발이 되지 않도록 도와 줍니다.

그러나 성인이 될수록 세포간 지질이 피부에서 빠져나가 성인이 베이비 오일을 바르게 되면 피부에 오일막이 형성되는 것이 아니라 대부분 피부 속으로 스며들어 흡수가 됩니다.

베이비 오일이 아무리 피부에 대한 테스트를 거쳤다고 해도 석유에서 추출한 광물성 오일인 미네랄 오일은 인체의 지질과는 다른 성분이기 때문에 성인에게는 부작용이 생길 가능성이 높고 특히 민감성 피부의 경우 피부 트러블을 일으킬 수 있습니다.

결론적으로 베이비 오일이라서 무조건 순할 것이라는 생각은 잘못된 생각입니다. 특히 성인의 경우 촉촉한 피부를 위해 오일을 선택해야 된다면 올리브 오일이나 썬플라워 오일, 그레이프 오일 등이 오히려 성인용 피부에 더 적합하다는 것 꼭 기억하세요~~

3. 탄화수소(Hydrocarbons)류

화장품 원료로 가장 많이 사용되는 것은 C_{15} 이상의 사슬모양의 포화탄화수소이고 주로 석유나 광물질에서 추출하기 때문에 광물성 유성원료라고도 한다. 산화되거나 변질될 우려가 없으며 무색, 무미, 무취의 특성이 있다. 그러나 유분감이 지나치게 많고 피부 호흡을 방해할 수 있으므로 다른 종류의 오일과 혼합하여 사용한다.

(1) 유동 파라핀 (Liquid paraffin, Mineral oil)

석유로부터 얻게 되는 광물성 오일의 하나로 C_{15}~ C_{30}의 포화탄화수소 혼합물로 미네랄 오일이라고도 불린다. 유동파라핀은 정제가 쉽고 무색 · 무취이며 화학적으로 안정하고 가격이 저렴하여 널리 사용되는 오일 중 하나이다. 특히 마사지나 클렌징 제품에서 피부에 유연감을 부여하고 메이크업 제품의 제거 용제나 피부 표면의 수분증발 억제 등의 목적으로 사용된다.

(2) 파라핀 (Paraffin)

석유의 증류 과정에서 마지막에 남은 부분을 정제하여 얻은 백색 또는 투명한 고체이다. 융점은 50~70℃로, 유동파라핀과 같이 무색 · 무취 · 불활성이고 크림이나 립스틱 등에 사용된다.

(3) 바셀린 (Vaseline, Petrolatum)

바셀린은 석유로부터 얻게 되는 반고체상의 탄화수소 혼합물로 액체 상태가 아닌 페이스트(paste) 상태로 존재하기 때문에 오일로 분류하기에는 무리가 있어 보이지만 현재 대부분의 문헌에서 광물성 오일로 분류하고 있다. C_{24}~ C_{34}의 비정질 물질로 유동 파라핀(liquid paraffin)과 파라핀(paraffin)의 콜로이드 물질이다.

(4) 스쿠알란 (Squalane)

심해 상어의 간유에서 추출한 불포화지방산인 스쿠알란(squalene)에 수소를 반응시켜 포화지방산으로 만들어 안정화한 오일이다. 최근에는 올리브유 채유과정에의 부산물로도 식물성 스쿠알란이 제조 공급되고 있다. 피부의 피지성분 조성 중 25%가 스쿠알란으로 구성되어 있으며 따라서 피부에 대한 친화력이 좋은 원료 중 하나이다.

(5) 오조케라이트 (Ozokerite)와 세레신 (Ceresin)

'향기로운 왁스'라는 뜻을 지닌 그리스어에서 유래한 오조케라이트는 고체 파라핀계 탄화수소로 석유 광산 또는 석탄 광산 등에서 괴상으로 산출한 원료로 색상은 백색 또는 황색을 띠며 오조케라이트를 정제한 왁스가 세레신이다.

화장품 처방에서 3~5% 정도 사용하고 액상류를 포함하는 성질이 있어 립스틱의 기재를 균질화하고 발한성을 방지시키는 효과가 있다. 융점의 범위가 넓고 품종에 따라 상당히 차이가 있기 때문에 사용 목적에 따라 적당한 융점을 선택해야 한다.

세레신은 친유성 크림의 점도를 조절하고 립스틱을 단단하게 만들 목적으로 첨가하는 원료이다.

(6) 마이크로 크리스탈린 왁스 (Micro crystalline wax)

바셀린 중에 잔존하는 액상유를 다시 용제를 사용하여 여과 또는 원심분리하여 고형분을 분리하여 채취한 무정형 성분으로 다른 왁스의 결정화를 예방하는 비결정 왁스이다. 일정한 점성이 있고 저온에서도 딱딱하게 굳지 않으며 융점이 60~85℃로 높은 편이다. 화장품 처방 시 다른 원료와 병용하면 립스틱 등이 딱딱하게 굳는 것을 방지해주며 피부에 대한 부착력을 높여준다.

4. 고급 지방산 (Higher fatty acids)

지방산은 일반적으로 R−COOH(R: 알킬 체인)로 표시되는 화합물이다. 천연 유지, 밀납 등에 포함된 에스터 화합물을 분해하여 얻는 것으로 염기성 성분과 함께 비누 제조 및 유화제로 사용되기도 한다. 대체로 화장품에 이용되고 있는 지방산은 고급지방산으로 탄소수가 C_{12} 이상의 포화지방산을 사용한다.

화장품용 유지를 가수분해하여 이것을 압착 또는 분별 증류하여 만들어지며 최근에는 석유로부터 합성한 혼성지방산이 개발되어 이용되고 있다. 천연에서 얻어지는 지방산의 알킬 사슬은 직쇄이고 짝수개의 탄소수를 가진다.

(1) 라우릴산 (Lauric acid ; $CH_3(CH_2)_{10}COOH$)

야자유나 팜핵유에서 얻으며, 거품상태가 좋아 화장비누나 폼클렌저에 이용한다.

(2) 미리스트산 (Myristic acid ; $CH_3(CH_2)_{12}COOH$

버터, 팜유 및 야자유 등을 비누화 분해하여 얻은 혼합지방산을 분류해서 얻는다. 미리스트산 비누는 거품성과 세정력이 좋아 세안크림과 면도용 크림에 주로 사용한다.

(3) 팔미트산 (Palmitic acid ; $CH_3(CH_2)_{14}COOH$)

동식물의 지방에서 천연으로 만들어지고 크림이나 유액 등에 사용된다. 스테아르(stearic acid)산과 같이 대표적인 지방산의 한 종류이다. 특히 녹는점이 낮고 융해성이 좋아야 하는 경우에 사용된다.

(4) 스테아린산 (Stearic acid ; $CH_3(CH_2)_{16}COOH$)

가장 대표적인 지방산으로 $C_{17}H_{35}COOH$의 포화 고급 지방산이다.

천연에서 가장 다량으로 존재하는 지방산으로 거의 모든 동식물 지방에 중성 지방인 스테아린으로 들어있고 고체형의 동물성 기름과 몇 종류의 식물성 기름에 함유되어 있는 흰색의 지방산이다.

(5) 아이소스테아린산 (Isostearic acid)

가지 달린 구조를 갖는 C_{18}의 포화 지방산이다.

5. 고급 알코올 (Higher alcohol)

천연 유지에서 얻거나 왁스, 고급지방산 또는 석유 등에서 합성하여 얻을 수 있다. R−OH의 구조로 탄소 6개 이상의 1가 알코올을 총칭한다. 고급알코올은 화장품의 점도를 조절하고 유화를 안정화시키기 위한 유화보조제로 첨가하고 있다.

(1) 세틸 알코올 (Cetyl alcohol, cetanol ; $CH_3(CH_2)_{15}OH$)

오래전부터 많이 사용되어 온 백색의 원료로 주로 팜유, 우지의 환원을 통해 얻는다. Cetanol(세탄올)이라고도 하며 고체상태이다. 자체 유화기능은 없지만 유화 안정 보조제나 점도 조정제로 많이 사용된다.

(2) 스테아릴 알코올 (Stearyl alcohol ; $CH_3(CH_2)_{17}OH$)

경납, 우지, 야자유 등에서 세틸알코올과 같은 방법으로 추출한다. 고도로 정제 포화된 알코올로써 백색 왁스와 같은 고체이고, 크림과 유액 등 유화제품의 유화 안정 보조제로 사용된다.

(3) 세토스테아릴 알코올 (Cetostearyl alcohol)

세틸알코올과 스테아릴알코올의 비율이 1:1로 혼합된 원료로 화장품에서 널리 사용되고 있다. 자체적으로 유화력은 없으나 유화 안정 보조제로 쓰인다.

(4) 아이소스테아릴 알코올 (Isostearyl alcohol)

가지 달린 탄소수가 18개인 포화 알코올로 화학 합성을 통해 얻을 수 있으며 액상 상태이다. 열 안정성과 산화 안정성이 우수하며 유연제와 점도 형성제로 사용한다.

(5) 2-옥틸 도데카놀 (2-Octyl dodecanol)

화학 합성을 통해 얻으며, 무색 투명한 액체로 가지 달린 구조를 가지므로 융점이 낮다.

6. 에스터(Ester)류

합성 에스터는 지방산과 알코올의 탈수반응에 의해서 합성되며, 'R-CO-O-R'으로 표기된다. 구조와 분자량에 따라 성상이 다르다. 합성 에스터류는 천연 에스터류가 가진 장점을 유지하고 단점을 보완하여 합성된 것으로 피부에 유연성을 주고 산뜻한 촉감으로 사용감이 좋아 화장품의 유성원료로 많이 사용된다. 또 화장품 원료의 용해제로서의 기능도 탁월하다.

(1) 아이소프로필 미리스테이트 (Isopropyl myristate : IPM)

고급지방산인 미리스트산(myristic acid)에 저급 알코올인 아이소프로필 알코올(isopropyl alcohol, isopropanol)이 에스터 결합된 것으로 "합성 에스터류"에 속하며, 광물성 오일에 비해 유분감이 낮고 감촉이 가볍다.

무색 투명한 액체로 다른 오일과의 사용성이 좋으며 용해성이 우수하여 색소의 분산과 향료의 용제 및 에몰리언트제로 사용된다.

(2) 세틸 옥타노에이트 (Cetyl octanoate)

아이소프로필 미리스테이트에 비해 분자량이 크고 피부에 대한 부담이 적다. 사용감이 가벼워 유화제품에 다양하게 사용되며, 특히 색소의 분상성이 좋고 열 안정성이 우수하여 화장품 전반에 광범위하게 사용되고 있다.

(3) 2-옥틸도데실 미리스테이트 (2-Octyldodecyl myristate)

2-옥틸도데칸올과 미리스트산을 에스터화하여 얻은 오일로 융점이 낮고 가수분해 및 산화에 안정하다. 피부로부터 수분 증발을 억제하며 밀착감이 라놀린(lanolin)과 유사하여 알레르기로 인해 사용에 제한이 있는 라놀린(lanolin)을 대신하여 피부 밀착감을 향상시키기 위해 사용할 수 있는 원료이다.

(4) 세틸 2-에틸 헥사노에이트 (Cetyl 2-ethylhexanoate)

세탄올과 2-에틸헥사노에이트의 에스터 화합물로 점도가 낮으며 사용감이 비교적 가볍다.

(5) 디아이소스테아릴 말레이트 (Diisostearyl malate)

2분자의 아이소스테아릴 알코올과 말레산의 에스터 화합물로 점성이 있는 액체로 안료 분산력이 우수하다.

7. 실리콘 오일(Silicone oil)

실리콘은 실록산 결합(−Si−O−Si−)을 갖는 유기 규소 화합물의 총칭으로 분자량에 따라 여러 가지 점도의 물질을 얻을 수 있다. 실리콘 오일의 특성은 무색 무취이며 내수성이 높고, 탄화수소류와 같은 끈적임이 없어 사용감이 가벼우며 피부나 모발에 퍼짐성이 좋아 화장품에 널리 사용되고 있다.

대표적인 것으로는 디메치콘(dimethicone), 사이크로메치콘(cycromethicone) 등이 있다. 끈적임을 싫어하는 최근의 소비자 경향으로 인해 W/S 제형의 자외선차단제 및 워터프루프(water proof) 형태의 제품들에 많이 사용되고 있다.

(1) 디메치콘(Dimethicone)

분자량에 따라 점도가 다양(액상~페이스트상)하며, 점도가 높을수록 다른 유상성분과의 상용성이 나빠지기 때문에 주로 분자량이 작은 저점도의 것이 널리 쓰이고 있다. 가벼운 사용감 부여와 유분의 끈적거림을 억제시켜 준다. 또한 퍼짐성 증대와 소포기능(기포제거 기능)도 가지고 있다.

(2) 디메틸폴리실록산(Dimethylpolysiloxane : PDMS)

실리콘 중 가장 많이 사용되는 원료로 분자량에 따라 성상이 달라지므로, 분자량이 클수록 점도가 높아져 왁스형태가 되는 특징이 있다. 특히 두발제품에서 모발의 윤기부여를 위해 사용되며 기포를 제거하는 능력이 탁월하므로 화장품 제조시에 소포제로 사용된다.

(3) 사이클로메치콘(Cyclomethicone)

디메치콘의 메틸(methyl)기의 일부를 페닐(phenyl)기로 치환한 구조로 에탄올에 용해된다. 가볍고 매끄러운 사용감을 가진 휘발성 오일로 끈적임이 거의 없어 최근 기초 및 메이크업 화장품에 널리 사용되고 있다. 휘발하면서 표면에 필름막이 형성되어 묻어나지 않기 때문에 묻어나지 않는 립스틱이나 파운데이션에 많이 사용된다.

Chapter 10
수성원료

1. 정제수(De-ionized water, Purified water)

물은 화장품의 주원료가 되는 성분으로 성분함량이 높아 화장품 전성분 표시에서 가장 앞에 나열되는 보편적인 원료이다. 물은 화장품 제조에 있어서 훌륭한 용매일 뿐 아니라, 피부를 촉촉하게 해주는 기능도 있다. 화장품을 만드는 기초 물질로 사용되며, 제조 공정에 있어서도 세정액이나 희석액 등으로 사용된다.

화장품 제조에 사용되는 물은 주로 이온교환수지를 이용하여 정제한 이온교환수를 자외선 램프에 비추어 멸균한 물을 사용한다. 제조업체에서는 대부분 역삼투압(R/O, reverse osmosis) 장치를 이용하여 이온을 정제하고 멸균하여 사용하고 있다.

화장품 제조에서 정제수를 사용하는 이유는 세균에 오염된 물은 피부에 손상을 가져올 수 있고 또한 Ca^{2+}나 Mg^{2+} 등과 같은 금속이온들이 화장품에 함유된 다른 성분과 결합하여 제품의 분리나 점도 변화 등을 일으키기 때문이다. 따라서 화장품 제조에 사용되는 물은 반드시 Ca^{2+}나 Mg^{2+} 등과 같은 금속이온들과 세균이 없는 정제수를 사용하여야 한다.

그러나 최근 화장품들은 이용 목적과 컨셉에 따라서 정제수 대신 천연수(온천수, 해양심층수, 빙하수 등)를 그대로 이용하거나 식물 추출수를 이용하는 경우도 있다.

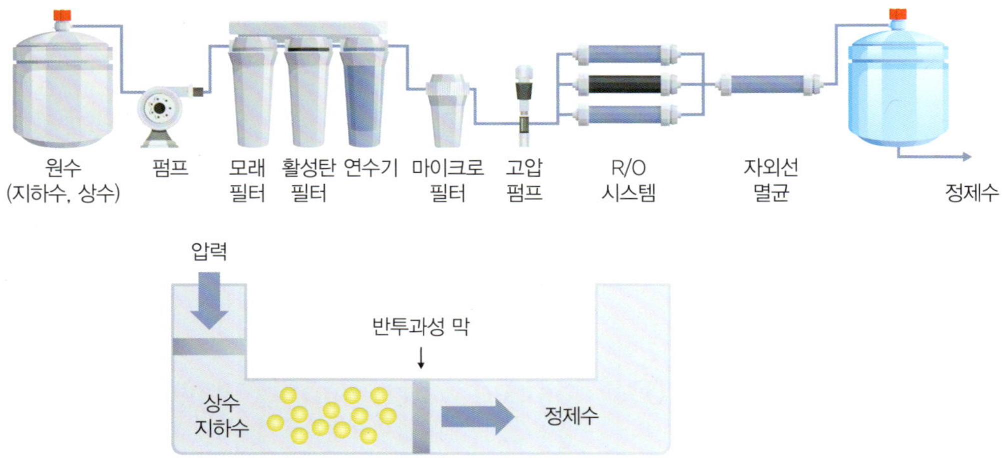

그림 10-1 물의 정제 과정과 R/O 시스템

2. 에틸 알코올(Ethyl alcohol)

일반식 R−OH의 기본구조를 갖는 대표적인 1가 알코올의 한 종류로 화장품 원료로 사용되고 있는 알코올은 에틸 알코올(ethyl alcohol, C_2H_5OH), 즉 에탄올을 말하며, 곡정 또는 주정이라고도 한다.

에탄올은 휘발성이 있는 무색·투명의 액체이고, 물 또는 유기용매와 잘 섞인다. 그래서 물에 잘 용해되지 않는 향료나 무기 화합물 중에는 에탄올에 용해되는 것이 많아서 화장품 원료로뿐만 아니라 중요한 용매 중의 하나이기도 하다. 화장품에서는 주로 수렴, 청결, 살균제, 가용화제, 건조 촉진제 등의 목적으로 사용되고 있다.

3. 보습제(Moisturization, Humectants)

화장품에서 사용하는 보습이라는 용어는 국어사전 또는 영어사전 어디에도 존재하지 않는 화장품이나 관련 업계 마케팅 용어로 탄생한 단어이다. 그렇기에 보습이라는 의미는 건조 피부를 개선하는 의미로 받아들여지는 것이 올바르다고 할 수 있다.

과거 바세린, 글리세린 등의 물질들은 건조함이 줄어들고, 가려움 증상이 감소하는 일차적 작용을 하였지만, 사용감, 피부의 잔존성, 보습의 지속성 등의 문제가 계속 제기되었다. 즉 보습제가 단순히 건조 피부에 도움을 주는 것뿐 아니라 표피의 대사 과정을 조절하여 진피에도 영향을 미친다는 연구 결과가 보고되고 있어 다각화된 보습제 연구가 필요한 실정이다.

보습제는 피부의 건조를 막아주어 피부를 부드럽고 촉촉하게 해주는 물질로 연화제와 같은 뜻으로 쓰이기도 하지만 일반적으로 표피층을 수화시킬 수 있는 흡습제(humectant)가 포함된 뜻이다.

화장품에서 사용하는 보습제는 수용성 물질로 피부에 수분을 공급하여 촉촉하게 하는 작용을 하는 것과 화장품 자체의 수분 보유제로서의 작용을 하는 물질을 말하는 것으로 크게 다가알코올류(polyol), 천연보습인자, 고분자 보습제 등으로 나눌 수 있다.

check point

바람직한 보습제로의 구비조건

- 적절한 흡습 능력이 있을 것
- 흡습력을 지속할 것
- 흡습력이 환경 조건 변화(온도, 습도, 바람 등)의 영향을 쉽게 받지 않을 것
- 흡습력이 피부나 제품계의 보습에 기여할 것
- 가능한 휘발성이 없을 것
- 다른 성분과 혼용성이 좋을 것
- 응고점이 가능한 낮을 것
- 점도가 적정하고 사용감이 우수하며, 피부와의 친화성이 좋을 것
- 안전성이 높을 것
- 가능한 무색, 무취, 무미일 것

Q. 건조 피부가 무엇인가요?

건조 피부는 사람마다 제각각 다양한 해석을 할 수 있을 정도로 그 뜻이 매우 광범위합니다. 하지만 큰 의미로 건조 피부는 거친 피부표면을 가지고 표피층의 수분이 부족한 피부로 정의될 수 있겠습니다.

Q. 연화제와 보습제는 다른 말인가요?

화장품 성분을 보면 연화 성분이라고 표기하기도 하고 보습 성분이라고 표기하기도 할 때가 있어서 두 가지의 의미가 어떻게 다른지 궁금하실 수 있습니다.

연화제와 보습제는 모두 건조피부의 예방 및 개선의 목적으로 사용됩니다. 하지만 세부적 주요 기능은 조금 차이가 납니다.

연화제는 에몰리언트(emollient)로 피부를 부드럽게 하는 물질로 만졌을 때 뿐 아니라 눈으로 보기에도 표면이 부드러운 상태로 만드는 물질이라는 뜻을 의미합니다. 그에 반해 보습제는 피부에 습기를 부여하는 물질로 연화제와 같은 뜻으로 쓰이기도 하지만 일반적으로 표피층을 촉촉하게 만들 수 있는 흡습제(humectant)가 포함된 뜻입니다.

1. 다가 알코올(Polyol, Polyhydric alcohol)

다가 알코올, 즉 2개 이상의 수산기(−OH)를 가진 지방족 화합물을 폴리올(polyol)이라고 하며, 물분자와 잘 결합하는 성질이 있어 피부에 수분을 공급하고 수분증발을 억제하여 화장품 보습제로 널리 사용되고 있다.

(1) 글리세린 (Glycerin)

매우 오래 전부터 사용되어 왔으며, 현재에도 가장 보편적으로 많이 사용되는 보습제로 글리세롤(glycerol)이라고도 한다. 비누를 제조하는 과정에서 생긴 것을 탈수하여 얻은 것으로, 지방의 가수분해와 당분의 발효로 제조될 수 있으며 합성할 수도 있다. 무색무취이나 맛은 달다. 사용 시 끈적임이 있는 단점이 있다.

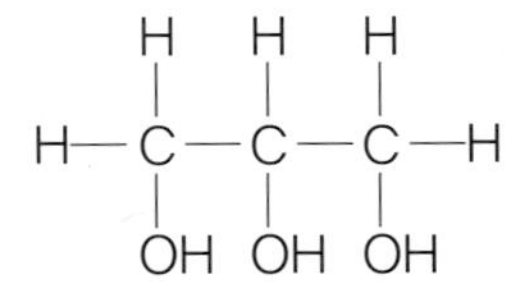

(2) 1, 3 부틸렌글라이콜 (1, 3 Butylene glycol)

무색 투명의 점성을 가진 액체로 끈적임이 없으며, 보습력이나 피부 자극면에서 글리세린과 프로필렌글리콜의 중간 정도에 해당된다. 항균성을 가지는 특징이 있으며, 광범위하게 사용되나 가격이 상대적으로 좀 비싼 편이다.

(3) 프로필렌 글라이콜 (Propylene glycol)

글리세린과 유사한 외관을 갖고 있는 무색, 무취의 투명한 액체로 글리세린에 비해 보습력이 떨어지나 사용감이 가볍고 난용성 물질의 용해성 향상에도 도움을 주어 가용화력을 향상시킨다. 피부자극성이 보고되고 있어 사용량이 감소 추세에 있다.

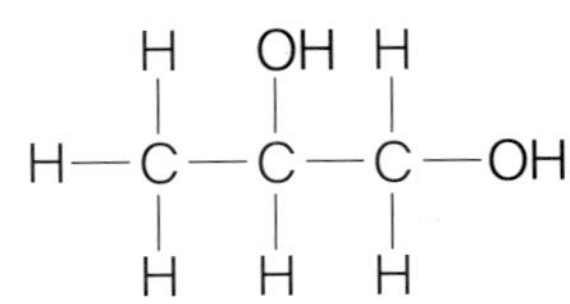

(4) 폴리에틸렌글라이콜 (Polyethylene glycol, PEG)

물 또는 에틸렌글라이콜에 알칼리 촉매 하에서 에틸렌옥시드(athylone oxide)를 부가 중합하여 얻는 화합물로 여러 중합도의 복합물로 얻어진다. 주로 평균분자량을 숫자로 나타낼 때 평균 분자량이 600 이하이면 액체이고 1,000 이상이면 고체인데, 분자량이 증가하면서 보습력은 감소하며 피부 자극도는 낮아진다. 대부분 무색이고 무취이다.

(5) 솔비톨 (Sorbitol)

사과, 복숭아, 마가목 등의 과즙에 함유된 당 알코올로 백색, 무취의 고체이다. 포도당을 환원하여 만들고 흡습 작용은 보통이지만 보습성은 양호하다.

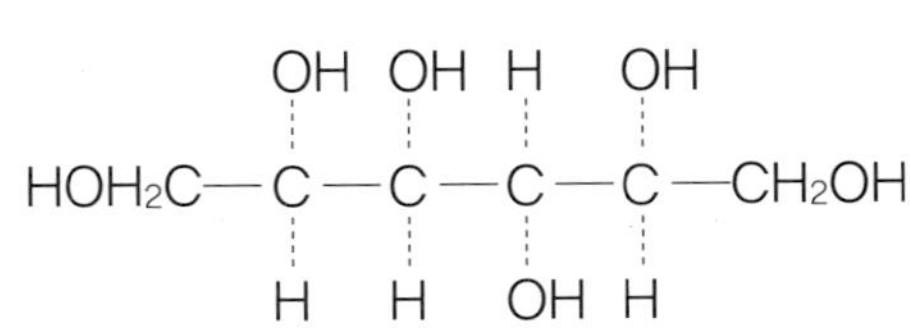

2. 천연보습인자(Natural moisturizing factor ; N.M.F)

각질층에는 10~20%의 수분이 일정하게 유지되고 있어서 항상 촉촉하다. 이러한 각질층에 존재하는 수용성 성분들을 천연보습인자라고 말하며, 피부의 수분증발을 억제하고 건조함을 막아주는 기능을 하는 것으로, 구성성분으로는 아미노산, PCA, 요소, 젖산염, 글루코사민, 구연산염, 당, 펩티드 등이 있다. 이러한 천연보습인자의 기능은 각질의 수분량이 일정하게 유지되게 하고 피부가 거칠고 갈라지는 것을 막아준다. 또한 외부의 환경으로 인한 수분 증발을 막아주는 역할을 한다. 한편 천연보습인자가 결핍이 되면 피부가 건조하고 갈라지게 된다. 이러한 천연보습인자의 구성성분을 화장품의 소재로 활용하여 피부보습에 기여하는 소재로 사용하고 있다.

(1) 아미노산 (Amino acid)

아미노산은 피부 천연 보습인자(NMF)의 약 40%를 차지하는 대표적인 보습성분이다. 아미노산은 단백질을 이루는 구성성분이다 보니 대부분 단백질을 가수분해시켜 얻어진다.

(2) 젖산나트륨 (Sodium lactate)

NMF에 존재하는 중요한 천연 보습 성분으로 다가 알코올류에 비해 높은 보습력을 가진다.

(3) 2-피롤리돈-5-카르본산나트륨 (Sodium 2-pyrroridone-5-carboxylate)

NMF 가운데 중요한 작용을 하는 보습 성분으로 뛰어난 흡습, 보습 효과를 나타내며 특히 염의 형태가 되어야 효과를 발휘한다.

3. 고분자보습제

(1) 히아루론산 (Hyaruronic acid)

소의 수정체에서 처음 발견하였으며, 다당류의 일종으로 콘드리친 황산과 함께 피부에 존재하는 중요한 뮤코다당류로 알려져 있는 보습제이다. 포유동물의 결합 조직에 널리 분포되어 있으며, 세포간 공간에서 수분을 유지하며 조직 내에 젤상의 매트릭스를 형성하여 세포를 유지하고 피부의 윤활성과 유연성을 제공하며, 세균 감염을 방지한다. 파우더 상태를 기준으로 자체 무게의 80배의 수분을 흡수하는 우수한 보습력을 가진 원료이다.

피부에 도포하여 흡수시키면 탄력있는 막을 형성하여 보습효과를 나타내는 우수한 원료이다. 초기에는 닭 벼슬이나 동물의 탯줄에서 추출하여 사용하였으나 생산량 부족으로 고가로 판매되어 사용되었다. 최근에는 미생물 발효생산이 실용화되어 대량생산이 가능해져 상용화된 원료의 하나이다.

(2) 콘드리친 황산 (Chondroitin sulfate)

피부 · 탯줄 · 육아(肉芽) 등 각종 결합조직에도 존재하는 다당류로 점성이 있는 것이 특징이며 진피의 기질 속에 많이 함유되어 있어 피부의 보습력을 나타내기도 하는 뮤코다당류이다.

(3) 콜라겐 (Collagen)

포유동물 체내 단백질의 30% 이상을 콜라겐이 차지하고 있으며, 피부 · 뼈 · 혈관에 존재하고 피부의 탄력에 관여하는 단백질로 진피의 70% 이상을 차지하는 성분이다. 또한 우수한 보습능력과 물 결합력이 탁월한 원료로 피부 관리 제품에도 많이 활용되는 성분이나 물에 녹지 않고 분자량이 커서 피부 깊숙이 침투가 용이하지 않은 단점이 있다. 따라서 효소에 의해 가수분해하여 피부흡수율을 높인 가수분해 콜라겐을 이용하여 화장품제조에 사용하고 있다.

Chapter 11

계면활성제 (Surfactants)

계면활성제란 한 분자 내에 물에 녹기 쉬운 친수성 성분과 기름에 녹기 쉬운 친유성 부분을 동시에 가지고 있는 물질이다. 계면에 흡착하여 계면의 성질을 현저히 변화시키는 물질로서 계면이 가지고 있는 표면장력을 약하게 한다.

계면활성제는 그 구조에 따라 유화, 가용화, 분산, 습윤, 세정, 대전방지 등의 기능을 가지고 있다. 그리고 물에 용해되어 이온화되는지의 여부에 따라 양이온성 계면활성제와 음이온성 계면활성제, 양쪽성 계면활성제, 그리고 비이온성 계면활성제로 구분된다.

그림 11-1 계면활성제의 종류

1. 음이온성 계면활성제 (anionic surfactants)

음이온성 계면활성제는 물에 용해할 때 친수기 부분이 음이온으로 해리되는 것이다. 일반적으로 친수부는 카르복실기, 황산, 인산기 등이 나트륨, 칼륨, 암모늄, 아민 등으로 중화된 형태로 사용된다. 친유기는 알킬기, 아이소알킬기 등이 주요 물질이고 구조 중에 에스터, 에테르, 아마이드 결합을 포함한다.

세정력과 기포 형성력이 우수하여 주로 비누나 크림 샴푸 등에 사용된다. 물질에 침투 후 쉽게 빠져나오며 광범위하고 가장 많이 사용되며 비교적 값이 저렴하다.

화장품에 사용되는 음이온성 계면활성제에는 대표적으로 SLS(sodium lauryl sulphate)가 계면활성제 가운데 가장 오랫동안 다방면으로 사용되어 온 물질이지만 최근 연구에서 피부 건조 및 알러지 유발의 문제가 제기된 성분이기도 하다.

2. 양이온성 계면활성제(Cationic surfactants)

양이온성 계면활성제는 수용액에서 이온화해 계면활성제의 주체가 양이온이 되는 것을 말한다. 저분자 알킬기는 살균제로 사용되며, 분자량이 큰 알킬기는 모발이나 섬유에 흡착성이 커서 정전기 발생을 억제하여 모발에 유연성을 부여하므로 헤어린스와 트리트먼트, 유연제 및 대전 방지제로 사용된다. 질소 화합물이 가장 많이 사용되며, 구조적으로는 암모늄염, 아민 유도체가 있으나 화장품에서는 주로 암모늄염이 사용된다. 아민염계는 유화제, 유연제 용도로 사용되며 암모늄염계는 살균제로 사용된다. 화장품에 사용되는 양이온성 계면활성제로는 염화벤잘코니움(benzalkonium chloride)이 있다.

3. 양쪽성 계면활성제(Amphoteric surfactants)

양쪽성 계면활성제는 한 분자 내에 음이온과 양이온의 활성기를 모두 가지고 있어서 산성에서는 양이온으로, 그리고 알칼리성에서는 음이온으로 활성화된다. 경수연화제적 성질을 가지고 있으며 금속이온의 가용화 특징이 있다. 양이온을 띠는 쪽은 양이온성 계면활성제와 마찬가지로 세정과 살균작용이 있으며, 음이온을 띠는 쪽은 음이온성 계면활성제와 마찬가지로 세정과 기포 형성력이 우수하다. 수용성 또는 유용성, 강산 또는 강염기에 모두 안정적이어서 다양하게 사용된다.

양쪽성 계면활성제는 다른 이온성 계면활성제에 비하여 피부 자극이 적은 편이므로 어린이용 제품이나 저자극성 샴푸 등에 많이 사용되며, 세정력, 살균력, 유연효과 또한 우수하다.

4. 비이온성 계면활성제(Nonionic surfactants)

비이온성 계면활성제는 물에 용해되어 이온화되지 않는다. 이온성에 의한 친수기를 갖는 대신 하이드록시기나 에틸렌옥시드기에 의한 물과의 수소결합에 따라 친수성을 갖는 계면활성제이다.

친수기와 소수기의 분자량에 따라 물성이 달라지며, 뛰어난 유화력과 윤활력을 가진다. 계면활성제 가운데 피부자극이 가장 적고 피부에 대한 안전성이 높아 기초 화장품의 가용화제 또는 크림의 유화제로 널리 사용되며, 이온성 계면활성제와 혼용이 쉽다.

폴리옥시에틸렌(polyoxyethylene-POE) 타입의 계면활성제는 에칠렌옥사이드를 솔비톨에 첨가하거나 고급 지방산과 반응시킨 유형으로 유화, 가용화, 분산 등의 목적으로 사용된다. 다가 알코올 타입은 글리세린, 폴리글리세린, 설탕 등에 지방산이나 지방 알코올을 반응시킨 유형이며, POE/POP 공중합체 타입은 친유기를 프로필렌 옥사이드로 결합한 것으로 중합도에 따라 성질이 다른 계면활성제를 합성한 것이다.

① **천연 계면활성제** : 동식물 기름을 원료로 하여 만든 것으로 레시틴 리포좀, 라놀린 유도체, 콜레스테롤 유도체, 사포닌, 미생물을 이용한 계면활성제 등이 있다.

② **실리콘 계면활성제** : 디메치콘과 알킬 디메치콘 공중합체로 실리콘을 유화 및 유중수 유화를 할 때 많이 사용된다.

③ **고분자 계면활성제** : 천연 고분자 물질 또는 이들에 알킬기를 첨가하여 친유기를 높인 계면활성제들이 이용된다. 아카시아 검, 알긴산, 전분 유도체, 최근에는 히아루론산, 키틴 등에 알킬기를 도입하고 폴리 아크릴계통의 합성고분자에 알킬기를 첨가하기도 한다. 카르복시비닐폴리머, PVA가 고분자 계면활성제에 해당된다.

Chapter 12

고분자화합물 (폴리머, polymer)

폴리머는 단위체 구조가 반복해서 연결된 물질로 2종류의 단위체로 된 혼성 중합체(공중합체)를 코폴리머(copolymer)라 한다. 중합반응에 의해 생성된 것이므로 분자량이 작은 것 또는 중합도가 수십 이하인 것은 소중합체라 하고 중합도가 큰 거대분자는 고중합체라고 한다.

천연에서 고분자 화합물은 단백질을 비롯한 녹말이나 셀룰로오스 등 천연으로 존재하는 것이 있으며 나일론이나 테트론 등의 합성섬유와 베이클라이트, 폴리염화비닐, 폴리에틸렌, 스티로폴 등은 합성 고분자화합물에 해당한다. 화장품에 있어서 폴리머는 점증제, 피막제, 수지 분말로서 주로 이용되며 보습제, 계면활성제로도 일부 이용되기도 한다.

1. 점증제(Thickening agents)

화장품의 점도를 조절할 목적으로 배합되는 원료로 점도를 유지하거나 제품의 안정성을 유지하기 위하여 사용되며 사용감을 결정하는 중요한 요인 중 하나이다. 주로 수용성 고분자가 사용되고 있다. 천연 고분자, 반합성 고분자, 합성 고분자로 분류된다. 이 중 천연 고분자는 오래전부터 화장품의 점도조절제로 사용되어 왔으나, 최근 공급 안정성 문제 · 점도변화 · 미생물 오염 등 품질 안정성 문제로 인하여 반합성고분자나 합성고분자로 대체되고 있다.

점증제는 제품의 사용감에 미치는 영향이 크므로 목적에 맞게 선별할 필요가 있다. 흔하게 사용되는 원료로는 퀸스시드검(Quince seed gum), 산탄검(Xanthan gum), 카르복시메틸 셀룰로오스 나트륨(Sodium carboxymethyl cellulose), 카르복시비닐 폴리머(Carboxyvinyl polymer) 등이 있다.

표 12-1 점증제의 종류

<table>
<tr><td rowspan="9">점
증
제</td><td rowspan="8">유기물</td><td rowspan="3">천연
고분자</td><td>식물계
(다당류)</td><td>구아검, 로카스트빈검, 퀸스시드, 카라기난, 가락탄, 아라비아검, 크라가칸트검, 펙틴, 만난, 전분</td></tr>
<tr><td>미생물계
(다당류)</td><td>잔탄검, 덱스트란, 삭시노글루칸, 카드란, 히아루론산</td></tr>
<tr><td>동물계
(단백류)</td><td>젤라틴, 카제인, 알부민, 콜라겐</td></tr>
<tr><td rowspan="3">반합성
고분자</td><td>셀룰로오스계</td><td>메틸셀룰로오스, 에틸셀룰로오스, 하이드록시에틸셀룰로오스, 하이드록시프로필셀룰로오스, 카르복시메틸셀룰로오스, 메틸하이드록시프로필셀룰로오스</td></tr>
<tr><td>전분계</td><td>가용성 전분, 카르복시메틸전분, 메틸전분</td></tr>
<tr><td>알긴산계</td><td>알긴산프로필렌글리콜에스테르, 알긴산염</td></tr>
<tr><td rowspan="2">합성
고분자</td><td>비닐계</td><td>폴리비닐알코올, 폴리비닐필롤리돈, 폴리비닐메틸에테르, 카르복시비닐폴리머, 폴리아크릴산 소다</td></tr>
<tr><td>기타</td><td>폴리에틸렌옥사이드, 에틸렌옥사이드, 프로필렌옥사이드블록공중합체</td></tr>
<tr><td>무기물</td><td colspan="3">벤토나이트, 라포나이트, 미분산화규소, 콜로이드알루미나</td></tr>
</table>

1. 검(Gum) 류

물 또는 유기 용매에 녹아 고점도의 점액질을 형성하며, 유화제, 현탁제, 점증제 등으로 사용된다.

(1) 퀸스시드검 (Quince seed gum)

유럽과 아시아 남부 원산지인 마멜로(marmelo) 나무의 종자에서 얻은 천연검이다. 마멜로 종자를 물로 추출하고 여과하는 과정을 반복하여 얻은 점액질은 미생물에 오염되기 쉽고 점도 변화가 잘 일어나기 때문에 가열 후 살균, 방부처리하여 안정화시켜 사용해야 된다. 또한 점액질을 분말화시켜 사용하기 편리하게 유통하고 있다. 천연검이기 때문에 합성고분자에서는 볼 수 없는 산뜻한 감촉을 가지며 끈적거리지 않는 특징이 있다.

⑵ 잔탄검 (Xanthan gum)

포도당을 크산토모나스속균(Xanthomona scampestris)을 사용해 발효시켜 얻은 미생물 유래의 천연검으로, 독성과 자극이 없는 원료로 pH에 따른 점도변화가 없고 다당류 특유의 사용감이 있다. 또한 다른 수용성 고분자와는 달리 온도변화에 따른 점도의 변화가 없는 특징을 갖고 있다. 따라서 점증제 외에 유화안정제, 분산제에도 첨가되는 원료이기도 하다.

2. 수용성 점증제

수용성 점증제는 무기금속의 산화물로 인한 무기점증제와 유기금속 산화물인 유기점증제로 나뉜다. 유기점증제로 카르복시메틸 셀룰로오스 나트륨과 카르복시비닐 폴리머가 대표적이다.

⑴ 카르복시메틸 셀룰로오스 나트륨 (Sodium carboxymethyl cellulose)

셀룰로오스의 수산기를 부분적으로 수산화나트륨과 반응시켜 얻은 수용성 반합성 고분자이다. 피부자극 등의 독성이 없으며 인체에 무해한 특징이 있고, 농도가 두배 증가하면 점도는 6~8배 증가하는 특징이 있는 원료이다. 보호 콜로이드, 유화 안정성을 지닌 투명한 점성 용액이 얻어지며 화장수, 크림, 로션, 파운데이션, 두발제품, 팩 등에 폭넓게 활용되고 있다.

⑵ 카르복시비닐 폴리머 (Carboxyvinyl polymer, Carbopol)

주로 아크릴산이 중합한 것으로, 카르복실기를 갖는 합성 고분자 물질이다. 알칼리 중화에 의해 수용액의 점도가 현저히 증가하며 품질의 변동이 적고 장시간 가열, 냉각해도 점성의 변화가 생기지 않으며, 미생물에 의한 오염이 천연검에 비해 적은 특징을 가지고 있다.

가수분해, 산화 등에 영향을 받지 않아 저장 안정성이 뛰어나고 독성이 없으며, 점도 증가 효과와 사용 감촉이 좋기 때문에 화장품에서 가장 많이 사용하는 점증제 중 하나이다.

2. 피막형성제(Film formers)

피막형성제가 들어간 화장품은 도포 후 시간이 경과하면 굳게 되는 성질을 가진다. 주로 팩이나 네일 에나멜, 헤어 코팅제, 헤어 스프레이 등이 대표적인 예이다. 주로 고분자화합물을 이용한 것으로 피막제 고분자는 물이나 알코올에 용해되는 것, 수용성과 비수용성으로 나눌 수 있다.

구체적인 예를 들자면, 팩은 도포 후 물이 증발하면서 막을 형성하는 것이며, 헤어스프레이는 알코올이 휘발되면서 막을 형성한다. 아이라이너나 마스카라는 수용성 고분자 화합물을 이용한 것이며, 네일 에나멜은 니트로셀룰로오스를 유기용매에 녹여 이용한 것이다. 이처럼 피막형성제는 화장품 전반에 걸쳐 다양하게 활용되고 있다.

1. 폴리비닐알코올(PVA, Polyvinyl alcohol)

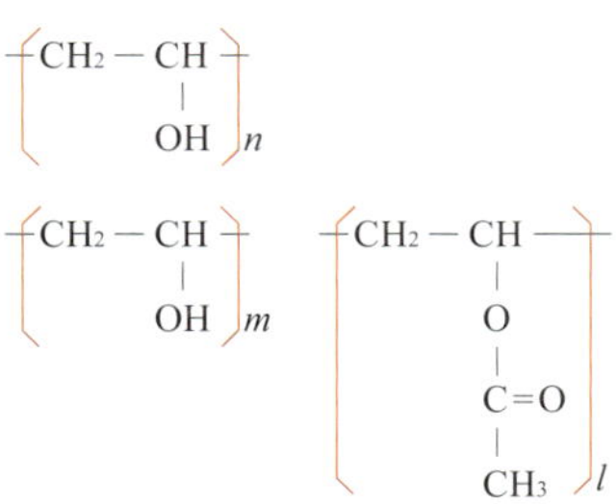

폴리초산비닐을 비누화하여 제조하며, 비누화도나 중합도에 의해 점도 및 피막 강도가 달라진다. 용해성과 용액 안정성의 관점에서 검화도가 약 90%의 부분 검화물이 많이 사용된다. 피막형성 작용을 가지고 있어 주로 팩에 사용되며, 보호 콜로이드 효과를 이용해서 에멀션의 안전화에 이용하며 유화안정제로도 사용한다.

2. 폴리비닐피롤리돈(PVP, Polyvinyl pyrrolidone)

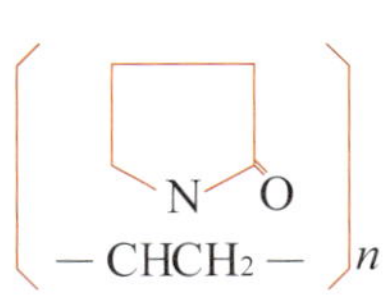

비닐피롤리돈(N−Vinyl pyrrolidone)을 과산화수소 촉매에서 중합하여 제조하며, 물에 잘 용해되어 점성 용액을 형성하고 알코올, 글리세린, 초산에틸 등에 용해된다. 피막형성능, 부착성을 가지고 있어 모발 세트 제품에 사용된다. 또한 기포를 안정화하고 모발에 광택을 부여하기 위해 샴푸에 사용된다.

3. 니트로셀룰로오스(Nitro cellulose)

셀룰로오스의 질산 에스테르 화합물로, 초산에스테르와 케톤 등의 용제에 용해되며 다른 수지와 상용성이 좋아 서로 잘 섞인다. 단단한 피막을 형성하기 때문에 네일 에나멜의 피막제로 이용된다.

4. 고분자 실리콘(Silicone gum)

부드러운 고무와 같은 성상을 갖고 있다. 아이소파라핀이나 저분자량의 실리콘에 용해하여 갈라진 모발의 코팅 등 두발 제품에 사용되어 모발에 고무상의 얇은 피막을 형성하므로 갈라지는 모발의 보호효과를 위한 목적으로 사용된다.

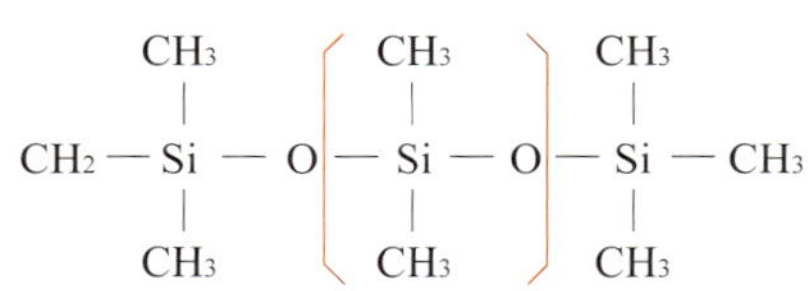

$n ≒ 5,000\sim8,000$

표 12-2 피막형성제를 구성하는 대표적 원료

용 도	대표적 원료
팩	폴리비닐 알코올(PVA)
헤어스프레이, 세팅제	폴리비닐피롤리돈(PVP), 메톡시에틸렌 무수말레인산공중합체, 양쪽성 메타아크릴산에스테르 공중합체
샴푸, 린스	양이온화 셀룰로오스, 폴리염화디메틸메틸렌 피페리듐
아이라이너, 마스카라	폴리아크릴산에스테르 공중합체, 폴리초산비닐
네일 에나멜	니트로셀룰로오스
손상모 코팅제	고분자 실리콘
썬오일 리퀴드 파운데이션	실리콘레진

Chapter 13

색소 (착색제)

색소는 화장품에 배합되어 화장품이나 피부에 색을 부여하는 것을 목적으로 하며 주로 적절한 색상을 표현하기도 하고 피복력을 가지거나 자외선을 방어하기도 한다. 주로 메이크업 화장품에 사용되는데 메이크업 화장품에 사용된 착색제(색소)는 피부의 결점을 감추고, 보다 건강하고 매혹적인 피부 표현을 하기 위한 용도로 사용된다. 또한 기초화장품에서는 내용물의 외관을 좋게 보이기 위해서 극소량 배합되기도 한다.

화장품에 배합되는 색소는 크게 유기합성색소(타르색소), 무기안료, 천연색소로 나눌 수 있으며, 제품별 필요에 따라 진주광택안료나 고분자 분체들이 화장품 원료로 상용되고 있다. 새롭고 다양한 기능의 분체가 개발되고 있으나 색소원료는 식품, 화장품, 의약품에 사용할 수 있는 것이 그 목적에 맞게 한정되어 있다.

표 13-1 화장품용 색소의 종류

분류		예
유기 합성 색소 (타르색소)	염료	FD&C Yellow No 6, FD&C Red No 4
	레이크	FD&C Yellow No 6 Al lake
	유기 안료	D&C Red No 30
무기 안료	백색 안료	이산화티탄, 산화아연
	착색 안료	산화철
	체질 안료	마이카, 탈크, 카올린
천연색소		코치닐, 베타카로틴, 안토시아닌
진주광택안료		운모티탄
고분자 안료		나일론 파우더, 폴리메틸케타아크릴레이트
기능성 안료		보론나이트라이트, 합성마이카

1. 유기합성 색소(타르색소)

1. 염료(Dye)

염료는 물 또는 오일, 알코올에 녹는 색소로 화장품 기제 중에 용해 상태로 존재하여 화장품 자체에 색상을 부여하기 위해 사용한다. 물에 녹는 염료를 수용성 염료라 하며 오일에 녹는 염료를 유용성 염료라 한다.

주로 기초화장품, 모발화장품에 사용하며 카로틴, 안토시아닌과 같은 천연 색소는 독성이 없어 안전하나 일반적으로 안정성이 떨어지고 가격이 비싼 단점이 있다. 따라서 값이 싸고 안정성이 있는 인공으로 합성된 타르(tar) 색소들이 일반적으로 사용되고 있다.

염료의 종류에는 아조계 염료, 잔틴계 염료, 퀴놀린계 염료, 트리페닐계 메탄 염료, 안트라퀴논계 염료 등이 있다.

(1) 아조계 염료 (Azo dye)

대부분의 허가 염료가 속하며, 발색단으로 아조기(−N=N−)를 지닌다. 수용성 염료는 주로 설폰산염과 같은 친수기를 포함한다. 예) 황색 5호, 적색 504호

(2) 잔틴계 염료 (Xanthene dye)

산형과 염기형으로 분류된다. 산형은 산−알칼리에 의한 이성체로 퀴노이드형과 락톤형이 존재한다. 퀴노이드형은 물에 용해하여 선명한 색조를 나타내지만 레이크화하여 사용하는 경우가 많고, 락톤형은 유용성이고 피부에 염착되는 성질을 갖고 있기 때문에 입술 화장품의 염료로 주로 배합된다. 염기형 염료는 고채도이고 우수한 착색력과 내광성을 보이는 특징을 가지고 있다.

예) 적색 218호, 적색 223호, 등색 201호

check point

- 염료(Dye) : 물, 기름, 알코올 등에 용해되는 색소
- 안료(Pigment) : 물, 기름, 알코올 등에 용해되지 않는 분말 상의 색소

(3) 퀴놀린계 염료 (Quinoline dye)

퀴놀린계 염료는 허가 색소 중에서 유용성 황색 204호와 수용성 황색 203호뿐이다.

(4) 트리페닐계 메탄 염료 (Triphenyl methane dye)

대부분 2개 이상의 설폰산 나트륨염을 가지며, 녹색, 청색, 자색을 나타내는 것이 많다. 내광성이 떨어지므로 충분한 안정성을 확인해야 한다.

예) 청색 1호

(5) 안트라퀴논계 염료 (Anthraquinone dye)

내광성이 우수하며 수용성 염료와 유용성 염료로 나뉜다.

예) 녹색 201호(수용성), 녹색 202호(유용성)

(6) 기타

인디고계(청색 2호), 니트로계(황색 403호), 피렌계(녹색 204호), 니트로소계(녹색 401호) 등이 존재한다.

2. 레이크(Lake)

레이크 안료는 물에 녹기 어려운 염료를 칼슘 등의 염으로 물에 불용화시킨 것으로 적색 201호, 204호, 206호, 207호 등이 있다. 염료 레이크는 수용성의 산성 염료에 알루미늄(Al), 칼슘(Ca), 마그네슘(Mg), 지르코늄(Zr)염과 같은 금속염으로 침전 또는 체질안료에 흡착시켜 물에 녹지 않게 만든 것이다. 레이크 안료와 염료 레이크의 사용에 엄밀한 구별은 없다.

일반적으로 레이크는 안료에 비해 내산, 내알칼리성이 떨어져 중성에서도 약간씩 물에 용출되는 성질이 있으므로 충분한 안정성 시험이 필요하다. 색상의 화려함이 무기안료와 유기 안료의 중간 정도되며 일반적으로 레이크와 안료를 구별하지 않고 안료라 총칭하기도 한다.

립스틱, 블러셔, 네일 에나멜 등에 안료와 함께 사용하며 레이크는 산, 알칼리에 약하며 중성에서도 물에 조금씩 녹는 경우가 있으므로 사용 전에 충분한 안정성 검토가 필요하다.

3. 유기안료(Organic pigment)

유기안료는 구조 내에 가용성기를 갖지 않고 물, 기름 등의 용제에 용해하지 않는 유색 분말을 말한다. 일반적으로 레이크에 비해 착색력, 내광성이 뛰어나 립스틱, 블러셔 등의 색조 제품에 널리 쓰인다. 색상이 화려한 반면 빛, 산, 알칼리에 약하다.

주로 석유에서 합성한 것으로, 인위적으로 합성을 할 수 있으므로 대량 생산이 가능하고 여러 번의 정제 과정을 거쳐 높은 순도의 색재를 제조할 수 있어 선명한 색조를 만들어 낼 수 있다.

check point

국가별 유기합성 색소 분류기준

1. 미국

- 내용, 외용에 사용할 수 있는 색소
- 내용에만 사용할 수 있는 색소 (화장품은 사용 불가)
- 외용에만 사용할 수 있는 색소

* 미국은 FDA(Food & Drug Administration)에 의해 식품, 의약품, 화장품에 사용이 허가된 것만 사용이 가능하다.

* FD & C : 식품, 의약품, 화장품에 사용 가능
D & C : 의약품, 화장품에 사용 가능
Ext. D & C : 외용의약품, 외용화장품에 사용 가능

2. EU

- 모든 화장품에 배합 가능한 색소
- 눈 주위에 사용되는 화장품을 제외한 모든 화장품에 배합 가능한 색소
- 점막에 접촉하지 않는 화장품에만 배합 가능한 색소
- 피부에 단시간 밖에 접촉하지 않는 화장품(세정 제품)에만 배합 가능한 색소

* EU는 일본이나 미국에 비해 화장품 안전성 기준이 까다롭기 때문에 허가된 색소 수가 훨씬 적다.

3. 일본

- 모든 의약품, 의약외품, 화장품에 사용할 수 있는 색소
- 외용의약, 외용의약부외품 및 화장품에 사용할 수 있는 색소
- 점막 이외에 사용하는 외용 의약품, 외용 의약부외품 및 화장품에 사용할 수 있는 색소

2. 무기 안료(Inorganic pigment)

무기안료는 천연에서 산출되는 광물에서 얻은 안료며, 광물성 안료라 불리기도 한다. 과거에는 천연에서 생산되는 광물을 사용했으나 불순물의 함유량이 많아 색소가 선명하지 않고 품질이 떨어지게 됨으로써 최근에는 합성에 의한 무기 화합물을 주로 사용하고 있다. 무기안료의 선명도는 유기안료에 비해 떨어지지만, 내광 · 내열성이 양호하며 유기 용매에 용해되지 않는다.

표 13-2 무기안료의 분류

백색안료	이산화티탄, 산화아연
착색안료	산화철(적색, 흑색, 황색), 산화크롬, 군청, 감청, 카본블랙
체질안료	탈크, 마이카, 탄산칼슘, 탄산마그네슘, 무수규산, 카올린, 산화알루미늄, 황산바륨

1. 백색안료(White pigment)

화장품을 하얗게 나타낼 목적으로 사용하며 커버력을 결정하는 안료로 이산화티탄(Titanium dioxide, TiO_2)과 산화아연(Zinc oxide, ZnO)의 두 종류가 있다.

(1) 이산화티탄(Titanium dioxide, TiO_2)

백색의 미세한 분말로 굴절률이 높으며 입자경이 작기 때문에 백색도, 은폐력, 착색력 등의 광학적 성질이 우수하고 빛, 열, 내약품성도 우수한 대표적인 백색안료이다.

황산법, 염소법, 기상법 등 제조 방법에 따라 이산화티탄의 성질이 달라진다. 화장품에서는 백분류, 파운데이션류, 립스틱, 네일 에나멜 등의 메이크업 제품에 널리 사용되고 있다.

이산화티탄의 종류는 아나타제(anatase)형과 루타일(rutile)형, 초미립자형 등이 있다. 화장품에서는 루타일(rutile)형을 사용하는 경우가 많다. 최근에는 초미립자 이산화티탄이 개발되어 자외선 차단용 화장품들에 많이 사용되고 있는데, 초미립자 이산화티탄은 분산성이 우수하기 때문에 안료용 이산화티탄과는 다른 성질을 나타낸다.

1차입자의 평균입경이 0.015~0.05μm이며, 가시광선 파장의 1/10 정도(30~50nm)로 작기 때문에 착색력이나 피복력이 적은 반면 색상의 변화 없이 제품의 특성 개선이 가능하다. 또한 투명성이 우수하고 400nm 이하의 파장을 흡수하여 자외선을 효과적으로 차단할 수 있다.

(2) 산화아연 (Zinc oxide, ZnO)

산화아연은 아연 금속을 가열하고 아연 증기에 공기를 접촉시켜 백황색의 불꽃을 발하여 연무상의 산화아연을 냉각 포접하여 얻는 건식법과 가용성 아연 용액에 소다회 용액을 가하여 염기성 탄산아연을 침전시키고 물 세척, 여과, 건조의 과정을 거친 후 가수분해함으로써 미세한 표면적이 큰 산화아연을 얻는 습식법이 있다.

산화아연은 육방정계의 결정이며 입자형상은 침상이 많다. 독성이 없고 물 및 알코올에는 용해되지 않지만, 산과 알칼리 및 암모니아수 등에는 용해된다. 가열하면 황색을 띠고 냉각하면 원래대로 돌아오지만, 황화수소에 의해 황화아연으로 변하면 색상은 변하지 않는다.

자외선 방어 효과가 있으며, 입자경은 500nm 전후이고 이산화티탄보다는 굴절률과 은폐력이 작지만 내광성 · 내후성 · 내열성이 높아 거의 모든 안료와 병용하여 사용할 수 있다.

특히 피복력이 우수하기 때문에 메이크업 제품에 널리 사용되어지고 있으며, 수렴성과 소염작용도 있어 칼라민(calamine)로션에도 사용된다. 그러나 지방산을 함유하는 유성기제에 배합하면 경시적으로 서서히 반응하여 금속비누를 형성하므로 주의를 요구한다.

2. 착색안료(Coloring pigment)

화장품에 색상을 부여하여 색조를 조정해주는 역할을 하며 백색안료와 함께 커버력을 높이기도 한다. 산화철은 천연에서 생성되는 것을 분쇄, 소성시켜 제조되기도 하지만 불순물 등의 문제로 현재는 황산철이나 염화철을 원료로 하여 습식 합성법으로 제조하여 사용한다.

(1) 산화철 안료(Iron oxide)

산화철 안료는 인도 벵갈 지방에서 수입되어 붙여진 삼이산화철의 적철광 벤가라와 유산 제1철($FeSO_4$)을 원료로 하여 소성 조건의 차이에 의해서 황색, 적색, 흑색의 산화철로 나뉜다. 현재 황산철이나 염화철을 원료로 하여 습식 합성법에 의해 제조된다. 내광성, 내열성, 내약품성이 좋아 메이크업 제품에 널리 이용되지만 유성기제에는 경시적으로 산패를 촉진하는 촉매로 작용하는 결점이 있다.

(2) 군청(Ultramarine)

선명한 청색의 안료로 정확한 분자 구조는 밝혀져 있지 않으며, 다만 군청의 발색이 구조 내 산화수가 다른 몇 종의 황과 공존하여 그 사이의 공명으로 인한 것이라 추측하고 있다. 군청은 카올린, 규조토, 유황, 소다회 및 석탄, 목탄같은 환원제를 혼합 소성하고 분쇄, 분급하여 제조한 것으로 혼합비율이나 소성 조건, 분쇄, 분급에 따라 안료의 성질이 다르다.

내광성과 내열성은 강하나 착색력이 낮고 공기중에서는 300℃ 이상의 온도에서 퇴색되는 결점이 있다. 알칼리 영역에서는 안정하지만 산성영역에서는 약하다. 특히 유황성분이 함유되어 있어 pH 5 이하의 산성조건에서는 황화수소를 발생시키며 퇴색하기 때문에 제조할 때는 유의해야 한다.

3. 체질안료(Extender pigment)

체질안료는 마이카, 탈크, 카올린은 점토 광물을 분쇄하고 입자의 크기나 형태, 두께 등을 고려하여 사용한다.

점토 광물은 층상 구조를 취하고 대부분 규소, 알루미늄을 주체로 마그네슘, 철, 알칼리 금속(리튬, 나트륨, 칼륨) 등을 함유한 수산화 규산염 광물이다. 체질안료는 희석제로써 색조를 조정함과 동시에 제품의 사용감촉이나 광택 등을 조정할 뿐만 아니라 제품의 제형을 유지하기 위해서도 사용된다. 체질 안료 중 대표적인 것으로는 마이카, 탈크, 카올린과 같은 점토 광물과 함수 규산염 화합물이 있다.

(1) 마이카 (Mica)

마이카는 칼륨 운모에 속하는 백운모가 대표적으로 화학식으로 천연에서 생성되는 함수규산알루미늄칼륨[$K_2Al_4(SieAl_2)O_{20}(OH)_4$]이다. 운모의 결정은 단사정계에 속하고 담황색 또는 녹색의 육각판상을 이루어 생성된다. 견운모(세리사이트)라고도 알려져 있지만 원래 백운모와 동일하여 미세한 결정편의 집합으로 되어 건조물의 표면이 비단 광택을 나타내기 때문에 붙여진 이름이다.

운모는 박편상 입자로 탄성이 풍부하기 때문에 사용감이 좋고 피부에 대한 부착성이 좋으며, 퍼짐성, 윤기, 감촉, 투명성을 부여할 목적으로 각종 메이크업 제품에 많이 사용된다.

(2) 탈크 (Talc, Talcum)

탈크는 활석을 미분쇄한 것으로 수산화 규산 마그네슘 [$Mg_3 \cdot Si_4 \cdot O_{10}(OH)_2$]으로 조성되어 있다. 매끄러운 감촉이 풍부하기 때문에 활석이라고도 불리며 양질의 것은 백색이지만, 불순한 것은 회색이나 담록색을 나타낸다. 사용감을 부여하여 오래전부터 유아용 파우더의 주성분으로 사용되어 왔으며 파우더, 아이섀도우 등의 파우더형태 메이크업 제품의 40~60%를 차지하는 주요 원료이다.

입자 형상은 일반적으로 박편상(얇은 여러겹의 판자를 쌓아놓은 형태)이며 매끄러움을 좋게 하기 위해 사용하고 적당한 커버력도 부여한다. 탈크는 빛을 굴절시키지 않고 투과시켜 버리기 때문에 기미나 주근깨 등의 피부 결점을 은폐하는 기능은 적지만 피부에 자연스러운 광택과 투명감을 부여하는 장점이 있다. 비교적 원료비가 경제적이고 성형성이 우수하다.

Q. 탈크가 들어간 화장품 사용해도 될까요?

2009년 4월 일부 베이비파우더와 의약품에서 사용된 중국산 탈크에서 석면이 검출되었던 뉴스 기억나시나요?

이후 해당 제조사의 제품은 모두 회수 및 판매금지가 내려졌고 소비자들이 화장품 및 의약품의 안전성에 대해 생각하는 큰 계기를 마련하였죠. 이후 이러한 안전성 문제는 백화점 매장에서 유기농과 천연화장품이 불티나게 팔리는 결과를 낳았고, 대부분의 기업들은 "우리 회사에서는 탈크를 사용하지 않아요"하며 역광고를 하기 시작했었죠. 그런데 이 문제는 자칫하면 큰 오해를 할 수 있는 부분이 있어요.

문제가 된 것은 탈크에 들어간 석면이지 탈크가 문제는 아니라는거죠. 즉 탈크라는 성분의 문제가 아닌 화장품 및 의약품에 허가 사용된 성분에 불순물, 특히 석면과 같이 1급 발암물질이 들어간 불순물 관리의 미흡으로 생긴 문제라는 것이죠.

그렇기 때문에 "우리 회사에서는 탈크를 사용하지 않아요"라는 문구는 아무런 의미 부여를 하지 못하는 거죠. 다들 이제 잘 아셨죠?

(3) 카올린 (Kaolin)

카올린은 미국 조지아주, 영국 콘월에서 생산되는 것으로 품질이 좋다. 카올린이라는 명칭은 고대 중국에서 도자기 원료로 이용한 순도 높은 백색 점토를 고령(kauling)이라는 지방에서 채취했기 때문에 붙여졌으며, 이러한 이유로 영국에서는 카올린을 차이나 클레이라고도 부른다.

천연에서 생산되는 수산화 규산 알루미늄[$Al_2Si_2O_5(OH)_4$]으로 화강암의 얇은 조각이 쌓여 풍화를 일으키면서 탄산가스를 흡수하여 변화한 것이다.

결정도가 높은 것은 규칙성의 육각판상을 나타내지만, 결정도가 낮은 것은 미세한 부정판상을 이룬다. 판상 입자의 두께가 얇기 때문에 피부 부착성이 좋으며, 유분이나 수분의 흡수성이 좋기 때문에 메이크업 제품에 사용된다.

(4) 세리사이트 (Sericite)

운모(mica)의 일종이지만 마이카보다 비단과 같은 광택이 약간 있어 '견운모'라 불리기도 한다. 마이카에 비해 분체에 두께가 있고, 피부에 도포할 때

퍼짐성이 좋고 매끄러운 사용감촉을 지닌다. 메이크업 제품에 많이 사용되며, 특히 투웨이 케이크나 파운데이션 등에 많이 배합된다.

(5) 무수규산 (Silicic anhydride)

평균 입경 5~10μm의 구상입자로 개발되어 있으며 메이크업 제품의 퍼짐성과 프레스 제품의 압축성 형성 향상과 깔끔한 마무리 감촉을 부여할 목적으로 사용된다.

3. 천연색소 (Natural pigments)

천연색소는 자연계에 널리 존재하는 동 · 식물로부터 유래된 것과 미생물로부터 유래된 것이 있다. 예로부터 화장품의 일부로 사용되어 왔으나, 합성색소에 비해 내광성, 내열성 및 내약품성이 결여되어 경시변화를 일으키고 색소에 따라서는 안정적인 공급이 어렵고 가격이 높기 때문에 유기합성 색소가 사용되면서 거의 사용하지 않게 되었다.

중남미지역의 선인장에 기생하는 연지벌레에서 추출한 적색 색소인 코치닐, 당근에서 처음 추출되었던 황색 색소인 베타 카로틴, 검은색의 식물 색소인 안토시아닌 등이 있다.

표 13-3 천연색소의 대표적인 성분 예

천연색소명 (성분명)	색조	원료
라이코펜	등적색	토마토
베타-카로틴	황등색	당근, 감귤류
커큐민	황색	울금의 뿌리
클로로필린-카퍼콤플렉스	녹색	녹색의 잎(엽록소), 잠분 (누에의 배설물)
자근추출물	적자색	자근(시코닌)
홍화추출물	황색, 적색	홍화
코치닐	맑은 적색	코치닐 곤충 (선인장에 기생)

4. 진주광택안료 (Pearlescent pigment)

진주광택안료는 피착색물에 진주 광택이나 홍채색 또는 메탈릭감을 부여하여 질감을 변화시키기 위해 특수한 광학적 효과를 갖는 안료이다. 천연의 펄 에센스는 매우 고가였으며, 초기 합성 진주광택안료는 수은과 납 화합물이었기에 사용에 제한을 받았으며 이후 옥시 염화 비스머스가 개발되었지만 안정성이 나빴다.

1965년 프랑스 듀퐁사에 의해 획기적인 이산화티탄 피복운모가 개발되어 현재는 이 원료가 대부분의 진주광택안료로 사용되고 있다. 이산화티탄 피복 운모(운모티탄)는 운모를 박편상 입자로 한 후 그 표면에 이산화티탄 균일층을 입힌 것이다. 박편상의 입자가 피착색물 중에서 규칙적으로 평행하게 배열하여 광을 반사시켜 반사광이 간섭을 일으키게 됨으로써 진주 광택을 부여한다.

착색 안료의 발색은 빛의 흡수 및 산란 현상을 이용한 것이다. 운모티탄의 경우 운모와 티탄의 계면에서도 광이 분산되어 간섭을 일으키고 산화티탄층의 두께에 따라 간섭하여 빛의 파장을 변화시켜 여러 가지 간섭색이 얻어진다.

예를 들어 간섭이 청색인 운모티탄에 청색의 안료인 감청을 피복하면 간섭색과 투과색 모두 청색인 안료가 얻어지지만, 적색의 안료로 피복하면 간섭색은 청색이고 투과색은 적색인 안료가 얻어진다.

5. 기타 안료

(1) 고분자 분체

초기에는 부정형의 입자가 이용되었지만 고분자 중합 기술의 진보에 따라 구상 입자 제조가 가능해졌다. 고분자 분체에서 주의할 점은 기름이나 용제에 용해하거나 팽윤할 가능성을 파악하고 잔존 단량체의 함량이나 약제 등의 성분 수착 여부를 확인해야 한다는 것이다.

메이크업 제품에서 사용감 조정 등의 목적으로 널리 사용하고 있다. 고분자 분체로는 폴리에틸렌 파우더(저밀도 파우더는 점증제로 사용되며 중고밀도 파우더는 메이크업 제품 또는 스크럽제로 사용), 폴리메틸메타아크릴레이트 (효능물질 안전화 코팅 기제로 사용), 나이론 파우더(분쇄시 충격에도 쉽게 변형되지 않아 제품의 퍼짐성을 좋게 하는 용도로 사용) 등이 있으며, 최근에는 라미네이트화 기술에 의해 적층시킨 판상입자도 개발되어 굴절률 차이에 의한 간섭색을 나타내는 분체도 있다.

(2) 기능성 안료

메이크업 제품은 사용되고 있는 안료들의 고유 사용감과 특징들에 의해 많은 영향을 받는 제품으로 사용감 개선이나 기능 개선에 많은 제한을 받아왔다. 예를 들어, 탈크는 사용감이 좋은 반면 은폐력이 낮고, 이산화티탄은 은폐력이 높으나 사용감촉은 떨어진다. 입자 형태면에서도 탈크나 마이카는 박편상이고, 이산화티탄은 입자 형태이므로 균일하게 분산시키기도 어렵다.

그러나 최근에는 안료들의 고유한 특성들을 개선하여 보다 다양한 기능성 안료들이 개발되고 있다. 헥사고날 보론 나이트라이드는 탈크와 이산화티탄의 단점을 보완하여 사용감을 개선시켰으며, 하이브리드 파인 파우더(hybrid fine powder)는 이산화티탄과 구상분체의 장점을 복합화한 안료로 은폐력과 매끄러운 사용감을 모두 가진다.

또한 빛의 강도에 따라 명도로 대응하는 이산화티탄계 안료도 개발되었는데, 이 포토크로믹 안료(photocromic powder)는 이산화티탄에 소량의 금속 산화물을 복합화시켜 빛에 의해 색이 가역적으로 변하므로 보다 자연스러운 메이크업이 가능하도록 도와줄 수 있는 기능을 가진 안료이다.

그 밖에도 사용감이 좋은 탈크와 은폐력이 높은 이산화티탄의 장점을 취해 만든 육발 정질화 질화붕소가 매끄러운 감촉이 우수하고 고온에서도 안정하여 사용되고 있으며, 천연 금운모의 OH를 F로 치환한 합성 불소 금운모가 있다.

Chapter 14

향료(Flavouring)

향의 사용은 인류와 함께 오래된 역사를 가지고 있다. 향료는 지구상에 있는 휘발성 물질이 발산될 때 취신경이 자극을 받아 느끼는 감각 중에서 인류 생활에 유익하게 이용되는 냄새를 말한다. 클레오파트라나 양귀비 등 동서양의 미녀들은 오래전부터 향을 가까이 두고 사용하여 왔다.

화장품을 사용할 때 좋은 향기를 맡음으로써 기분이 좋아질 수 있으며 마음이 풍요로워지는 것을 느낄 수 있다. 또한 화장품의 향기는 이를 사용하는 사람의 매력을 이끌어 내고 자신의 매력을 연출하는 목적으로도 사용한다. 이러한 이유로 향은 화장품 선택에 있어 매우 중요한 부분이라 할 수 있다.

1. 향료의 사용 목적

향료는 향기를 이용해 화장품을 사용하는 사람의 매력을 이끌어 내어 자기의 매력을 연출하는 것을 목적으로 사용한다. 대표적인 것이 향수와 같은 방향제품이다.

또한 향은 화장품 원료의 냄새를 감추기(masking) 위한 목적으로 첨가된다. 화장품의 원료는 고유한 원료의 냄새를 갖고 있는데, 이러한 원료의 냄새를 감추고 사용감을 좋게 할 목적으로 향을 첨가한다. 좋은 향기를 가진 제품은 사용감이나 효과에 영향을 주기 때문이다.

한편 향이 가지는 생리적 · 심리적 효과로 인해 상품가치를 높이기 위해 첨가하기도 한다. 특별한 향을 이용하면 자신의 이미지를 타인에게 노출시켜 긍정적 이미지를 형성할 뿐 아니라 자기 자신에게도 심리적 · 생리적 면에서 긍정적 이미지를 형성하는데, 대표적인 예로 아로마를 이용한 아로마테라피가 있다.

아로마테라피는 아로마 향을 이용하여 스트레스와 불면, 면역력 증강 등의 심리적 · 생리적 문제를 개선시키는 분야로, 이들에 대한 연구가 현재까지 활발히 진행되고 있다.

2. 향료의 분류

오래 전 미라의 보존에서부터 최근의 아로마 향에 대한 관심까지 향은 인류와 함께 오랜 역사를 가지고 있다. 화장품에서 차지하는 향의 비중도 상당히 높아 일부 소비자들의 경우는 향취가 화장품 선택의 기준이 되기도 한다. 화장품에서 나는 좋은 향은 기분을 좋게 하며, 자신의 좋은 이미지를 형성시키는 것으로 간주되어 향을 이미지 메이킹에 사용하기도 한다.

화장품에 사용하는 향료는 크게 천연향료, 합성향료, 조합향료의 3가지로 나눌 수 있으며, 2020년 1월 1일부터 제조 · 수입되는 화장품 중 식약처장이 고시한 알레르기 유발 성분이 있는 경우에는 전성분표시에 "향료"로만 표시할 수 없고 추가로 해당 성분의 명칭을 기재하도록 되어 있다.

표 14-1 착향제 중 알러지 유발 성분 25종

① 아밀신남알	⑭ 벤질신나메이트
② 벤질알코올	⑮ 파네솔
③ 신나밀알코올	⑯ 부틸페닐메틸프로피오날 : lilial
④ 시트랄	⑰ 리날룰
⑤ 유제놀	⑱ 벤질벤조에이트
⑥ 하이드록시 시트로넬알	⑲ 시트로넬올
⑦ 아이소유제놀	⑳ 헥실신남알
⑧ 아밀신나밀알코올	㉑ 리모넨
⑨ 벤질살리실레이트	㉒ 메틸2-옥티노에이트
⑩ 신남알	㉓ 알파-아이소메틸아이오논 : 제비꽃
⑪ 쿠마린	㉔ 참나무이끼추출물
⑫ 제라니올	㉕ 나무이끼추출물
⑬ 아니스알코올	

※사용후 씻어내는 제품에는 0.01% 초과, 사용 후 씻어내지 않는 제품에는 0.001% 초과 함유하는 경우에만 전성분표시에 '향료'로만 표시할 수 없고 해당 성분의 명칭을 기재한다.

1. 천연향료

천연향료는 식물에서 분리한 식물성 향료와 동물의 분비선에서 채취한 동물성 향료로 구분된다.

(1) 식물성 향료

과실의 껍질을 이용한 레몬, 오렌지, 베르가모트, 계피, 종자를 이용한 바닐라, 고수 오일, 꽃을 이용한 장미, 재스민, 과목을 이용한 샌달우드, 그 외에 이끼류 등이 있다.

(2) 동물성 향료

① 사향 : 사향노루의 선낭으로부터 얻는다.
② 영묘향 : 포대모양의 분비선낭으로부터 얻는다.
③ 해리향 : 생식선을 따라 있는 분비선낭으로부터 얻는다.
④ 용연향 : 사향고래의 소화불량으로 생긴 결석을 채취해서 얻는다.

2. 합성향료

합성향료는 정유, 석유, 콜트르, 유지제품 등을 출발원료로 하여 화학적으로 합성한 향료이다. 여기에는 천연향료에서 주요성분만을 분리한 단리향료와 화학적 합성반응에 의해 만들어진 순합성 향료가 있다.

3. 조합향료

조합향료는 조향사가 필요한 용도에 따라 천연향료와 합성향료를 목적에 맞게 혼합한 것을 일컫는다.

Chapter 15

보존제

보존제란 물질의 부패를 막는 성분으로서 화장품에는 각종 유수분, 보습제 및 활성성분 등이 함유되어 있고 이들은 공기나 각종 불순물에 노출되었을 때 산화, 즉 부패를 유발하게 된다. 이러한 부패는 미생물의 증식에 의해 변질되었을 때 나타나는 것으로 향, 색상, 점도 등의 변화를 일으키거나 곰팡이가 생기는 등의 현상이 나타난다.

미생물의 증식은 적절한 온도와 수분, 영양분이 있어야 하며 자연의 거의 모든 물질에서 증식할 수 있다. 이러한 미생물의 억제를 위해 화장품 제조에서부터 소비자가 일정기간 동안 인체에 안전하게 사용할 수 있도록 보존제를 첨가한다. 보존제는 피부에 대한 안전성 테스트를 거친 후 안전성이 확인된 것을 사용하고 있다.

1. 화장품과 미생물

화장품이 미생물에 오염되면 감염증을 유발할 수 있어 위험하며 품질력이 저하되기 때문에 미생물에 오염이 되지 않기 위한 노력이 필요하다. 미생물 오염에 의한 변질 유형은 변색, 변취, 점도 저하, 분리, 침전 발생, 곰팡이 발생 등이 나타날 수 있다.

2. 미생물의 오염경로

(1) 1 차 오염(제조자 오염)

물 유래의 박테리아(특히 그람 음성균)가 주 오염균으로 원료(제조수, 추출물, 천연분체), 부재료(브러시, 퍼프, 스펀지), 작업자(상처 난 피부, 불결한 손), 제조공정(제조 및 저장 탱크, 배관, 충진기, 펌프)에 의해 오염이 될 수 있다. 따라서 제조사는 원료의 미생물 관리, 청소, 소독으로 작업장 관리, 작업자의 철저한 위생 교육 그리고 GMP 관리 강화가 매우 중요하다.

(2) 2 차 오염(소비자 오염)

주 오염은 손을 사용하면서 유래된 박테리아(그람 음성균) 번식으로 소비자의 손이나 피부, 우연히 떨어진 균, 화장도구 및 이물질 혼입이 주 오염원이다. 그렇기에 제조사는 화장품의 특성을 고려하여 최적의 방부력이 있는 제품을 설계하며 소비자는 균 혼입이 힘든 용기를 선택하여 사용하는 것이 좋다.

check point

미생물의 오염 경로

- 1차 오염 : 화장품 공장 제조시에 오염되는 것 (제조자 오염)
- 2차 오염 : 소비자가 제품 사용시에 오염되는 것 (소비자 오염)

표 15-1 미생물 억제제의 성능 비교

종류	살균제	항균제	보존제	천연 보존제
살균성능	목적으로 하는 대상을 단시간 내에 제거한다.	생활환경 서식균을 일시적, 장기적으로 살균 및 정균을 한다.	사용기간 동안 미생물에 의한 제품의 부패를 방지한다.	자연 친화적으로 미생물을 제거 / 방향치료 효과를 지닌다.

3. 이상적인 보존제 조건

이상적인 보존제는 첫째, 다양한 균종에 효과를 낼 수 있어야 하고, 둘째, 광범위한 온도와 pH 범위에서 안정하게 효과를 나타내야 하며, 셋째, 처방에 함유되는 원료나 포장재에 의해 항균력이 감소되지 않아야 하며, 넷째, 수용성 보존제의 경우 적절한 분배계수가 이루어져야 하며, 마지막으로 미생물에 빠르게 효과를 발휘할 수 있어야 한다.

check point

보존제가 갖추어야 할 조건

- 넓은 범위의 pH에서 방부력을 나타내야 한다.
- 여러 종류의 미생물에 효과적이어야 한다.
- 소량 배합할 때에도 피부나 점막에 자극을 주지 말아야 한다.
- 화장품에 작용하여 향, 색, 성분 등에 영향을 주어서는 안 된다.
- 화장품에 배합된 다른 원료들에 용해가 잘 되어야 한다.
- 보존제의 사용으로 인한 유효성분의 효과가 떨어지지 않아야 한다.
- 용기의 금속이나 고무 부분에 손상을 주지 말아야 한다.
- 생산이 쉽고 경제적이어야 한다.

4. 보존제의 종류

화장품에 있어서 보존제를 사용할 때는 단독 보존제보다는 여러 종류의 보존제를 혼용하여 사용하는 것이 효과면에서 우수하므로 혼합해서 사용하는 것이 바람직하다. 그러나 피부에 자극을 줄 수도 있기 때문에 피부에 대한 안전성을 고려하여 각 나라마다 사용하는 보존제의 종류나 함량 등에 제한을 많이 두고 있는 원료 중 하나이다.

(1) 파라벤 (Parabens)

파라벤은 화장품에서 사용되고 있는 대표적인 보존제로 안식향산이라고도 한다. 무취의 백색 분말로 항균력이 높고 물에 대한 용해도가 낮아 화장품 외에도 식품, 의약품 등에 널리 사용되고 있는 보존제이다. 파라벤은 알코올과 파라-하이드록시벤조산(p-hydroxybenzoic acid)의 에스테르 화합물로서, 알코올의 종류에 따라 메탄올을 사용하여 제조한 경우에는 메틸파라벤(methyl paraben), 에탄올을 사용한 경우는 에틸 파라벤(ethyl paraben), 프로판올을 사용한 경우는 프로필 파라벤(propyl paraben), 부탄올을 사용한 경우에는 부틸 파라벤(butyl paraben) 이라 한다.

파라벤은 박테리아의 성장을 억제하며 곰팡이에 대해서도 항균력을 갖고 있는데, 화장품을 제조할 때는 이러한 보존제들을 적절한 비율로 혼합하여 최대의 방부효과를 얻을 수 있는 적당한 배합량을 얻는 것이 중요하다.

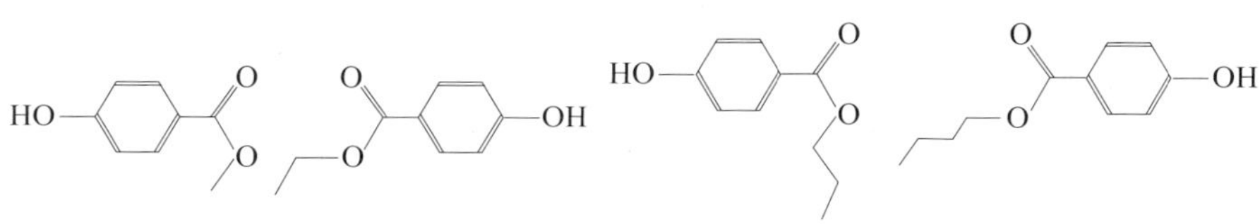

메틸 파라벤 (MP, Methyl Paraben)	에틸 파라벤 (EP, Ethyl Paraben)	부틸 파라벤 (BP, Buthyl Paraben)	프로필 파라벤 (PP, Proyl Paraben)

그림 15-1 파라벤의 종류

(2) 이미다졸리디닐 우레아 (Imidazolidinyl urea)

제한농도가 0.6%로 Germall 115로도 표기되는데 이는 상표명이다. 이미다졸리디닐 우레아는 백색의 분말로 무색 무취이며, 물에 대한 용해도가 매우 높고 에탄올에는 잘 용해되지 않는다. 열에 약하므로 제조 공정 시 낮은 온도에서 투입해야 되며, 박테리아에 대한 활성은 크지만 곰팡이에 대해서는 약해서 파라벤 등과 혼용해서 사용된다.

(3) 페녹시에탄올 (Phenoxyethaanol)

파라벤보다 약산으로 가장 내성이 생기기 어려운 보존제이기도 하다. 오랫동안 다양한 산업분야에 활용되어 오던 보존제로 미생물의 세포벽을 파괴하거나 세포막의 성질을 변화시켜 번식을 억제한다. 박테리아와 곰팡이에 대해 어느 정도 효과가 있으며 보통 파라벤과 함께 사용되며 제한농도는 1%로 정해져 있다.

(4) EDTA (Ethylenediaminetetra acetic acid)

킬레이트 화합물로 색소를 안정화시키며 보존제의 효과를 높여줘 대부분 처방에 사용된다. 다른 보존제와 함께 사용하면 상승 효과를 가져오며 그람음성 박테리아에 효과적이다. 세포막 투과성을 높여 주기 때문에 특히 그람음성균에 대한 항균력을 높여준다.

(5) 기타 보존제

최근에는 화장품을 비롯한 모든 산업에서 합성 보존제보다는 천연 유래 보존제를 선호하는 소비자 욕구가 커지고 있어 효과가 우수하면서 피부에 안전한 천연 보존제에 대한 개발을 하고 있다. 또한 '논파라벤(non-paraben) 화장품'에 대한 선호도에 부응하여 논파라벤 화장품에 1,2-헥산다이올(1,2-hexanediol, 2% 이하 사용), 펜틸렌글라이콜(pentylene glycol, 5% 이하 사용) 등의 항균작용이 있는 보습제를 활용하기도 한다.

check point

미생물한도

- 총호기성생균수는 영 · 유아용 제품류 및 눈화장용 제품류의 경우 500개/g(mL) 이하
- 물휴지의 경우 세균 및 진균수는 각각 100개/g(mL) 이하
- 기타 화장품의 경우 1,000개/g(mL) 이하
- 대장균(Escherichia Coli), 녹농균(Pseudomonas aeruginosa), 황색포도상구균(Staphylococcus aureus)은 불검출

표 15-2 대표적인 보존제

원료명	사용한도	비고
글루타랄(펜탄-1,5-디알)	0.1%	에어로졸(스프레이에 한함) 제품에는 사용금지
4,4-디메칠-1,3-옥사졸리딘 (디메칠옥사졸리딘)	0.05% (다만, 제품의 pH는 6을 넘어야 함)	
디엠디엠하이단토인	0.6%	
2, 4-디클로로벤질알코올	0.15%	
벤조익애씨드, 그 염류 및 에스텔류	산으로서 0.5% (다만, 벤조익애씨드 및 그 소듐염은 사용 후 씻어내는 제품에는 산으로서 2.5%)	
벤제토늄클로라이드	0.1%	점막에 사용되는 제품에는 사용금지
벤질알코올	1.0% (다만, 두발 염색용 제품류에 용제로 사용할 경우에는 10%)	
살리실릭애씨드 및 그 염류	살리실릭애씨드로서 0.5%	영유아용 제품류 또는 만 13세 이하 어린이가 사용할 수 있음을 특정하여 표시하는 제품에는 사용금지 (다만, 샴푸는 제외)
소듐라우로일사코시네이트	사용 후 씻어내는 제품에 허용	기타 제품에는 사용금지
소듐하이드록시메칠아미노아세테이트 (소듐하이드록시메칠글리시네이트)	0.5%	
징크피리치온	사용 후 씻어내는 제품에 0.5%	기타 제품에는 사용금지
클로페네신	0.3%	
트리클로산	사용 후 씻어내는 인체세정용 제품류, 데오도런트(스프레이 제품 제외), 페이스파우더, 피부결점을 감추기 위해 국소적으로 사용하는 파운데이션(예 : 블레미쉬컨실러)에 0.3%	기타 제품에는 사용금지
페녹시에탄올	1.0%	
피리딘-2-올 1-옥사이드	0.5%	
이미다졸리디닐우레아	0.6%	

Chapter 16
기타 첨가제

1. 산화방지제(Antioxidants)

화장품의 대부분을 차지하는 것이 물과 유지(오일, 왁스)가 혼합된 에멀션이거나, 유지에 안료가 분산된 색조화장품으로, 유지가 차지하는 비중이 상당히 높다. 그러나 유지는 공기 중에 오래 노출되거나 높은 온도나 빛에 오래 방치되었을 때 산화가 잘 일어나게 된다. 따라서 유지의 산화를 방지하고 화장품의 품질을 일정하게 유지하기 위해 첨가되는 것이 산화방지제이다.

대표적인 산화방지제로는 토코페롤(tocopherol, 비타민E), 레시틴(lecithin), 아스코르빈산(ascorbic acid, 비타민 C) 등의 천연 산화방지제와 페놀계 화합물인 BHT(dibutyl hydroxy toluene), BHA(butyl hydroxy anisole) 등의 합성 산화방지제가 있다. 산화방지제도 단일의 산화방지제를 사용하는 것보다 혼합하여 사용하는 것이 효과 면에서 우수하므로 혼합해서 사용하는 것이 바람직하며, 산화방지 보조제로는 구연산(citric acid), 주석산(tartaric acid) 등이 있다.

표 16-1 산화방지제의 종류

종 류	특 성
토코페롤 (Tocopherol)	불안정하므로 토코페롤 아세테이트 유도체형으로 주로 사용한다.
디부틸히드록시톨루엔(BHT, Dibutyl Hydroxy Toluene)	물에는 녹지 않으나 유지와 유기용매에는 녹는다. 내열성과 내광성이 우수하다.
부틸하이드록시아니솔 (BHA, Butyl Hydroxy Anisole)	물에는 녹지 않으나 유지와 유기용매에는 녹는다. 내열성은 좋으나 내광성은 약하다.

2. 금속이온 봉쇄제

화장품에 금속이온이 존재하게 되면 화장품의 품질이 저하되는 직접, 간접적인 원인이 될 수 있다. 금속이온은 유성원료의 산화를 촉진하고 변색, 변취의 원인이 되며, 화장수 등에 침전물을 생기게 하는 원인이 되기도 한다. 이러한 금속이온의 활성을 억제하기 위해 첨가되는 것이 금속이온 봉쇄제(Sequestering agents, Chelating agents)인데 킬레이트제(Chelating agent)라고도 한다.

킬레이트제는 각종 금속이온과 킬레이트 화합물을 만드는 성질을 가지고 있으므로 이러한 성질을 이용하여 금속이온을 봉쇄한다. 화장품에서 사용되는 대표적인 금속이온 봉쇄제로는 에틸렌디아민4초산(EDTA)의 나트륨염, 인산, 구연산, 아스코르빈산, 호박산, 글루콘산, 폴리인산나트륨, 메타인산나트륨 등이 있다.

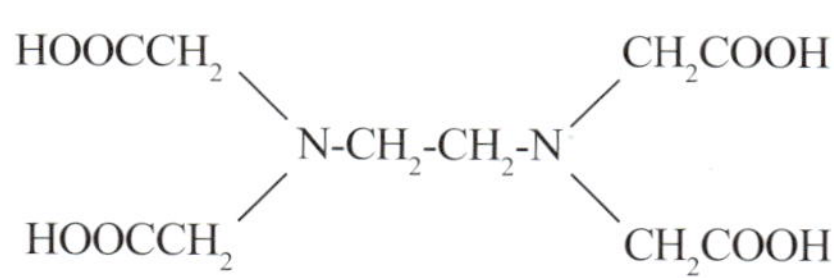

그림 16-1 EDTA의 구조식

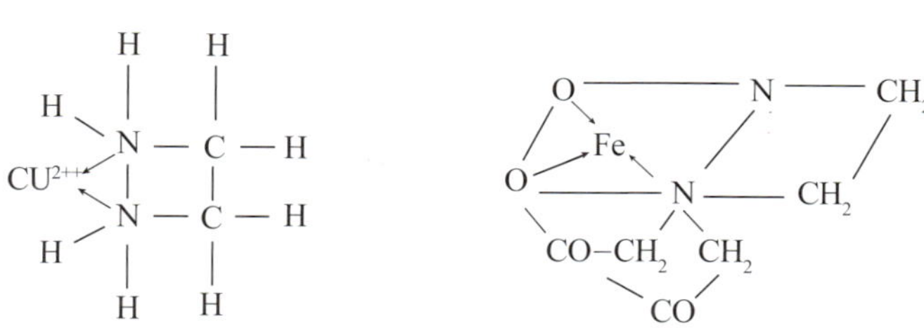

그림 16-2 EDTA가 금속을 잡고 있는 모습

(1) 디소듐이디티에이(Disodium EDTA)

백색의 결정성 분말로 금속이온에 의한 침전을 방지하기 위해 화장수와 유화제품에 사용된다. 물에는 용해되지만 에탄올에는 용해되지 않는다.

(2) 구연산나트륨(Sodium citrate)

무색 또는 백색의 결정성 분말로 금속이온에 의한 침전을 방지하거나 산화방지, pH 완충제 등으로 사용된다.

3. pH 조정제

화장품의 품질을 유지하기 위해 각각의 화장품 안전 기준에 있는 pH를 유지하는 것이 필요하다. pH조정제는 각 화장품의 pH를 적절한 상태로 유지하거나 화장품 원료를 중화할 때 사용된다. '트리에탄올아민'을 비롯하여 산이나 알칼리 성질의 성분이 사용 된다.

4. 결합제(Binders)

가루로 된 화장품원료들을 서로 결합시키기 위해 사용되는 성분으로 주로 색조화장품들의 파우더 제품을 고형으로 성형하기 위해 압축하는 과정 또는 압축 후에 점착성을 제공하기 위한 목적으로 사용된다. 주로 소량의 오일이나 왁스, 계면활성제 등을 사용하는데 이것을 결합제 또는 바인더(binder)라 한다.

결합제(binder)에는 구아검, 덱스트린, 라놀린알코올, 라놀린왁스, 메틸셀룰로오스, 비즈왁스, 밀전분, 세레신, 셀룰로오스검, 쉘락, 아크릴레이트 · 아크릴아마이드코폴리머, 알진, 아이소스테아릴이소스테아레이트, 아이소프로필라놀레이트, 아이소프로필미리스테이트, 아이소프로필팔미테이트 등이 있다.

Chapter 17

활성성분

1. 동·식물 추출물

화장품에 배합되어 온 물질들 중에는 오랜 사용경험을 통해서 또는 실제적인 실험을 통하여 그 효과를 인정받고 있는 동물 또는 식물 추출물들이 많다. 특히 동물 추출물은 대부분 소의 각 부위에서 추출되어 1980년대까지 화장품 원료로 널리 사용되었다.

그러나 1990년대 이후 소비자 인식 변화와 광우병 파동으로 동물 추출물들의 사용량은 급격히 줄어들고 그 대신 미생물 배양에 의해 얻은 성분과 식물 추출물들이 사용되고 있다.

이 물질들은 기능성과 동시에 약리효과가 있는 것이 특징인데, 오늘날에는 각종 화장품에 이들 추출물들을 적당량 첨가하여 유효성을 얻고자 하는 상황이다.

(1) 콜라겐 (Collagen)

인체를 구성하고 있는 전체 단백질의 33%는 콜라겐이다. 또한 이들 콜라겐은 섬유상 단백질로 신체를 구성하는 세포조직을 결합 또는 지탱하는 물질이다. 화장품에 콜라겐을 배합하면 보습성이 좋아지며, 사용감이 향상되나 콜라겐의 분자량이 30만으로 커서 피부에 침투하기 어렵다.

최근에는 콜라겐 단백질을 펩타이드로 분해시켜 분자량을 낮춘 '콜라겐 펩타이드'나 콜라겐 가수분해물을 사용하기도 한다.

(2) 태반추출물 (Placenta extract)

소, 돼지, 양 등의 태반을 저온 동결 건조시켜 얻어지는 것으로 NGF, FGF, PDGF 등의 성장인자와 사이토카인, 호르몬, 단백질, 지질, 핵산, 아미노산 등의 인체에 유효한 성분을 함유하고 있어 피부 재생, 보습 및 미백을 목적으로 하는 제품에 사용된다.

한때 인(人) 태반 제품이 유행하기도 했었는데 인간 광우병 파동으로 인해 국내의 경우 2007년 1월 1일 이후 인 태반 화장품의 수입 및 생산, 판매 금지로 국내시장에서는 인 태반 화장품 유통이 되지 않고 있다. 최근에는 식물의 씨눈에서 추출한 식물성 태반 추출물도 사용하고 있다.

(3) 프로폴리스 (Propolise)

프로폴리스는 벌이 밀납과 분비물 등을 혼합하여 만들어낸 천연 수지로 벌집을 짓는 데 사용하는 성분이다. 항균과 항염증 작용이 우수하고 상처 치유 효과도 우수하다.

(4) 로열젤리 추출물 (Royal jelly extract)

여왕벌의 먹이즙인 로열젤리(일벌의 분비물)에서 추출한다. 화장품 성분으로 사용할 경우 혈액의 흐름을 원활히 하고 보습 및 피부면역강화와 세포재생 효과가 우수하다.

(5) 달팽이 추출물

달팽이는 자신의 피부에 생긴 상처를 빠르게 복구할 수 있는데, 달팽이의 점액을 구성하는 성분인 뮤신(Mucin)은 인체의 점막에서 분비되는 끈끈한 점액 물질로 단백질의 흡수를 촉진시키고 위벽을 보호하며 장내 윤활제 역할을 하는 당단백질이다.

최근 들어 일명 '달팽이크림 화장품'이 큰 인기를 얻게 되었는데, 달팽이의 뮤신 성분 중 주요구성 성분이 바로 콘드로이친 황산(chondroitin sulfate)이며, 이는 인간의 결합조직에 존재하는 성분으로 피부의 탄력에 도움을 준다.

콘드로이친 황산은 독성이 없어 오랫동안 안전하게 사용해온 성분으로 콘드로이친 황산이나 뮤신은 피부 진피의 기질 물질로 피부의 노화 건조를 방지하며, 교원섬유의 신장능력에 관여하는 물질이다. 화장품 시장에서는 보습과 산화억제 물질로 피부 재생에도 관여하며, 고보습 효과와 더불어 피부 재생 및 피부상처 예방과 개선 등의 효과가 있다.

(6) 감초 추출물 (Licorice extract)

감초 뿌리에서 추출한 성분으로 주성분은 글리시리진(glycyrrhizin)으로 독성제거, 항알레르기, 항염증 효과가 있다. 특히, 유용성 감초 추출물은 미백 효과면에서 코지산이나 비타민 C보다도 더 효과적이다.

(7) 녹차 추출물 (Green tea extract)

녹차 잎 속에서 추출한 카테킨(catechin) 성분은 항산화 효과가 우수하고, 항 안드로겐(androgen) 특성을 가짐으로써 탈모방지에 효과가 있다.

(8) 알로에 베라 추출물 (Aloe vera extract)

알로에 잎에서 추출한 알로에베라는 상처 및 화상치료, 항염 등의 목적으로 가장 널리 그리고 오랫동안 사용되고 있는 천연 소재이다.

다양한 생리활성을 나타내는 천연물로서 항산화 및 주름개선, 피부 진정, 보습, 상처 치유, 항염증 효과가 우수하여 화장품 원료뿐 아니라 약용 및 식용으로도 사용된다.

(9) 알란토인 (Allantoin)

여러해살이 풀인 캄프리, 상수리나무, 밀의 싹 등에서 추출한 천연물질이며, 오래전부터 상처 치료제로 사용되어 왔다. 현재 화장품에 사용되는 것은 요산을 산화시켜 화학적으로 합성한 것이다.

민감성 완화, 진정, 상처치유 및 세포증식 작용이 우수하여, 많은 제품에서 피부진정의 주요 성분으로 사용하고 있다.

(10) 위치하젤 (Witch hazel)

하마메리스 비르기니아나(Hamamelis Virginiana)라고도 하며, 북미에서 자생하는 조롱나무에서 채취한 것으로 수렴작용이 우수하여 에탄올 대신에 지성과 복합성피부용 화장수의 수렴 및 소독제로 사용된다.

(11) 아줄렌(Azulene)

카모마일 등에서 추출하며 라틴어로 '남색'이라는 뜻을 지닌 파란색의 성분이다. 항염, 항알레르기, 상처치유작용을 하며, 특히 민감성 피부를 진정시키기 위한 목적으로 주로 사용되고 있다.

(12) 병풀추출물(centella asiatica)

병풀은 한국, 중국, 일본, 인도 등 동남아시아에 주로 자생하고 있는 식물로, 항산화, 항균, 항염 작용이 뛰어나기 때문에 민간에서는 상처치료용 약제로 사용되어 왔다. 병풀 추출물은 항산화 효능이 우수하고 진피층의 콜라겐 합성을 촉진시키기 때문에 세포노화를 억제하고 피부의 주름개선에 긍정적인 효과가 있다. 또한 항염효과를 가지기 때문에 염증성 여드름 및 홍반의 개선효과가 있다.

(13) 세라마이드(Ceramide)

인체 지질 성분 중의 하나로 각질층의 장벽기능을 정상화시켜 피부 보습작용을 줄 수 있으며, 콜레스테롤 및 지방산 등과 같은 피부지질 구성물질과 함께 리포좀 형태로 사용 시 그 효과를 높일 수 있다.

2. 비타민 (Vitamin)

비타민은 우리 몸 안에서 합성되지 못하고 반드시 음식물을 통해 체내로 흡수되며 지용성 비타민류가 수용성 비타민류보다 피부 표면에서의 친화력이 강하여 경피 흡수가 쉽다.

(1) 비타민 A와 그 유도체들 (Retinoid)

비타민 A는 쉽게 산화되어 분해되므로, 에스테르 타입인 비타민 A 팔미테이트(palmitate)가 주로 사용되고 있다.

레티놀은 레티노산(retinoic acid)의 전구물질로 잔주름 개선 효과가 있고, 피부에 대한 자극이 레티노산보다 적으나 쉽게 산화되므로 잘 밀봉해서 보관해야 한다.

(2) 피리독신 (Pyridoxine)

비타민 B_6는 비타민 B군 중에서 피부 대사에 가장 중요한 역할을 맡고 있다. 비타민 B_6는 수용성이고 유지에 전혀 용해되지 않기 때문에 화장품 성분으로 사용할 때는 에스테르화한 피리독시 디옥타노에이트(pyridoxine dioctanoate), 피리독시 디팔미테이트(pyridoxine dipalmitate)와 같은 유도체 성분을 사용하고 있다. 피지 분비 억제 작용이 있어 지성 피부에 효과가 좋다.

(3) 디-판테놀 (D-panthenol)

비타민 B_5 [D-판토텐산(pantothenic acid)]의 전구체로 프로비타민 B_5 또는 판토테닐알코올(pantothenyl alcohol)이라고도 한다. 세포 증식을 도와주며 글리세린과 달리 끈적임이 없는 보습성분으로 피부 진정효과가 있다.

(4) 비타민 C (Ascorbic acid)

비타민 C는 수용성 비타민으로 피부에 흡수가 잘 되지 않으며, 쉽게 산화되는 성질을 가지고 있다.

따라서 화장품 성분으로 사용할 때에는 비타민 C의 안정성을 높이고 피부 흡수를 촉진하기 위해 순수비타민 C를 안정화시킨 마그네슘 아스코빌 포스페이트(magnesium ascorbyl phosphate)나 아스코빌 팔미테이트(ascorbyl palmitate)와 같은 유도체성분을 사용하고 있다. 비타민 C는 콜라겐 합성을 촉진시키고, 티로시나아제 활성을 억제하여 피부 미백에도 효과가 있다.

(5) 비타민 E (α-tocophorol)

토코페릴 아세테이트(tocopheryl acetate)라고도 하며 말초 순환 기능 촉진, 피부 염증 억제, 노화억제, 유해산소 제거 등의 효과가 있다. 비타민 E 역시 비타민 C와 마찬가지로 쉽게 산화되어 분해되므로 화장품 성분으로 사용할 때에는 에스테르 타입인 비타민 E 아세테이트를 사용한다.

(6) 비오틴 (Biotin)

비타민 H라고도 하며 동식물계에 널리 분포하는 세포 성장인자이다. 손상된 케라틴 단백질을 회복시키므로 손톱, 모발 등의 치유에 좋다.

3. 그 밖의 활성성분

1. AHA (alpha-hydroxy acid)

과일이나 채소에서 추출한 천연산으로 각질제거와 피부 간접 재생의 효과가 뛰어나며 피부의 유연기능과 보습기능이 있다. 농도에 따라 다양한 효능으로 적용할 수 있으나, 고농도로 함유될 경우는 피부에 도포시 따끔거림이 있거나 햇빛에 민감해지는 등의 부작용을 일으킬 수 있으므로 화장품에 배합시 대부분 농도를 pH 3.5 이상에서 10% 이하로 사용하고 있다.

(1) 글리콜산 (Glycolic acid)

사탕수수에 함유되어 있는 성분으로 AHA 중에서 가장 분자량이 작아 침투력이 우수하다. 섬유아세포의 증식작용과 주름개선 작용이 있다.

(2) 젖산 (Lactic acid)

쉰 우유에 함유되어 있다. 글리콜산에 비해 각질제거 효과는 약하지만 천연보습인자의 하나로 보습작용도 있고 각질층의 세라마이드 양도 증가시켜 준다.

(3) 사과산 (Malic acid)

사과나 복숭아 등에 함유되어 있는 성분으로 보습작용과 pH 조절 작용이 있다.

(4) 주석산 (Tartaric acid)

신 포도에 함유되어 있는 성분으로 포도산이라고도 한다.

(5) 구연산 (Citric acid)

레몬이나 오렌지 등에 많이 함유되어 있으며 화장품에서는 주로 pH조절제나 킬레이트제, 산화방지제 용도로 사용된다.

2. BHA(Beta-hydroxy acid)

살리실산 (Salicylic acid)이 대표적이며, AHA보다는 각질제거 효과가 약하지만 피부 안전성이 좋다. 여드름 피부용 화장품에서 각질제거 효과나 피지 제거 효과를 위해 사용된다.

3. 클레이(Clay)

점토라고도 하며, 대체로 광물질의 혼합체이다. 색은 보통 분홍색, 백색, 회색 및 녹색일 수 있으며 음이온을 띠고, 표면적이 커질수록 양이온 분자와 독소를 끌어당기는 힘은 더욱 커진다.

따라서 점토는 이러한 기능 때문에 벌레 물린 곳, 피부 발진, 햇빛에 과다 노출된 곳, 화상, 종기 및 물집 잡힌 곳 등을 진정시키는 기능이 있으며, 얼굴 마스크와 파우더 형태의 화장품에 사용된다.

4. 알긴산(Alginic acid)

알긴산은 갈조류의 세포간 점액물질로 존재하는 다당류이며, 점증제와 안정제 및 겔 형태의 화장품 제조에 사용되며, 보습효과가 있다. 특히 모델링 마스크로 알려진 팩제의 주요성분으로 널리 사용되고 있다.

궁금해요

Q. 줄기세포 화장품이 뭐예요?

줄기세포는 새로운 세포를 생성하고 이는 피부에 상처, 염증 등이 일어났을 때 탁월한 재생력을 발휘해 쉽게 치료를 가능하게 하는 만능세포입니다. 의약품 시장에서 줄기세포를 이용한 다양한 연구가 진행되고 있으며 몇 년 전부터는 줄기세포 화장품이 등장하고 있지만 줄기세포가 직접적으로 들어간 화장품을 의미하지는 않습니다. 줄기세포 화장품은 줄기세포 성장인자, 줄기세포 활성화제, 줄기세포 배양액, 식물성 줄기세포 중 한가지에 해당하는 제품을 칭한다고 보면 됩니다. 이중 줄기세포 화장품(명칭으로만 이해한다면)으로 가장 유사한 것은 줄기세포 배양액 화장품입니다.

줄기세포 배양액은 단백질을 이용한 것으로, 단백질은 피부 흡수가 잘 되지 않기에 침투를 원활히 하기 위한 추가 작업이 필요하며, 유통, 보관을 위해 항생제는 반드시 필요한데 항생제는 화장품에 사용할 수 없는 원료이며, 또한 바이러스 검사 및 독성검사를 매번 실시하여야 되기에 안전성이 확보된 줄기세포 배양액을 확보하기 힘듭니다.

그러다 보니 많은 화장품회사에서 줄기세포 성장인자, 활성화제라는 용어를 덧붙여 제품화시켜 나오고 있으며, 이는 화장품의 효능이 줄기세포로 인한 것인지 다른 원료에 의한 것인지 확실하지 않아 줄기세포라는 특징적 효능을 대변해 주지도 못하는 것이 현실입니다. 즉 현재까지는 줄기세포 화장품은 명칭은 줄기세포이지만 줄기세포에 의한 화장품이라기보다 줄기세포의 기능을 대체할 수 있는 원료를 사용한 제품이라는 설명이 더 가까우며, 지금까지도 끊임없는 연구가 진행되고 있는 원료 중 하나입니다.

궁금해요

Q. 발효 화장품이 뭔가요?

발효란 효모를 포함한 미생물이 유기화합물을 분해하여 알코올류, 유기산류, 이산화탄소 등을 만드는 작용을 말합니다. 발효 기법이 새로운 패러다임을 형성하면서 의약품, 건강보조 식품, 화장품 분야까지 영역이 확대되고 있고 최근에 특히 화장품 분야에서의 적용이 더욱 활발해지고 있습니다.

발효화장품은 발효과정에서 생성된 물질에서 착안해 개발된 것으로 발효 식품에 들어있는 효소의 세포 활성화 기능을 화장품에 도입한 것입니다. 화장품에서의 발효는 미생물을 발효시키는 과정에서 발효균을 제거하는 동시에 효소 외에 유효성분들을 함께 추출함으로써 기존 효소 하나만이 갖는 효능을 배가시키고 함유 성분들을 피부에 빠르게 흡수되도록 합니다.

발효화장품의 관점에서 피부는 보호막으로서의 작용보다는 내부 장기의 하나로 바라보게 되는데 우리 몸의 장기는 소화라는 작용에 의해 영양분을 흡수하지요. 그러나 소화효소가 없는 피부 조직에서 기능성 화장품을 외부에 적용한다고 할지라도 흡수되기가 사실상 어렵습니다.

그러나 발효에 이용되는 미생물이 미리 효소를 분비하여 흡수되기 쉬운 형태로 만들어 놓기 때문에 도움을 줄 수 있는 것이죠. 또한 발효과정을 살펴보면 생육조건이 좋은 우점균이 계속적인 우위를 점하기 위해 다른 세균의 번식을 막는 현상이 나타나는데 그러다보니 자연스럽게 독성제거 효과도 나타날 수 있습니다. 즉 발효 화장품의 등장은 영양학적 성분이 더 풍부하면서 피부에 흡수가 잘 되고 독성을 제거해 피부 트러블이나 알레르기 등의 부작용을 최소화 시켜 줄 것에 대한 기대감에 따른 것이라고 할 수 있습니다.

화장품 종류가 이렇게 많았나?

Part V 화장품의 종류

Chapter 18. 기초 화장품
19. 기능성 화장품
20. 맞춤형화장품
21. 색조화장품
22. 모발화장품
23. 바디 화장품
24. 방향 화장품

Chapter 18

기초 화장품

1. 화장품의 필요성과 현황

1. 기초 화장품의 필요성

우리의 피부는 외부로부터 인체 내부를 보호하기 위해 만들어진 하나의 장벽이다. 특히 피부의 가장 바깥쪽에 위치한 각질층은 적절한 수분과 유분의 밸런스를 통해 피부를 외부자극으로부터 보호하고 있다.

각질층의 보습상태는 피지 및 수분, 천연보습인자(Natural Moisturizing Factor : NMF)에 의해 유 · 수분 밸런스를 유지하고 있다. 그러나 피부는 연령이나 외적 요인(습도, 바람, 자외선 등), 정신적 스트레스, 수면부족에 의해 신진대사가 저하되고 결국 피부의 밸런스를 잃어버리게 된다.

특히 나이가 들수록 각질층의 천연보습인자와 진피의 히알루론산과 같이 수분을 공급해 주는 고분자 점액질의 함량이 감소하고 피지의 분지량도 적어진다. 따라서 피부는 점점 건조해지며 거칠어진다.

이때 감소된 천연보습인자와 피지 및 수분을 보충해 줄 수 있는 화장품을 사용함으로써 피부의 모이스처 밸런스를 유지하고 피부 상태를 개선시켜야 한다. 따라서 기초화장품은 피지와 천연보습인자, 수분의 역할을 대신하는 것으로 유분과 보습제를 적절히 배합하여 피부의 유수분막을 인공적으로 만들어 유지시킬 목적으로 설계된 것이다.

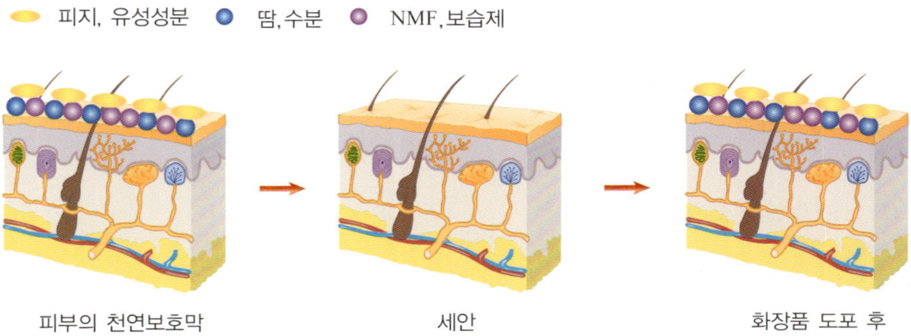

그림 18-1 화장품의 역할

2. 기초 화장품의 사용목적

기초화장품의 사용목적은 크게 피부 청결을 위한 세안과 세안 후 피부 정돈 그리고 피부의 영양공급을 통한 피부보호의 3가지로 나눌 수 있다.

(1) 세 안

피부 표면의 오염이나 노폐물, 장기간 축적된 메이크업 잔여물 등을 깨끗이 씻어서 청결하게 하고 피부의 정리 기능을 도와준다. 세정작용을 가진 제품으로는 세안비누, 클렌징 폼, 클렌징 로션, 클렌징 크림 등이 있다.

(2) 피부정돈

세정 작용으로 잃었던 천연보습인자와 피지분비 성분을 보충하고 세정제 사용으로 인해 약알칼리성으로 기울어진 피부를 본래의 약산성으로 빨리 돌아오게 한다. 그리고 유분과 수분을 공급하고 피부결을 정돈하기 위해 사용한다. 또한 마사지 등으로 피부의 혈액순환을 촉진시켜 피부 생리기능을 정상적으로 만드는 작용을 한다. 제품으로는 토너, 마사지 크림 등이 있다.

(3) 피부보호

피지성분과 수분을 보호하여 건조나 추위 등과 같은 외적자극으로부터 피부를 지켜주고 피부가 약해지는 것을 방지하여 건강한 상태로 유지시켜준다. 제품으로는 로션, 크림, 에센스 등이 있다.

2. 기초 화장품의 종류

1. 세안화장품

(1) 세안화장품의 사용목적

화장의 첫 단계에서 사용되는 화장품으로서 피부에서 분비되는 피지와 땀, 먼지, 각질, 메이크업 잔여물 등을 제거할 목적으로 사용된다. 이러한 노폐물들과 메이크업 잔여물들이 피부에 오랜 시간 머물게 되면 모공을 막아 피부의 신진대사를 저해하고, 산패하거나 부패하여 미생물의 번식을 초래하기도 하며 피부를 자극하여 피부상태를 나쁘게 만든다.

한편 과도하게 세정할 경우 피지, 천연보습인자, 각질층 등이 지나치게 탈락되어 피부를 건조하고 예민하게 만들기도 한다.

따라서 사용목적에 부합하는 적당한 세정용 화장품을 선택하여 피지와 땀에 의한 오염물이나 메이크업 잔여물 등을 제거하여야 된다. 세정용 화장품으로는 비누, 클렌징 폼, 클렌징 오일, 클렌징 워터, 클렌징 로션, 클렌징 크림 등이 있다.

(2) 세안화장품의 종류

세안제는 크게 두 가지 타입의 형태가 있는데, 첫째는 물을 사용하여 거품을 내서 사용하는 타입의 계면활성제형 세안제로 폼클렌저가 대표적이다. 둘째는, 물을 사용하지 않고 얼굴에 제품을 도포한 후 닦아내는 타입의 용제형 세안제로 클렌징 로션, 클렌징 크림 등의 제품이 대표적이다.

최근 색조화장품들은 화장효과를 지속시키기 위해서 땀과 물에도 잘 지워지지 않는 내수성을 가진 화장품들이 대부분이기 때문에 메이크업을 물로만 씻어서는 잘 지워지지 않는다. 따라서 색조화장품의 유성성분을 세정하기 위한 용제형 세안제로 닦아낸 후 계면활성제형 세안제로 씻어내는 이중 세안이 필요하다.

표 18-1 세안화장품의 종류 및 특징

제 형	종 류	특 징
씻어내는 타입 (계면활성제형)	폼클렌저	• 피부자극이 없어서 민감하고 약한 피부에 효과적이다. • 보습제와 에몰리언트제가 다량 배합되어 세안 후 당기거나 건조해지는 것을 방지한다.
	페이셜 스크럽	• 미세한 알갱이의 스크럽제가 연마제 역할을 한다. • 모공 깊숙이 있는 노폐물과 각질 제거에 효과적이다
녹여내는 타입 (용제형)	클렌징 크림	• 피지나 메이크업 잔여물을 제거해 주며, 진한 메이크업 제거 시 효과적이다.
	클렌징 로션	• 클렌징크림에 비해 사용감이 산뜻하다.
	크렌징 워터	• 화장수 타입으로 세정력이 낮으며, 주로 옅은 메이크업 제거 시 사용한다.
	클렌징 젤	• 수성과 유성의 두 가지 타입이 있다.

1) 계면활성제형 세정 화장품 (씻어내는 타입)

① 비누(Soap)

비누는 지방산의 나트륨염으로 물에 녹으면 알칼리성을 띤다. 따라서 비누세안을 했을 때 피부의 각질층은 일시적으로 pH가 상승되어 알칼리화된다.

건강한 피부의 경우는 피부의 완충능에 의해 3시간 이후에는 거의 원래의 pH상태로 돌아가지만 민감성 피부의 경우 피부 완충능이 약해 3시간 이후에도 원래의 pH상태로 돌아가지 못하게 되며, 이때 상승된 pH에 의해 피부의 각질층이 느슨한 상태로 존재하게 되므로 외부로부터 오염물질이나 세균의 침입이 쉽게 일어날 수 있다.

비누는 풍부한 거품과 산뜻한 감촉을 주는 반면 사용 후 당기는 느낌을 주기 때문에 건성이나 민감성 피부인 사람은 사용을 자제하는 것이 좋다.

② 폼클렌저(Foam Cleanser)

클렌징 폼이라고도 하며 비누의 장점인 우수한 세정력과 클렌징 크림의 피부보호 기능을 접목한 제품이다. 손바닥에 소량을 취해서 거품을 내어 사용하며, 적은 양으로도 풍부한 거품을 형성시켜 주고, 피부자극도 대체로 적다. 또한 세안 시 과도한 탈지를 막고 수분을 공급하기 위해 유성성분과 보습제를 배합하기 때문에 일반 비누를 사용했을 때보다 피부 당김이 적으며 촉촉한 감촉을 유지시켜 준다. 최근 피부가 공해 및 유해환경에의 노출이 잦아지면서 예민해짐에 따라 자극을 최소화하기 위해 아미노산계 계면활성제를 이용한 약산성 폼클렌저가 개발되었다.

그러나 약산성 폼 클렌저의 경우는 일반 폼 클렌저에 비해 거품 생성과 세정력이 낮은 단점이 있다.

③ 페이셜 스크럽(Facial Scrub)

클렌징 폼에 스크럽이라 불리는 작은 알갱이가 포함된 제품으로 스크럽은 노폐물 제거, 혈액순환 촉진에 의한 마사지 효과, 각질제거에 도움을 준다. 그러나 스크럽에 의한 피부 마찰로 인해 피부에 자극을 줄 수 있으므로 피부가 민감한 사람은 스크럽 알갱이가 미세하고 둥근 것을 선택하여 가볍게 문질러 주는 것이 좋다.

스크럽은 크게 천연계와 합성계로 구분할 수 있다. 천연계는 살구씨, 아몬드씨, 복숭아씨 등을 분말로 만든 것을 사용하며, 합성계는 폴리에틸렌 분말과 나일론 분말 등을 이용하여 제조한다.

표 18-2 스크럽의 효과

구 분	효 과
노폐물 제거	피지 땀 등의 피부 노폐물, 메이크업 잔여물의 제거
마사지	진피와 피하조직에 분포된 혈관과 신경을 자극하여 혈액순환 촉진
각질제거	노화된 각질을 제거하여 피부톤이 맑아지고 피부재생을 도움

2) 용제형 세정 화장품 (녹여내는 타입)

① 클렌징 크림(Cleansing Cream)

클렌징 크림은 짙은 메이크업을 했을 때나 피지 분비에 의한 노폐물이 많을 때 사용하기 적당한 제품이다. 유분 함량이 많아 피부 표면에 묻은 기름때를 닦아내는 데 효과적이어서 무대화장과 같은 짙은 메이크업을 지울 때 사용한다. 오일에 의한 끈적임이 있어 클렌징 폼이나 비누를 이용하여 세안하는 이중 세안이 필요하다.

② 클렌징 로션 (Cleansing lotion)

클렌징 크림보다 유분함량이 낮아 피부에 부담이 적고, 산뜻하며 끈적임도 적다. 클렌징 크림에 비해 세정력이 떨어지므로 엷은 화장을 지울 때 적합한 제품이다. 클렌징 한 후 클렌징 폼으로 물 세안하여 피부의 청결함을 유지시켜 준다.

③ 클렌징 워터 (Cleansing water)

오일 성분이 없는 세안제로 산뜻하고 가벼운 사용감을 가지고 있어 엷은 화장상태나 지성피부에 적합하다. 그러나 유성성분에 대한 세정력은 약한 편이므로 다른 클렌징 제품과 병행하여 사용하는 것이 좋다.

④ 클렌징 오일 (Cleansing oil)

유성성분을 많이 포함하는 메이크업에 적합한 세정력을 가지고 있다. 피부 침투성이 좋아서 땀이나 피지에 강한 화장도 깨끗하게 닦아주는 장점을 가지고 있다. 그러나 오일 성분으로 인한 끈끈함이 남는 단점도 가지고 있다. 세안 후 당기는 정도가 심한 건성 피부 타입에 적합한 제품이다.

⑤ 클렌징 젤(Cleansing gel)

클렌징 젤에는 유성과 수성의 두 가지 타입이 있으며, 각각 배합된 성분과 사용감의 차이가 있다. 유성타입은 유성성분의 함유량이 많고 짙은 화장도 깨끗하게 지워준다. 수성타입은 유성타입에 비해 세정력은 떨어지나 사용감이 산뜻하고 옅은 화장을 지울 때 적합하다.

2. 토너(Skin lotion, Toner)

(1) 토너의 사용 목적

세안 후 피부를 유연하게 하고 각질층에 수분을 공급하며, 세안 후 남아있을 메이크업 잔여물을 제거하여 피부를 청결하게 유지할 목적으로 사용하는 투명하거나 반투명한 액상 제품이다. 또한 세안 후 피부의 pH가 일시적으로 알칼리성을 띠게 되는데, 화장수를 사용함으로써 피부의 pH를 원래의 약산성으로 되돌려 놓는 역할도 한다. 화장수는 일반적으로 정제수, 에탄올, 보습제 등을 기본으로 한다. 사용 목적에 따라 기타 성분이 배합된다.

한편 목적에 따라 토너를 세안 후 잔여물을 제거하는 기능을 주기능으로 보고 세안용품으로 넣기도 한다.

(2) 토너의 종류

화장수는 70~80%가 물을 기본으로 하여 보습제나 에탄올 등이 첨가된 액상형태의 제품이다. 물에 잘 녹지 않는 소량의 물질을 투명하게 녹이는 가용화 현상을 이용하여 만든 대표적인 제품이다. 최근에는 마이크로에멀션(microemulsion) 기술을 이용한 반투명 화장수, 수용성 고분자 물질을 배합한 점성이 강한 화장수, 소량의 유분을 첨가한 불투명한 화장수도 제조하여 유통되고 있다.

일반적으로 기능적 측면에서 유연화장수와 수렴화장수의 두 가지로 구분할 수 있다.

표 18-3 화장수의 종류

분 류	특 징
유연화장수	각질층에 수분을 공급하고 보습성분의 공급을 통해 피부를 촉촉하고 매끄럽고 건강하게 유지시킨다.
수렴화장수	각질층 보습 성분의 공급 외에 모공 수렴작용 및 피지 분비 억제 작용 등의 효과를 부여하며, 흔히 아스트린젠트라고 불린다.

① 유연화장수(Softening lotion)

유연화장수는 물을 기본으로 하여 보습제와 유연제가 함유되어 있어 피부의 각질층을 촉촉하고 부드럽게 유지시켜 다음 단계의 화장품이 잘 흡수되도록 해준다.

화장수의 pH를 피부의 pH에 가까운 pH 5.5~6.5에 맞추어 세안 후 일시적으로 알칼리성이 된 피부를 약산성으로 되돌려 놓으며 세균의 번식을 막아주는 역할도 한다.

피부 타입이나 연령에 따라 보습제, 에탄올, 수용성 고분자의 양을 다르게 배합하여 다양한 형태의 화장수가 출시되고 있다.

② 수렴화장수(Astringent lotion)

흔히 아스트린젠트(astringent)라고 불리는 제품으로 각질층에 수분을 공급하고 모공을 수축시켜 피부결을 가다듬고 정리해 준다.

일시적으로 단백질을 수축시키며, 과잉 분비되는 피지나 땀을 억제하여 지성피부에 많이 사용되는 화장수이다. 최근에는 아스트린젠트라는 용어대신 토닝 로션(toning lotion) 등으로 알려진 화장수로 알코올 배합량이 유연화장수에 비해 많아 피부에 청량감과 수렴효과를 부여한다.

미스트 Check point

미스트는 기체 속에 함유된 미립자를 일컫는 말로 보통 0.1~100μ의 아주 작은 액체 입자를 말한다. 워터, 오일, 크림, 에센스, 픽서 등 기능에 따라 분류되기도 하나 주목적은 즉각적인 수분공급과 피부 열을 낮추는 용도로 사용되고 있다. 분무 형태에 따라 스프레이 타입과 오일타입으로 나눌 수 있으며, 스프레이 타입의 경우 질소와 내용물이 섞여서 분사되면 위험하기에 흔들어 사용하면 안된다.

3. 유액(乳液, 로션, Lotion)

(1) 유액의 사용 · 목적

우리나라에서는 주로 로션, 에멀션이라는 명칭으로 널리 쓰이는 유액은 화장수에 가까운 유동성을 가지는 것으로 수분, 보습제, 유분, 계면활성제를 주성분으로 하여 구성되어 있다.

세안 후 건조해진 피부에 화장수로 피부결을 정돈하고 수분을 충분히 공급한 다음에 로션으로 다시 한 번 수분과 영양분을 공급하여 피부의 유 · 수분 밸런스를 조절하고 피부의 항상성을 유지시켜 준다.

(2) 유액의 종류

유액은 피부 타입에 따라 건성 피부용, 중성 피부용, 지성피부용, 복합성 피부용, 민감성 피부용 등으로 구분하는데 제품마다 유분과 보습제의 함량을 다르게 배합한 것이다. 최근에는 번들거리는 유지 대신에 가볍고 산뜻한 사용감의 실리콘 오일을 배합하여 로션이나 크림을 제조하기도 한다.

또한 사용목적에 따라, 모이스처 로션, 클렌징 로션, 마사지 로션, 선블록 로션, 바디로션, 핸드로션 등이 있으며 제형에 따라 O/W형, W/O형, W/O/W형, S/W형, W/S형의 여러 타입의 유화기술로 제조된다.

O/W형은 가볍고 산뜻한 감촉을 나타내며 로션의 대부분을 차지하는 형태이다. W/O형은 우수한 보습효과를 기대할 수 있으며, W/O/W형은 사용감과 보습력을 모두 기대할 수 있다. S/W형은 산뜻한 사용감을, W/S형은 가벼운 사용감과 유효성분의 안정성을 위해 선택할 수 있다.

로션은 크게 수성성분과 유성성분, 계면활성제와 기타성분(색소, 향, 방부제, 산화방지제, 킬레이트제, 활성성분) 등으로 구성된다. 유성성분의 사용량이 크림에 비해 적어 사용감이 가볍고 흡수가 용이하다.

표 18-4 유액의 주성분

구성성분	종류	대표성분
유성성분	탄화수소	스쿠알란, 유동파라핀, 바셀린 등
	유지	올리브유, 아몬드유, 호호바유, 마카다미아 너트유 등
	왁스	밀납, 라놀린 등
	지방산	스테아린산, 올레인산, 미리스틴산 등
	고급알코올	세탄올, 스테아릴알코올, 비헤닐 알코올, 콜레스테롤 등
	에스테르유	옥틸도데실 미리스테이트, 세틸옥타노에이트, 아이소세틸 미리스테이트 등
	기타	실리콘 유 등
수성성분	보습제	글리세린, 프로필렌글리콜, 부틸렌글리콜, 폴리에틸렌글리콜 등
	점증제	카르복시비닐폴리머, 산탄검, 셀룰로오스유도체 등
	알코올	에탄올
	정제수	이온교환 및 역삼투압 수
계면활성제	비이온성	모노스테아린산글리세린, POE 소르비탄지방산에스테르

4. 에센스 (Essence)

(1) 에센스의 사용목적

국민들의 생활수준이 높아지고 과학기술이 빠르게 발전함에 따라 화장품 산업에서도 새로운 장르의 화장품들이 출시되어 커다란 시장을 형성하고 있으며 가장 대표적인 것이 에센스이다. 에센스는 세럼(serum)이라는 용어로도 불리는 것으로, "농축(concentration)" 이미지의 화장품으로 피부에 유익한 각종 보습 성분 및 유효성분을 다량 함유하고 있다.

따라서 거칠어진 피부 개선이나 피부 수분 손실에 대한 보정 등 피부 원래의 기능을 유지하려는 목적으로 사용량이 점차 증가하고 있다.

(2) 에센스의 종류

최근 기능성화장품 시장이 커짐에 따라 미백이나 주름개선 등의 효능을 강조한 에센스의 소비가 더욱 늘어나고 있으며, 하나의 제품에 여러 개의 기능을 동시에 겸비한 멀티기능 에센스 등의 다기능 제품이 개발되어 유통되고 있다. 에센스는 콘셉트와 기능에 따라 미백, 주름개선, 보습, 여드름 진정 등 다양한 종류가 가능하다.

제형별로 보게 되면 크게 스킨타입, 유화타입, 오일타입, 젤타입의 4가지로 구분할 수 있다. 페이스 오일(Face Oil)은 식물성, 광물성, 동물성 오일로 이뤄진 것으로 피부에 수분, 영양 등을 공급해 주는 제품이다. 과거 오일은 피부에 부담스럽다는 편견이 깨지면서 피부지질과 친화성이 높아 오히려 피부에 흡수가 잘 되며, 건성, 지성 모두 사용 가능한 페이스 오일이 만들어지고 있다.

주 목적은 수분공급을 통한 노화방지지만, 오일의 주성분에 따라 미백, 주름, 여드름 등 다양한 효과를 얻을 수 있으며, 최근에는 드라이오일이라고 해서 산뜻한 사용감을 높인 오일도 등장하고 있다.

Check point

앰플(Ampoule)

액체 형태를 유리에 일정량 담아 밀봉한 형태로 위생적이고, 내용물이 변질되지 않게 보관이 될 수 있도록 만들어진 것으로 병원에서 의료용으로 사용되던 형태이다. 이러한 형태를 화장품에 적용하여 기능성원료를 고농축하여 피부에 보약을 주는 개념으로 사용하게 되었다. 스포이드타입, 캡슐타입, 유리타입 등 다양하게 있으며, 고기능성 효과를 보기 위해 사용되고 있다

궁금해요

Q. 로션, 크림, 에센스는 뭐가 다른거죠?

많은 소비자들이 토너 ⇨ 에센스 ⇨ 로션 ⇨ 크림 순서로 기초 스킨케어를 해 줘야 된다고 생각하시죠. 하지만 우리가 이미 공부했듯 에센스, 로션, 크림은 피부에 영양 공급을 하고 피부를 보호하기 위한 목적으로 만든 제품입니다. 단지 점도의 차이가 다르기 때문에 흡수력이나 사용감이 다를 수 있으며, 이를 농축된 추출물이냐 아니냐의 차이라고도 하기도 합니다.

하지만 화장품은 의약품이 아니기에 피부에 좋은 기능을 하도록 부가적으로 도와주는 것이지 농축된 것을 사용했다고 해서 치료용으로 사용할 수는 없습니다. 그러나 피부에 영양공급 목적으로 만든 에센스, 로션, 크림 중 자신의 피부타입에 따라 선택하여 하나씩만 발라도 충분한 기능을 할 수 있다는 것을 꼭 기억하세요.

표 18-5 에센스의 형태별 분류 및 특성

형태	특징	제조기술
스킨 타입	산뜻한 사용감 및 다량의 보습제 배합가능 고분자 점증제의 사용으로 점도 조절 수용성 성분만 배합 가능 (유연효과 떨어짐)	가용화
유화 타입	유성 성분의 다량 함유로 보습 및 유연 효과 우수 기존 로션 및 크림과의 차별성이 적음.	유화
오일 타입	단일 또는 혼합하여 배합한 것으로 피부 친화적인 오일이 출시되고 있음.	혼합
젤 타입	투명한 느낌을 줄 수 있으며 캡슐 형태로도 제품화 가능 사용성의 변화가 어렵고 유용성 성분을 다량 배합시키기 어려움.	가용화, 혼합

5. 크림(Cream)

(1) 크림의 사용 목적

피부에 수분이 부족하면 피부가 메마르고 당기며, 잔주름과 피부 탄력이 저하되는 반면 유분이 부족하면 피부 표면의 수분이 증발해 피부 탄력이 저하되고 외부 자극에 대한 저항력이 약화되어 피부 트러블의 원인이 되기도 한다.

우리가 세안을 하고 나면 피부 표면을 덮고 있는 천연 보호막이 일시적으로 씻겨 제거되는데 이때 소실된 천연 보호막을 인공적인 방법으로 보충해서 피부를 촉촉하게 하고 외부의 자극으로부터 피부를 보호하기 위해 사용하는 것이 크림이다.

크림은 로션처럼 수용성 성분과 유용성 성분이 서로 혼합된 유화형태의 제형을 띠는 것으로, 로션과 비교하여 점도가 높아 안정성의 폭이 넓고 다량의 유분과 보습제를 배합할 수 있어 피부의 모이스처 밸런스를 일정하게 유지시켜 준다. 또한 충분한 유분, 수분, 보습제를 공급하여 피부의 보습, 유연 기능을 갖도록 한다.

(2) 크림의 종류

크림은 사용목적에 따라 피부보습크림, 에몰리언트크림, 마사지크림, 클렌징크림, 아이크림, 화이트닝크림, 선스크린 크림, 선탠크림, 각질제거크림 등 사용 부위나 시간, 목적 및 기능에 따라 다양한 종류가 있다. 또한 제형에 따라 O/W형, W/O형, W/O/W형, S/W형, W/S형의 여러 타입의 유화기술을 이용하여 제조되고 있다.

크림은 로션과 마찬가지로 크게 수성성분, 유성성분, 계면활성제 그리고 기타성분(색소, 향, 보존제, 산화방지제, 킬레이트제, 활성성분)으로 구성된다.

표 18-6 크림의 주성분

구성성분	종류	대표성분
유성성분	탄화수소	스쿠알란, 유동파라핀, 고형 파라핀, 바셀린, 세레신 등
	유지	올리브유, 아몬드유, 호호바유, 마카다미아 너트유, 경화팜, 아보카드유, 카카오유지, 피마자유 등
	왁스	밀납, 라놀린, 카루나우바왁스, 칸델릴라 왁스 등
	지방산	스테아린산, 올레인산, 미리스틴산, 팔미틴산 등
	고급알코올	세탄올, 스테아릴알코올, 비헤닐 알코올, 콜레스테롤, 헥사데실알코올, 옥칠도데실알코올 등 합성
	합성 에스테르유	옥틸도데실 미리스테이트, 세틸옥타노에이트, 아이소세틸 미리스테이트, 콜레스테릴에스테르 등
	기타	실리콘유 등
수성성분	보습제	글리세린, 프로필렌, 부틸렌, 폴리에틸렌, 솔비톨, 1,3-부틸렌글라이콜, 만니톨, 생체고분자 등
	점증제	카르복시비닐폴리머, 잔탄검, 셀룰로오스유도체, 퀸스시드, 펙틴 등
	알코올	에탄올
	정제수	이온교환 및 역삼투압수
계면활성제	비이온성	모노스테아린산글리세린, POE 소르비탄지방산에스터

(3) 특정 기능의 크림들

① 아이크림(Eye Cream)

피지샘이 없고 얇아 잔주름이 생기기 쉬운 눈가 피부를 관리하기 위해 사용되는 눈가 전용 화장품으로 눈가주름, 다크서클, 탄력 등을 목적으로 사용되고 있다. 타 크림에 비해 용량이 대체적으로 적은 편이고, 고가여서 소량만 사용할 것을 권하였으나 최근에는 얼굴 전체에 아이크림을 사용해 피부관리 하는 방법이 소개되기도 했다. 아이젤, 아이에센스, 아이크림 등 다양한 눈가 전용 제품들이 나오고 있는 추세이다.

② 톤업크림(Tone up Cream)

민낯크림, 미백크림, 반사판 크림 등으로 불리며 피부톤을 밝고 화사하게 표현해주는 크림이다. 미백성분이 들어가 기초 스킨케어로써 효과를 주기도 하며, 칼라민을 이용해 핑크빛 피부톤으로 만들어 베이스 효과를 주어 제품에 따라 기초스킨케어 제품 또는 베이스메이크업 제품으로 분류할 수도 있다.

6. 팩(Pack)

(1) 팩의 사용목적

팩(pack)은 '싸다', '포장하다'란 의미로 고대 시대로부터 얼굴이나 몸에 꿀이나 천연원료를 으깨어 발랐던 기록 등을 통해 이미 오래전부터 거칠어진 피부를 개선할 목적으로 사용되어 왔다. 팩은 도포 후 일정시간 방치하여 팩제의 유효성분이 피부에 흡수되도록 한 후, 떼어내거나 씻어내는 타입의 제품이다.

마스크(mask)란 용어도 팩과 함께 사용되고 있는데, 팩과 마스크의 구분은 외부공기를 차단하는지의 여부에 따라 분류된다. 마스크는 팩의 일종으로 도포 후 외부공기를 차단하여 피부의 수분 증발을 막고 유효물질이 피부 깊숙이 침투하도록 돕는 역할을 한다.

(2) 팩의 효과

① 보습작용

팩이 외부공기와 차단되고 피부 내부로부터 발생하는 수분과 팩제의 보습제나 유연제 등에 의해 각질층이 촉촉해지고 유연해진다.

② 청정작용

팩을 하는 동안 피부의 오염이나 피지 등의 불순물이 흡착되어 제거되므로 우수한 청정효과를 기대할 수 있다. 특히 필 오프(peel-off) 타입의 팩은 각질을 제거해주는 효과가 있어 지나치게 자주 사용할 경우 정상적인 각질까지 탈락시키므로 주 1~2회 사용이 적당하다. 민감성 피부일 경우 필오프 타입은 피부에 자극을 줄 수 있기에 물로 씻어내는 워시 오프(wash-off) 타입의 팩이 사용에 적합하다.

③ 혈액순환 촉진작용

팩을 하는 동안 피막형성제와 분말이 건조되면서 피부에 적당한 긴장감을 주고, 건조 후 일시적으로 피부온도를 높여 줌으로써 혈액순환을 촉진시킨다. 또한 노폐물 배출이 원활해져서 안색이 밝아진다.

(3) 팩의 종류

팩은 제거하는 방법에 따라 필 오프 타입, 워시 오프 타입, 티슈 오프 타입 등으로 나누기도 한다. 그리고 제형에 따라 분말 타입, 크림 타입, 젤 타입 등으로 나누기도 한다.

① 필 오프 타입(Peel off type)

얼굴에 팩을 바른 후 시간이 지나 건조되면 필름막을 떼어내는 방식이다. 또한 팩이 건조되는 동안 긴장감을 주어 피부에 탄력이 생기고, 제거할 때 각종 피부의 노폐물과 먼지, 각질 등이 함께 탈락되어 피부를 청결히 하는 장점이 있다.

그러나 떼어낼 때 자극이 될 수 있기 때문에 민감성 피부나 여드름 피부는 사용을 자제하는 것이 좋다. 피막형성제로는 주로 폴리비닐알코올을 사용하며, 건조시간을 단축시키기 위해 알코올을 사용하고, 보습력을 부여하기 위해 글리세린, 부틸렌글라이콜 등의 다가알코올을 이용한다.

② 워시 오프 타입(Wash-off type)

팩을 얼굴에 도포하고 나서 20~30분 경과한 후 따뜻한 물로 씻어내는 타입의 팩으로, 머드계열의 진흙이나 고령토 등의 점토광물질을 주성분으로 하여 물과 보습제 등을 배합하여 제조된다. 머드나 클레이 등을 함유하고 있어 피지흡착능력과 각질제거능이 있으며, 카올린이나 알란토인 등의 성분이 함유되어 피부재생과 진정을 꾀할 수 있는 팩이다. 물로 씻어낸 후 상쾌한 감촉을 느낄 수 있어 여름에 사용하기에 적합한 팩이다.

③ 티슈오프 타입(Tissue off type)

보통 O/W 타입의 유화형태의 크림이며, 도포한 후 10~15분 후 티슈로 제거하는 팩으로, 사용이 간편하고 보습력이 우수한 장점이 있으나, 다른 팩에 비해 긴장감이 떨어지거나 청량감이 떨어지는 단점이 있다.

④ 시트 타입(Sheet type)

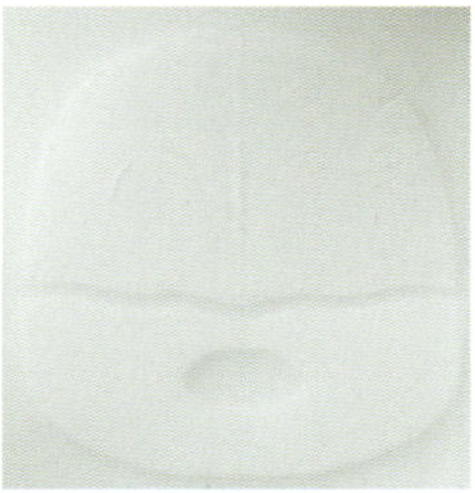

얼굴전체를 덮거나, 눈가나 코 등의 특정부위에 붙인 후 20~30분 정도의 시간이 경과한 후 떼어내는 팩으로 사용하기가 간편하여 최근에 많은 소비자들이 찾는 팩의 한 종류이다. 사용뿐만 아니라 제거도 수월하고, 원하는 부위에만 집중적인 관리를 할 수 있는 장점이 있다. 크게 두 가지 종류가 있는데, 시트에 유효물질이 묻어있는 것과 물을 묻혀 사용하는 것이다.

요즈음은 시트에 에센스 등의 유효물질이 발라져 나오는 타입이 대부분을 차지하고 있다. 또한 사용 시 물을 묻혀 사용하는 대표적인 팩에는 콜라겐 벨벳 마스크(Collagen Velvet Mask)가 있다.

⑤ 분말 타입 (Powder type)

분말의 팩제를 물에 개서 얼굴에 도포하는 형태의 팩이다. 대표적인 것으로 석고팩, 효소팩, 모델링 마스크 등이 있다. 석고팩은 석고를 물에 갤 때 발생하는 열을 이용하는 팩으로 혈액순환 촉진을 목적으로 노화피부에 많이 사용하는 팩이다.

효소팩은 단백질 분해능이 있는 효소를 미지근한 물에 갠 후 얼굴에 도포해 시간이 경과하면 묵은 각질이 분해되어 제거되는 효능이 있는 팩으로 시술 시 적절한 온도와 습도를 맞추어주는 것이 필요하다.

고무팩으로도 알려진 모델링 마스크(modeling mask)는 고무팩의 주요성분인 알긴산이 칼슘이온과 같은 양이온과 반응하여 겔화가 이루어지면서 굳어져 고무처럼 단단해진다. 알긴산은 미역이나 다시마 등에서 볼 수 있는 끈적끈적한 점성을 가진 물질로 클렌징으로 해결되지 않는 각종 피지나 각질, 블랙헤드 등이 고무팩을 하는 과정에서 팩에 흡착되어 깨끗한 피부를 만들어주는 장점이 있어 최근 들어 많이 사용되고 있는 팩으로 모든 피부에 사용이 가능하다.

Chapter 19
기능성 화장품

1. 기능성 화장품의 정의와 현황

1. 기능성 화장품의 탄생 배경

화장품은 인간에게 아름다움에 대한 꿈과 희망을 부여해주는 이미지적인 측면이 강한 제품이다. 과거의 화장품은 단순히 피부에 보습을 주어 피부가 트거나 갈라지는 것을 방지하고 눈과 입술 부분을 메이크업하는 정도의 개념이었지만 최근 인터넷, TV와 같은 매스미디어의 발달로 사람들은 나이에 상관없이 매력적으로 보이기를 원하게 되었다. 또한 고령화 인구의 증가 및 소비자의 의식수준이 높아지면서 점차 효능 및 효과가 강조된 화장품의 유효성에 관한 부분이 중요하게 되었다.

따라서 화장품 업계는 1990년대에 들어 포화상태에 달한 화장품 시장과 고객의 다양한 요구를 만족시키기 위해 각기 특수한 기능을 갖는 기능성 화장품 개발이 시급해졌다. 그러나 당시에는 화장품법이 별도로 제정되어 있지 않아 약사법에 화장품 관련 내용의 일부가 편입되어 실제적인 기능성 화장품의 개발과 판매가 어려운 실정이었다.

그러던 중 2000년 7월부터 별도의 화장품법이 제정되어 시행되었고 2001년 9월 26일 자로 기능성 화장품 등의 심사에 관한 규정이 제정됨에 따라 기능성 화장품은 법적인 근거를 갖는 실체로서 일반 소비자들에게 인식되기 시작했다.

기존의 기능성 화장품은 피부의 미백에 도움을 주는 제품, 피부 주름개선에 도움을 주는 제품, 피부를 곱게 태우거나 자외선으로부터 피부를 보호하는데 도움을 주는 제품에 국한되었으나, 2016년 5월 화장품법이 개정되면서 7종의 기능성 화장품이 추가되었다.

추가된 기능성 화장품은 모발색상변화제(탈염제 · 탈색제), 제모제, 탈모 증상 완화제, 여드름성 피부 완화제, 아토피성 피부로 인한 건조함 완화제, 튼살에 따른 붉은 선을 엷게 하는데 도움을 주는 제품이다.

화장품 소비자의 생활수준 향상과 의식수준 향상에 따른 시장 환경 변화가 기능성 화장품의 도입을 촉진시켰고, 이로 인해 기능이 강화된 기능성 화장품의 개발이 가능해짐으로써 화장품의 국제 경쟁력을 높여갈 수 있는 계기가 마련되었다.

check point

기능성 화장품의 법적 정의 및 범위

(1) 기능성 화장품의 법적 정의

① 화장품 (화장품법 제2조제1항)

"화장품"이란 인체를 청결 · 미화하여 매력을 더하고 용모를 밝게 변화시키거나 피부 · 모발의 건강을 유지 또는 증진하기 위하여 인체에 바르고 문지르거나 뿌리는 등 이와 유사한 방법으로 사용되는 물품으로서 인체에 대한 작용이 경미한 것을 말한다. 다만, 「약사법」 제2조제4호의 의약품에 해당하는 물품은 제외한다

② 기능성 화장품 (화장품법 제2조제2항)

"기능성 화장품"이란 화장품 중에서 다음 각 목의 어느 하나에 해당되는 것으로서 총리령으로 정하는 화장품을 말한다.

1. 피부의 미백에 도움을 주는 제품
2. 피부 주름 개선에 도움을 주는 제품
3. 피부를 곱게 태우거나 자외선으로부터 피부를 보호하는데 도움을 주는 제품
4. 모발의 색상 변화 · 제거 또는 영양공급에 도움을 주는 제품
5. 피부나 모발의 기능 약화로 인한 건조함, 갈라짐, 빠짐, 각질화 등을 방지하거나 개선하는 데에 도움을 주는 제품

(2) 기능성 화장품의 법적 범위 (화장품법 시행규칙 제 2조)

화장품법 제2조 제2호에서 "총리령으로 정하는 기능성 화장품"이라 함은 다음 각 호의 화장품을 말한다.

① 피부에 멜라닌 색소가 침착하는 것을 방지하여 기미나 주근깨 등의 생성을 억제함으로써 피부의 미백에 도움을 주는 기능을 가진 화장품
② 피부에 침착된 멜라닌 색소의 색을 엷게 하여 피부의 미백에 도움을 주는 기능을 가진 화장품
③ 피부에 탄력을 주어 피부의 주름을 완화 또는 개선하는 기능을 가진 화장품
④ 강한 햇빛을 방지하여 피부를 곱게 태워주는 기능을 가진 화장품
⑤ 자외선을 차단 또는 산란시켜 자외선으로부터 피부를 보호하는 기능을 가진 화장품

check point

⑥ 모발의 색상을 변화[탈염(脫染) · 탈색(脫色)을 포함]시키는 기능을 가진 화장품. 다만, 일시적으로 모발의 색상을 변화시키는 제품은 제외한다.
⑦ 체모를 제거하는 기능을 가진 화장품. 다만, 물리적으로 체모를 제거하는 제품은 제외한다.
⑧ 탈모 증상의 완화에 도움을 주는 화장품. 다만, 코팅 등 물리적으로 모발을 굵게 보이게 하는 제품은 제외한다.
⑨ 여드름성 피부를 완화하는 데 도움을 주는 화장품. 다만, 인체세정용 제품류로 한정한다.
⑩ 아토피성 피부로 인한 건조함 등을 완화하는 데 도움을 주는 화장품
⑪ 튼살로 인한 붉은 선을 엷게 하는 데 도움을 주는 화장품

(3) 기능성 화장품의 심사

① 법 제4조제1항에 따라 기능성 화장품을 제조 또는 수입하여 판매하려는 제조판매업자는 품목별로 기능성 화장품 심사의뢰서를 작성하여 식품의약품안전평가원장의 심사를 받아야 한다. 다만, 식품의약품안전처장이 제품의 효능 · 효과를 나타내는 성분 · 함량을 고시한 품목의 경우에는 일부 자료 제출 생략하고, 기준 및 시험방법을 고시한 품목의 경우에는 일부 자료 제출을 각각 생략할 수 있다. 구체적인 제출자료는 아래와 같다.

가. 기원(起源) 및 개발 경위에 관한 자료

나. 안전성에 관한 자료

- 단회 투여 독성시험 자료
- 1차 피부 자극시험 자료
- 안(眼)점막 자극 또는 그 밖의 점막 자극시험 자료
- 피부 감작성시험(感作性試驗) 자료
- 광독성(光毒性) 및 광감작성 시험 자료
- 인체 첩포시험(貼布試驗) 자료

다. 유효성 또는 기능에 관한 자료

- 효력시험 자료
- 인체 적용시험 자료

라. 자외선 차단지수 및 자외선A 차단등급 설정의 근거자료(자외선을 차단 또는 산란시켜 자외선으로부터 피부를 보호하는 기능을 가진 화장품의 경우만 해당한다)

마. 기준 및 시험방법에 관한 자료

표 19-1 우리나라와 외국의 기능성 화장품

	우리나라	미국	EU	일본	중국
주름	기능성 화장품	화장품	화장품	화장품	화장품
미백	기능성 화장품	화장품	화장품	약용화장품	특수용 화장품
자외선 차단	기능성 화장품	OTC	화장품	화장품	특수용 화장품

궁금해요

Q. 외국에는 기능성 화장품이 없는 건가요? 국내 수입된 수입화장품들 중에 기능성 화장품을 봤는데요. 그럼 그건 거짓인가요?

앞의 도표에 정리된 내용처럼 우리나라는 미백개선, 주름개선, 자외선 차단 3가지에 대해 기능성 화장품이라고 인정을 하고 있습니다. 하지만 다른 선진국의 경우 우리나라와 조금 다른 기준을 가지고 있습니다.

미국의 경우 자외선 차단만 의약외품(OTC Drug)으로 인정하여 심사할 뿐 우리가 흔히 알고 있는 cosmeceutical(화장품 cosmetics + 제약 Pharmaceutical)은 인정하지 않고 다만 화장품 회사에서 마케팅을 할 때 사용하는 하나의 용어에 지나지 않으며, EU는 화장품은 명백히 의약품과 다른 것이기에 기능성이라는 용어가 소비자들에게 약품으로 오인될 수 있다고 판단하여 화장품에 그 어떤 의미 부여도 하지 않는 것을 원칙으로 하고 있습니다. 가까운 일본의 경우도 미백개선 기능을 하는 화장품만 약용화장품이라고 정의하고 그 외는 일반 화장품으로만 인정하고 있습니다.

위에 나타난 3개국의 공통점은 화장품에 기능성이란 의미를 부여하였을 때 소비자가 약품으로 착각할 수도 있다고 판단하였고, 이를 통한 여러 문제점들을 미연에 방지하고자 화장품은 어디까지나 피부에 경미한 작용을 하는 보조수단으로 정의하고 있다는 것입니다. 그런데 국내 수입된 수입화장품들을 보면 기능성 화장품이라는 마크가 가끔 보이시죠?

그것은 수입화장품들이 국내로 들어오면서 국내 화장품법 기준에 맞춘 기능성 화장품 심사를 거쳐 각 기능성 인증을 받은 것이기에 수입국에서는 기능성 화장품이 아니지만 우리나라에서는 인증을 받아 기능성 화장품이 되어 표기를 하여 판매하는 것입니다.

2. 기능성 화장품의 속성

현재 기능성 화장품을 나타내는 용어인 "Cosmeceuticals"는 미국의 클리그만(Kligman) 박사가 화장품(cosmetics)과 의약품(phamaceuticals)에 해당되는 용어를 합성하여 제안한 신조어이다.

기능성 화장품을 나타내는 일반적인 용어로 쓰이고는 있으나 국제적으로 통용할 수 있도록 공식적으로 인정된 용어가 아니므로 이들에 대한 개념만을 통합해 보자면 의약품과 화장품의 양 그룹 사이에 존재하면서 유효성과 안전성이 향상된 제품을 의미한다고 하겠다.

화장품이 갖추어야 할 요건으로는 안전성, 안정성, 사용성, 유효성 등이 있다.

여기서 안전성이 좋다는 것은 피부에 대한 자극, 알러지, 독성 등이 적다는 것을 의미한다. 또한 안전성이 좋다는 것은 제품이 일정기간 동안 변질되거나 분리되지 않는다는 것을 의미한다. 안정성이 좋다는 것은 피부에 바를 때 손놀림이 쉽고 잘 바를 수 있다는 것을 의미하는 것이다.

마지막으로 유효성이 좋다는 것은 피부에 바른 후 적절한 보습, 자외선 차단, 노화 억제 등의 구체적인 효능 효과를 부여해준다는 것을 말한다. 그러므로 기능성 화장품이란 구체적인 효능 효과가 강조된 의약품적 성격과 피부에 대한 안전성이 강조된 화장품적 속성을 동시에 가지고 있어야 한다.

일반 화장품과는 달리 기능성 화장품의 제조는 식품의약품안전처에서 지정한 '고시원료'를 용량에 맞춰 사용했을 때 승인을 얻어 제조판매가 가능하다. 또한 비고시원료이나 화장품회사 등에서 특정원료에 대해 식품의약품안전처로부터 따로 인증받아 기능성 화장품을 제조할 수도 있다.

현재 국내 화장품법상 기능성 화장품으로 인정받아 판매 등을 하려는 화장품 제조업자, 화장품책임 판매업자(화장품 책임 판매업을 등록한 자), 총리령으로 정하는 대학 · 연구소 등은 품목별로 안정성, 유효성에 관하여 식품의약품안전처장의 심사를 받거나 식품의약품안전처장에게 보고서를 제출해야 제조 및 판매가 가능하다.

그러나 주성분이 고시된 성분이 아닌 경우에는 안전성이나 유효성 또는 기능을 입증하는 자료가 필요하다. 즉, 기능성 화장품으로서 갖추어야 할 속성들 중에서 안전성과 유효성은 매우 중요한 속성이라 하겠다.

2. 주름개선 화장품

1. 내인성 노화와 광노화

노화란 나이가 들어감에 따라 자연적으로 발생하는 신체의 기능적 · 구조적 퇴행성 변화를 말하며, 이는 생리적 · 내적 원인에 의해서 발생하는 내인성 노화(Intrinsic aging)와 태양광선과 같이 주변 환경이나 생활 여건 등의 외적 원인에 지속적으로 노출되어 피부노화가 진행된 외인성 노화, 즉 광노화 (photoaging) 로 구분할 수 있다.

우리가 나이가 들면 시력이 저하되고 청력이 저하되는 것처럼 피부도 다른 신체 기관과 마찬가지로 나이가 들어감에 따라 변화가 나타난다.

일반적으로 피부에서 볼 수 있는 내인성 노화는 각질세포간 지질인 세라마이드(ceramide)의 함유량과 천연보습인자(NMF)의 주요 구성성분인 아미노산의 함유량이 감소되어 피부가 건조해지는 것이다. 또한 진피층의 콜라겐 및 엘라스틴 섬유의 합성능력이 감소하기 때문에 피부가 얇아지고 탄력성이 감소한다.

내인성 노화는 주변 환경이나 생활여건 등의 외적 영향을 받아서 일어나는 노화를 말하는데 일광, 추위, 더위, 바람, 공해, 미세먼지, 흡연 등이 이에 속한다. 특히 오랜 기간에 걸쳐 지속적으로 일광에 노출이 많이 되었던 피부의 경우에는 피부가 자외선에 대한 보호역할을 하기 위하여 각질층이 두꺼워져서 더욱 현저한 변화를 보이게 된다. 일광에 노출이 많은 농부, 어부, 군인 등의 얼굴이나 목덜미나 손등 부위 피부에서 보이는 딱딱하고 뻣뻣하며 깊은 주름을 예로 들 수 있겠다.

주로 이렇게 일광 노출에 의해 피부 조직학적 변화를 일으키는 노화를 광노화(photo aging)라 하여 환경적 노화를 대표하여 지칭하기도 한다. 이러한 외적 요인에 의한 노화는 나이가 들어감에 따라 생리학적 노화, 즉 내적 노화를 촉진시키거나 추가적인 변화를 초래하기도 한다.

노화의 원인을 설명하는 여러 학설들에는 프리 라디칼설(Free radical theory), 말단소립자설(Telomere theory), 교차결합설(Crosslink theory), 유전자 프로그램설(DNA program theory), 자가면역설(Autoimmune theory) 등이 있다.

노화에 관한 여러 학설들을 검토해 보면 서로 타당한 점들은 있으나 결정적으로 핵심이 될 만한 증거가 결여되어 있어 아직 정설로 인정받고 있는 학설은 없다. 아무래도 노화란 한 가지 원인만으로 일어나는 것이 아니라 여러 가지 원인이 얽혀진 복잡한 현상이기 때문일 것이다.

표 19-2 자연노화와 광노화

구분	항목	자연노화	광노화
표피의 변화	표피의 두께	얇아짐	두꺼워짐
	표피세포(keratinocyte)	규칙적 세포배열 위축됨	무질서한 세포배열 비대해짐
	각질층	통상적인 세포층	세포층이 많아짐
	멜라노사이트(melanocyte)	세포수 감소	세포수 증가
진피의 변화	탄력섬유조직	세포의 규칙적 배열	변성된 부정형의 덩어리 형성
	콜라겐	섬유속이 굵고 방향성이 없음	섬유속과 섬유가 급격히 감소
	섬유아세포	감소, 불활성화	증가, 활성의 증가
	모세혈관	정상적인 혈관	모세혈관 확장증 관찰

2. 주름발생의 원인과 과정

나이가 들어감에 따른 자연노화 또는 자외선이나 산화, 건조로 인한 노화가 진행되면 섬유아세포 수와 기능 감소, 콜라겐의 변성 및 감소, MMPs 증가, 그리고 항산화 시스템의 손상이 일어나게 된다.

이러한 노화현상이 진행되면서 케라티노사이트 기능이 저하되고 피부의 지질과 천연보습인자(NMF)가 감소되어 표피의 위축 증상이 발생하여 변화가 일어나면서 탄력이 감소되어 가는 주름과 굵은 주름이 발생하게 된다. 이는 표피와 진피의 경계부 약화와 피부 매트릭스 분해 및 변성, 변성 엘라스틴(elastin)의 축적, 단백질의 당화가 증가되는 결과를 발생하게 한다.

궁금해요

Q. 노화가 진행되면 우리 몸은 어떻게 변화하는 걸까요?

뼈와 근육은 골밀도나 근육단백질이 감소되어 근력, 즉 힘이 없어지구요, 혈류량이 떨어지고 혈압이 증가하고 (가끔 tv보면 어른들이 충격적 이야기를 듣고는 뒷목 잡고 쓰러지시죠? 이러한 경우도 순환계의 노화현상 때문에 발생하는 겁니다) 폐활량은 40% 이상 떨어져서 숨 쉬는 것이 젊었을 때보다는 조금 힘이 들 수 있습니다.

눈은 시력 감퇴가 되고 백내장 같은 질환이 발생하고 뇌의 세포도 사멸하여 기억력이 점점 떨어지구요. 면역력도 약해져서 감기 같은 바이러스에 잘 감염이 되기도 하고 침분비가 감소하고 치주염이 구강에서 나타날 수도 있어요. 특히 피부는 진피층이 감소하고 콜라겐이 소실되어 탄력이 저하되고 상처가 나도 회복 속도가 점점 떨어져서 완벽하게 재생이 되지 않고 흉터가 남을 수도 있어요.

이렇듯 노화는 우리 몸의 다양한 기능들이 쇠퇴하거나 멈추어짐으로써 젊었을 때는 쉽게 가능했던 많은 것이 어려워지는 불편한 상황이 되는 것이라 생각할 수 있어요. 그래서 우리의 피부도 각자의 역할을 잘 해오던 것들이 쇠퇴하여 더 이상 그 기능을 제대로 할 수 없게 되고 그러한 것이 다른 장기와 달리 숨겨져 있는 것이 아닌 표면으로 드러나다 보니 많은 사람들이 그러한 증상을 감추기 위해 기능성 화장품을 바르거나 시술 또는 성형수술을 통해 젊고 탱탱하던 예전의 얼굴로 돌아가려고 하는 것이죠.

3. 주름개선 화장품의 작용원리

미백 메커니즘과는 다르게 주름 개선에 관한 메커니즘은 상대적으로 덜 밝혀져 있다. 그러나 주름과 관련된 피부의 생리적 변화 가운데 하나가 섬유아세포의 증식 감소이다. 섬유아세포의 증식이 감소되면 콜라겐 합성이 적어지고, 이것은 외부인자에 대한 방어력의 약화로 이어져서 주름 생성을 촉진하게 된다.

따라서 화장품에서 주로 사용하는 주름개선 성분에는 섬유아세포의 성장을 촉진하는 물질, 섬유아세포의 콜라겐 합성을 촉진하는 물질, 활성산소와 프리라디칼을 제거하는 물질 등이 있는데, 이중 대표적인 물질이 레티노이드(retinoid)이다.

레티노이드는 천연물 유래의 비타민 A 또는 합성 비타민 A군을 총칭하는 것으로 레티놀, 레틴알데히드, 레티노산 등이 포함된다. 이들은 피부세포 분화와 촉진을 비롯하여 콜라겐과 엘라스틴 같은 단백질 생합성에 중요한 역할을 한다. 즉, 피부세포에 존재하는 세포핵의 DNA로 하여금 mRNA를 발현시켜 콜라겐의 생합성을 촉진시킴으로써 주름을 감소시키고 피부의 탄력을 증대시킨다.

4. 주름개선 화장품의 주요 성분

(1) 식약처 고시원료

피부의 주름개선에 도움을 주는 화장품을 만들기 위한 주성분으로 화장품법에 고시된 성분으로는 현재 레티놀, 레티닐팔미테이트, 아데노신, 폴리에톡실레이티드레틴아마이드의 4종이 있으며 고시된 농도를 사용할 경우 안전성 유효성 심사 자료의 제출이 면제된다.

표 19-3 주름개선 기능성 고시원료의 성분 및 함량

연번	성분명	함량
1	레티놀	2,500 IU/g
2	레티닐팔미테이트	10,000 IU/g
3	아데노신	0.04 %
4	메디민 A (폴리에톡실레이티드레틴아마이드)	0.05~0.2 %

① 레티놀(Retinol)

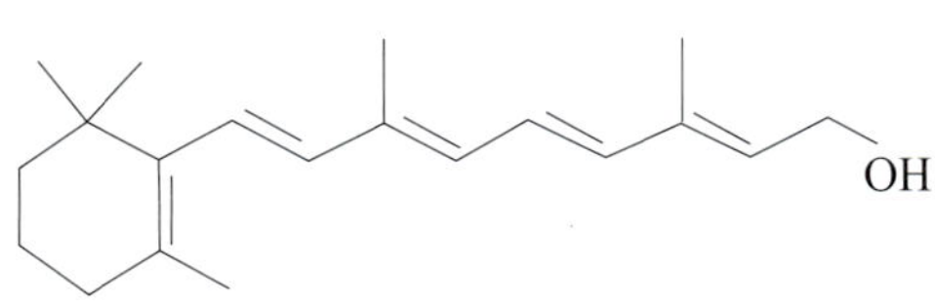

비타민 A 유도체로 레티노산의 전구물질이므로 처음에 레티노산을 이용해 여드름 치료에 사용하였는데 이 물질이 주름개선과 미백에 효과가 있다는 것을 발견하였고, 추후 연구를 통해 레티노산 대용으로 레티놀을 사용하게 되었다.

피부에 침투한 후 서서히 레틴산으로 변화하여 작용하면서 콜라겐 생성을 촉진, 케라티노사이트의 증식 촉진, 표피의 두께 증가, 히알루론산 생성 촉진, MMP 생성 억제, 진피 내 섬유 정상화 효능을 나타내어 주름을 개선시키고 탄력을 증대시킨다.

피부 자극이 적은 편이지만 다른 유도체들에 비해 빛, 열, 공기에 의해 쉽게 파괴되는 불안정한 성질이 있기 때문에 특별한 안정화 기술이 필요한 원료이다. 레티놀을 함유한 제품은 자외선에 노출되었을 때 광과민 반응을 일으키므로 주로 밤에만 사용하도록 하며 처음 사용할 때 사용 주기를 늘려 바르다가 피부에 아무런 반응이 없을 때 점차 주기를 당겨 하루에 한번씩 사용한다. 민감한 피부는 특히 자극에 민감하므로 패치테스트 등을 통해 안전한지 검토 후 사용하여야 한다.

② 레티닐팔미테이트(Retinyl Palmitate)

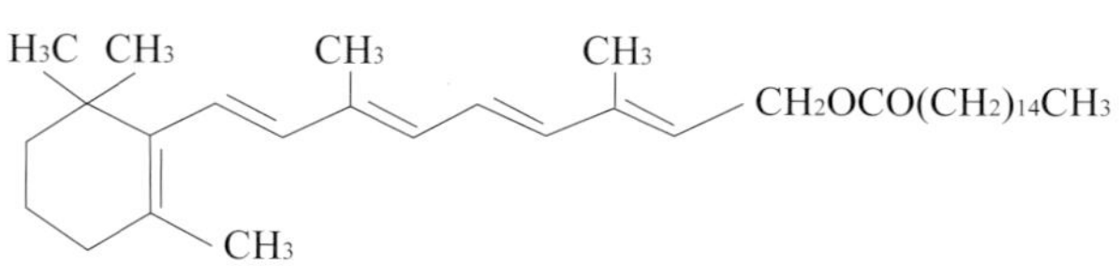

레티놀은 효능, 효과는 좋으나 불안정하여 빛, 열, 공기에 의해 변질되기 쉽고, 보관이 어려워 레티놀의 유도체인 레티닐팔미테이트가 사용되기도 하는데, 레티놀보다 안정성과 안전성은 우수하지만 흡수성은 떨어진다. 레티닐팔미테이트는 에스터화 물질로 피부에 흡수된 후 에스테라아제(esterase)에 의해 분해되어 레티놀을 거쳐 레티노산으로 대사되어 효과를 발휘하게 된다.

③ 아데노신(Adenosine)

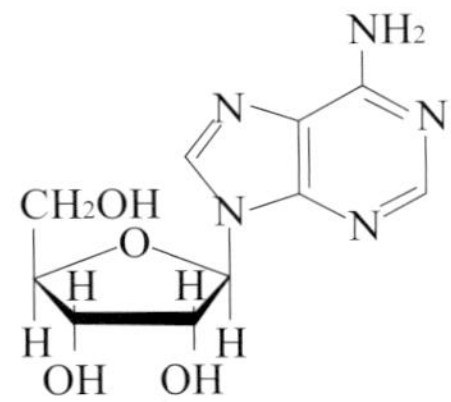

아데노신은 DNA를 구성하고 있는 요소 중 하나로 자연적으로 세포에 존재하는 성분이기 때문에 피부에 잘 침투하는 특징을 가지고 있다. 피부 섬유아세포의 DNA 합성을 촉진하고 단백질 합성을 증가시키며, 세포의 크기를 증가시킴으로써 진피 세포의 파괴와 노화로 인한 주름 형성을 개선시켜 준다. 기존의 레티놀이 안정성 문제로 주로 밤에만 사용하도록 권장하는 번거로움을 개선하여, 밤과 낮 모두 사용이 가능하며, 피부에 대한 자극이 적고 안정성이 우수하다.

④ 폴리에톡실레이티드레틴아마이드(Polyethoxylated Retinamide)

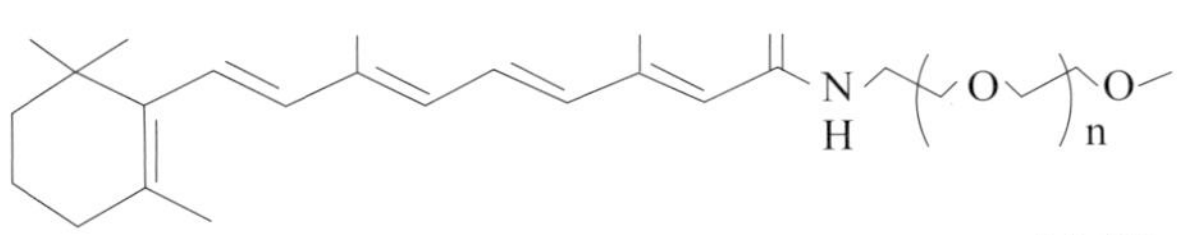

n=10.7(average)

"메디민 A"라고 불리는 비타민 A 유도체로 레티노이드에 PEG(poly ethylene glycol)를 첨가한 형태이다. 기존의 레티놀이 공기나 물에 안정성이 떨어지고 캡슐화할 경우에는 흡수율이 떨어지는 단점을 가지고 있으므로 이러한 레티놀의 단점을 보완하여 개발되었는데, 메디민 A는 겔 타입으로 흡수성과 안정성을 높였다.

궁금해요

Q. 아이크림을 보니 주름개선 기능성 화장품 인증이라고 되어 있던데 그럼 아이크림은 주름개선 기능성 화장품인건가요? 그렇다면 아이크림 대신 주름개선 기능성 화장품을 사용해도 되나요?

정답부터 이야기하자면 "네 됩니다."

화장품을 생각할 때 뭔가 기능이 복잡하다면 한 박자 쉬고 생각해 보세요.

'내가 이 화장품을 무슨 목적으로 바르는 것이지?'

그럼 정리가 다 된답니다. 아이크림을 바르는 눈가의 피부는 다른 피부에 비해 유분과 수분이 부족하고 표정근육도 자리 잡고 있어서 주름이 훨씬 빨리 생기죠. 그렇기 때문에 우리는 아이크림을 그 부위에 예방 및 개선을 위해 발라줍니다. 즉 아이크림은 눈가의 주름과 탄력을 위해서 발라주는 것이고, 주름 개선 화장품 역시 피부의 주름과 탄력을 위해서 발라주는 것이기에 같은 목적으로 만든 화장품이라는 것을 알 수 있죠. 다만 아이크림은 눈가에만 바르라고 되어 있기 때문에 다른 피부에는 바르지 않죠? 엄청 비싸니까요.

그런데 주름개선 화장품은 눈가를 제외한 부위를 바르라고 별도로 표시된 것이 아니라면(눈가에 사용하면 안되는 원료를 사용한 제품일 경우) 아이크림 대용으로 주름개선 화장품을 사용하셔도 무방합니다. 단!! 이때 주의할 것은 눈가는 무조건 많이 바른다고 좋은 것이 아니라 약지를 이용해 피부가 알듯 말듯 아주 조심히 가볍게 발라줘야 눈가 주름을 촉진하지 않는다는 것이죠.

3. 미백화장품

1. 피부의 색

사람의 피부색은 멜라닌, 헤모글로빈, 카로틴의 양, 피부 두께, 반사각도, 피부 수화도, 혈류량, 혈중 산소량 등에 의해 결정된다. 그리고 인종, 성별, 연령에 따라 다르고 같은 사람에 있어서도 신체 부위에 따라 다르며 건강상태나 스트레스 혹은 계절에 따라 달라지는데 이 중 가장 중요한 역할을 하는 것이 멜라닌이다.

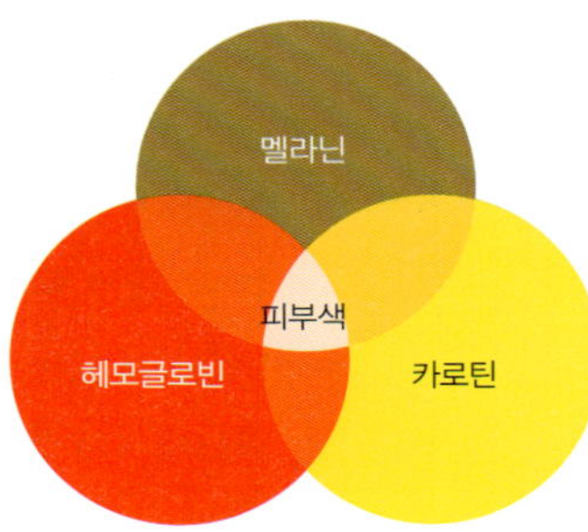

그림 19-1 피부색을 결정하는 요인

인종간 멜라닌형성세포의 수는 거의 일정하나 멜라닌의 양 분포도가 다르기 때문에 인종간 피부색이 다르다. 멜라닌은 피부표피의 가장 아래층인 기저층에 존재하는 멜라닌형성세포(melanocyte)에서 만들어지는데, 피부에서 발생하는 활성산소나 프리라디칼을 제거하고, 자외선의 투과를 막아 피부의 내부를 보호하는 역할을 한다.

멜라닌을 만드는 출발물질은 티로신이라는 아미노산의 일종으로, 티로신은 멜라닌세포 내에서 티로시나아제(tyrosinase)라는 효소에 의해 산화되어 도파(dihydroxy phenylalanine, DOPA)로 변하고, 도파는 더욱 산화하여 도파퀴논(DOPA quinone)으로 바뀐다. 도파퀴논은 이후 자동 산화반응을 거쳐 최종적으로 흑갈색의 유멜라닌(eumelanin)을 만들어 낸다.

도파퀴논이 시스테인(cysteine)을 만나게 되면 시스테이닐도파(cysteinyl DOPA)가 만들어지고 그 결과 적갈색의 페오멜라닌(pheomelanin)이 만들어진다.

이후 생성된 멜라닌은 멜라노좀(melanosome)에 실려 각질형성세포로 전달된다.

멜라닌 합성은 멜라닌 세포 내의 멜라노좀이라고 부르는 작은 기관에서 이루어지며, 이 멜라노좀은 돌기를 따라 수지의 끝 부분으로 이동하고 최종적으로 각질형성세포로 멜라닌을 넘겨준다. 각질형성세포는 턴-오버에 따라 표면으로 이동하게 되며 최종적으로 분리되어 탈락된다.

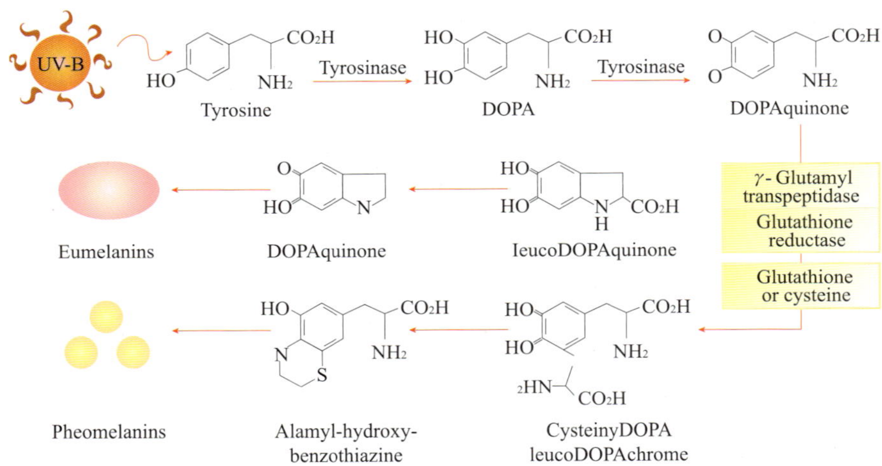

그림 19-2 멜라닌의 생화학적 합성과정

2. 미백화장품의 기본원리

미백화장품은 자외선에 의한 기미나 주근깨 등을 완화시키고 멜라닌 색소의 생성을 억제하기 위한 목적으로 개발된 제품이다.

미백화장품의 미백 효과는 피부색에 미치는 영향이 큰 멜라닌 색소를 얼마나 그리고 어떻게 조절하느냐에 따라서 달라진다.

즉, 미백화장품들은 멜라닌형성세포(melanocyte)에서 이루어지는 멜라닌 생성 메커니즘 과정에서 어느 일부분을 저해하거나 억제해서 멜라닌이 만들어지는 양을 줄인다. 또는 이미 생성된 멜라닌을 환원시키거나 각질박리작용에 의해 외부로 배출시키는 방법을 사용하고 있다.

(1) 자외선 차단

자외선 차단은 피부 노화를 예방해 줄 뿐만 아니라 미백 개선을 위해서도 중요한 역할을 한다. 즉 UV-A, UV-B를 흡수하거나 산란시킴으로써 멜라닌 생성을 억제하여 깨끗한 피부를 유지 관리할 수 있도록 도와주는 것이다. 물론 자외선 차단 기능만 강조된 것은 자외선 차단 화장품에 속하며, 미백 기능성 화장품에서는 보조 성분으로 배합되고 있다.

(2) 멜라닌 생성 자극 신호 전달 조절

멜라닌 세포를 포함한 모든 세포는 외부와의 신호교환에 있어서 세포막에 있는 수용체(receptor)를 이용하는데, 멜라닌의 생성과정은 정상 세포와는 달리 외부로부터의 균형된 신호가 전달됨으로써 발생하는 것으로 보고 있다. 즉, 멜라닌 세포가 멜라닌을 만드는 것도 외부로부터 멜라닌 세포로의 신호 전달에 의해서 일어난다고 볼 수 있는데, 멜라닌 세포에 멜라닌 합성을 명령하는 여러 신호전달물질들을 조절하여 멜라닌 생성을 억제한다.

(3) 티로시나아제의 활성 억제 및 저해

티로신의 산화를 촉진하는 촉매인 티로시나아제의 활성 부위에 구리 이온이 함유되어 있는데, 이것을 제거하면 티로신이 효소의 활성부위에 작용할 수가 없어 멜라닌 생성에 방해를 받는다. 현재 코지산, 알부틴, 감초 추출물, 닥나무 추출물 등의 많은 미백 원료들이 티로시나아제 활성을 억제하거나 저해하여 멜라닌 생성을 억제하는 용도로 사용되고 있는 대표적 성분이다.

(4) 멜라닌 환원

티로신의 산화반응을 억제함으로써 멜라닌 색소의 생성을 억제하거나 흑갈색의 유멜라닌(eumelanin)이 적갈색의 페오멜라닌(pheomelanin)으로 만들어 지도록 유도한다. 대표적인 것으로 비타민 C와 그 유도체, 글루타치온(glutathione) 등이 있다. 비타민 C와 그 유도체들은 도파퀴논을 도파로 환원시켜 멜라닌 합성을 저해하는 성분들이다.

또, 도파퀴논이 시스테인(cysteine)을 만나게 되면 시스테이닐도파(cysteinyl DOPA)가 만들어짐으로써 적갈색의 페오멜라닌이 만들어지게 되는데 흑갈색의 유멜라닌보다 밝은 색의 페오멜라닌으로 환원시킬 수 있다.

(5) 박리촉진

각질이 정상적인 각화주기를 통해 턴오버 하지 않게 되면 멜라닌 색소 역시 함께 침착이 된다. 그러므로 각질을 박리하고 턴오버를 촉진시켜 피부의 각질층에 함유된 멜라닌 색소를 함께 제거한다.

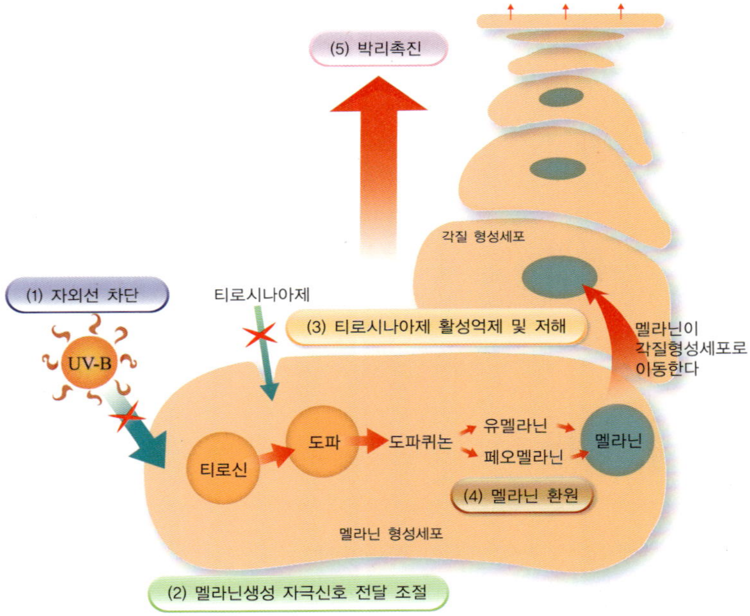

그림 19-3 미백화장품의 작용기전

표 19-4 작용원리에 따른 대표성분

작용원리	대표 성분
자외선 차단	에칠헥실메톡시신나메이트, 옥시벤존, 티타늄디옥사이드, 징크옥사이드 등
멜라닌 생성 자극 신호 전달 조절	이메린(immelin), 카모마일 추출물 등
티로시나아제의 활성 억제 및 저해	알부틴, 감초추출물, 닥나무추출물, 상백피 추출물 등
멜라닌 환원	비타민 C 및 유도체, 글루타치온 등
박리 촉진	AHA(α-hydroxy acid), 살리실산, 각질분해효소 등

3. 미백 화장품의 주요 성분

(1) 고시원료

현재 식약처에 고시된 미백 기능성 화장품에 대한 주성분은 닥나무 추출물, 알부틴, 에틸아스코빌에텔, 유용성 감초 추출물, 아스코빌글루코사이드, 마그네슘아스코빌포스페이트 등 9종이 있다. 이들은 고시된 농도를 사용할 경우 안전성 유효성 심사 자료의 제출이 면제된다.

표 19-5 미백 기능성 고시원료 및 함량

번호	성분명	함량	기능
1	닥나무 추출물	2%	티로시나제 활성 억제
2	알부틴	2–5%	
3	유용성 감초추출물	0.05%	
4	알파 비사보롤	0.5%	
5	에칠아스코빌에텔	1–2%	티로신의 산화
6	아스코빌글루코사이드	2%	
7	마그네슘아스코빌포스페이트	3%	
8	아스코빌테트라이소팔미테이트	2%	
9	나이아신아마이드	2–5%	멜라닌의 이동 억제

① 닥나무 추출물(Mulberry extracts)

닥나무는 뽕나무과 식물로서 전통적으로 한지의 원료로 사용된다. 한지를 제조하던 장인의 손이 유난히 흰 것을 보고 개발된 원료로 닥나무 추출물은 티로시나아제 활성을 저해하는 효과가 탁월하다.

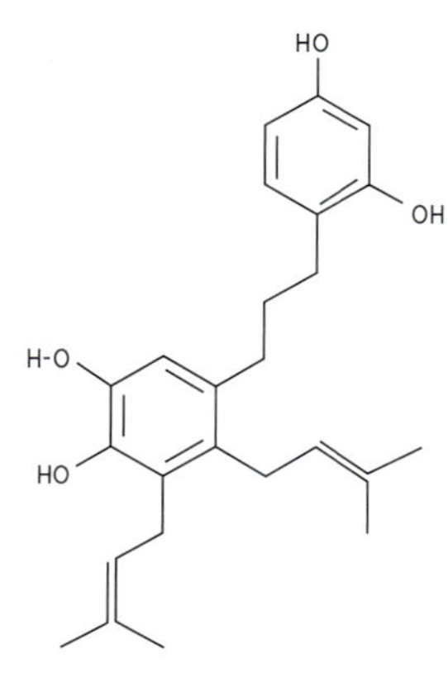

그림 19-4 닥나무의 추출물 화학구조

② 알부틴(Arbutin)

자연계에서는 월귤나무와 배나무 잎에서 추출되나 화장품에 사용되는 것은 대부분 화학적으로 합성한 것이다.

미백 치료에 사용되는 의약품 성분 중 하나인 하이드로퀴논(우리나라에서는 화장품 배합금지 성분으로 지정되어 있으나 미국의 경우 화장품 성분으로 사용가능한 성분으로 지정되어 있다)에 한 분자의 글루코오스(glucose)가 결합된 것으로 하이드로퀴논 배당체(hydroquinone glucose)라고도 하며, 티로시나아제 활성을 저해한다. 장점으로는 비교적 피부에 안전하며 안정도가 우수하다는 것이며, 단점은 효과가 상대적으로 미비하고 피부 투과도가 낮다는 것이다.

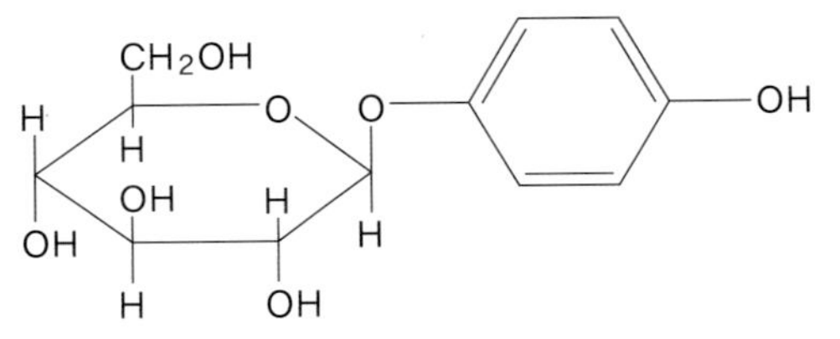

그림 19-5 알부틴의 화학구조

③ 비타민 C(Ascorbic acid)와 유도체

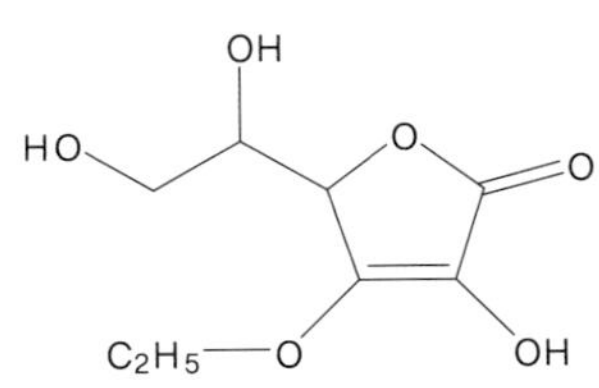

Ethyl Ascorbyl Ether

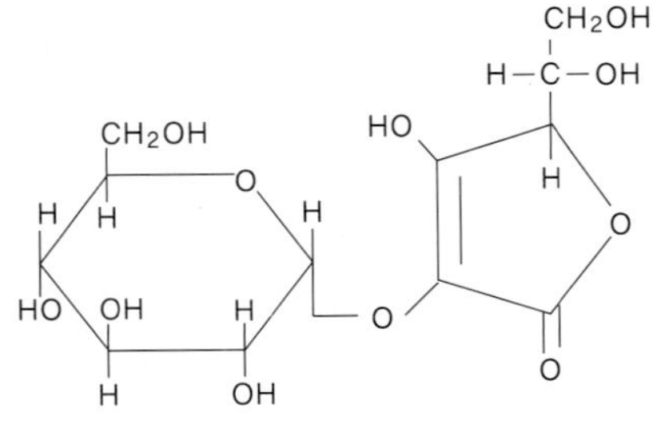

Ascobyl Glucoside

비타민 C는 ascorbic acid($C_6H_8O_6$)라고도 하며, 감귤, 레몬, 양배추, 꽃양배추, 메론, 감자 등의 식물에 존재하며, 어패류에서는 결합형 아스코르비겐(Ascorbigen)으로 존재한다. 생체 조직 중에서는 환원형의 L−아스코르브산(L−Ascorbic acid)으로 존재하고 산화형과 환원형은 생체 내에서 가역적으로 상호 변환한다.

비타민 C는 강한 환원제로 수산화 반응에 보조인자로 작용하므로, 콜라겐 합성시 프롤린(proline)이 하이드록신프롤린(hydroxyproline)으로 전환되는 것을 도움으로써 콜라겐의 합성을 촉진시킨다.

또한 비타민 C는 항산화제 및 미백제로 사용되는데 수용성인 비타민 C는 안전성은 좋지만, 안정성은 좋지 않기 때문에 수용액에서 쉽게 산화되어 색상이 갈색으로 변할 뿐 아니라 피부 투과의 어려움이 있어 화장품 원료로 사용 시에는 화장품의 안정화 및 투과율을 목적으로 각종 유도체를 합성하여 사용하고 있다.

비타민 C와 그 유도체(ascorbyl magnesium phosphate, ascorvyl palmitate, ascorbyl starate)는 멜라닌을 생성하는 티로시나아제 반응에서 2가지 작용을 한다. 하나는 멜라닌 중간체인 도파퀴논(DOPA quinone)을 환원하여 멜라닌 생성을 억제하는 것이고, 또 다른 하나는 진한색의 산화형 멜라닌을 환원하여 옅은 색의 환원형 멜라닌으로 만드는 것이다.

④ 나이아신아마이드(Niacinamide)

나이아신아마이드($C_6H_6N_2O$)는 니코틴아마이드라고도 알려진 수용성 비타민 B_3이다. 멜라닌은 멜라노사이트에서 합성된 후 멜라닌을 적재한 멜라노좀이 멜라노사이트로부터 수상돌기를 통해 케라티노사이트로 전이되면서 결국 피부 표면까지 멜라닌이 이동하게 되는데, 나이아신아마이드는 멜라노사이트에서 케라티노사이트로 멜라닌의 이동을 감소시키는 역할을 한다.

⑤ 알파−비사보롤

(−)−6−Methyl−2−(4−methyl−3−cyclohexen−1−yl)−5−hepten−2−ol

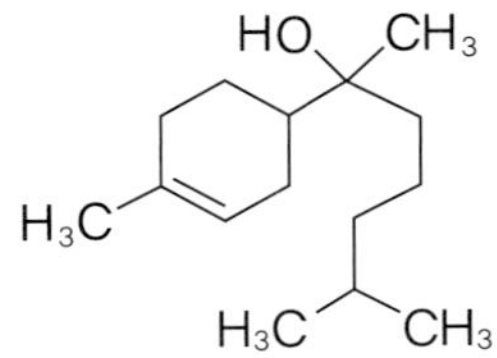

알파-비사보롤($C_{15}H_{26}O$)은 칸데이아 나무(Vanillosmopsis erythropoppa S.)의 가지와 잎을 분별 증류하여 얻은 에센셜 오일로 세포 내 멜라닌의 합성을 저해하는 작용을 한다.

4. 미백 화장품 올바르게 사용하기

① 비타민 C가 함유된 미백제품과 함께 사용하면 안되는 제품

비타민 C가 함유된 미백제품은 피부를 민감하게 만들 수도 있기에 각질제거성분이 함유된 제품 또는 자극성이 있는 비타민 A와 같은 레티놀 제품은 함께 사용하지 않는 것이 좋다.

하지만 비타민 E가 함유된 제품을 함께 사용하면 비타민 E가 비타민 C의 흡수를 도와주기 때문에 상승효과가 있다.

② 미백제품을 사용하면 피부가 건조해지는 것은?

일부 미백제품에는 각질제거 성분이 포함될 수 있다. 그렇기에 미백제품을 사용할 때는 수분제품을 함께 사용하는 것이 좋다. 그러면 수분공급도 잘 이뤄지고 피부 건조감도 해소되는 일석이조의 효과를 볼 수 있다.

③ 미백제품은 왜 갈색병이 많은가?

미백성분 중 비타민 C는 빛에 의해 쉽게 파괴될 수 있다. 그래서 이를 방지하기 위해 자외선 차단이 되는 갈색병 또는 불투명 용기에 담아서 제품을 출시한다. 꼭 비타민 C가 함유된 미백제품이 아니더라도 화장품 구입시 밀폐 상태를 확인하고, 보관은 직사광선이 없고 서늘한 곳에 두는 것이 가장 좋다.

4. 자외선 차단 화장품

1. 자외선

태양에서 나오는 빛은 γ선, χ선, 자외선, 가시광선, 적외선, 라디오파 등의 여러 가지의 파장을 가진 다른 광선들이 섞여 있다. 이중 자외선을 UV(ultra violet ray)라고 하며, 파장에 따라 UV-A(320~400nm), UV-B(290~320nm), UV-C(200~290nm)로 나누고 그 중 파장이 가장 짧은 UV-C는 γ선, X선과 함께 오존층에 막혀 지표에 거의 도달하지 못하는 것으로 알려져 있다.

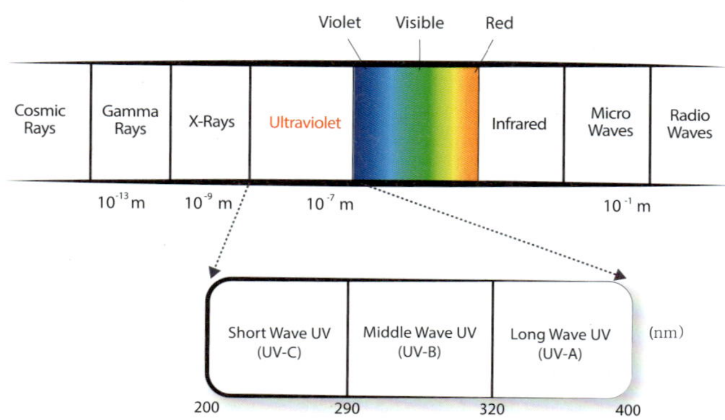

그림 19-6 파장에 따른 UV의 분류

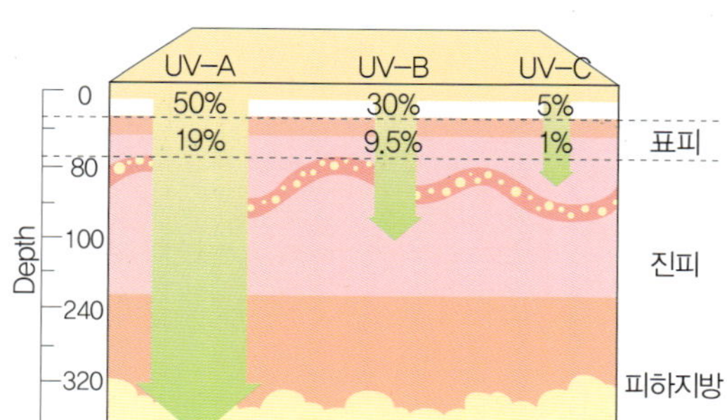

그림 19-7 피부에 대한 광투과성

UV-A는 파장이 가장 길어 지표 도달량은 많지만 자외선 세기는 상대적으로 약하며 실내의 유리창을 통과할 수 있기 때문에 생활자외선이라고 불린다. UV-A는 진피층까지 침투하여 콜라겐을 손상시켜 주름을 발생시키므로 최근 광노화의 원인으로 주목받고 있으며 선탠(sun tan)을 일으키기도 한다.

표 19-6 자외선의 분류

구분(파장)	UV-A (320nm ~ 400nm)	UV-B (290nm ~ 320nm)	UV-C (200 ~ 290nm)
홍반 발생력	약	강	강
홍반 발현 시기	4~6시간	2~6시간	0.5~1.5시간
즉시 색소 침착	강	약	없음
색소 생성	중간	강	약
선번	미약	강	강
피부에 미치는 영향	• 직접적 선탠(sun tan) • 광노화 • 진피하부까지 침투	• 간접적 선탠 • 일광화상(sun burn) • 표피 기저층 또는 진피 상층부까지 침투	• 지상에 도달하기 전에 오존층에서 흡수되므로 피부에 큰 영향이 없었으나 최근 오존층 파괴로 지상에 도달하여 피부암을 유발함.

UV-B는 UV-A에 비해 지표 도달량은 적지만 상대적으로 자외선 세기가 UV-A보다 강하며, 피부에 조사되면 각질층에 의해 일부 반사되거나 산란된다. 피부가 빨갛게 되고 심할 경우에는 염증이 생기다가 피부가 딱딱해지는 결과를 낳기도 한다. UV-B는 비타민 D의 합성을 촉진하고 일광화상(sun burn)을 일으키며, UV-C는 피부암의 원인이 되는 것으로 알려져 있다.

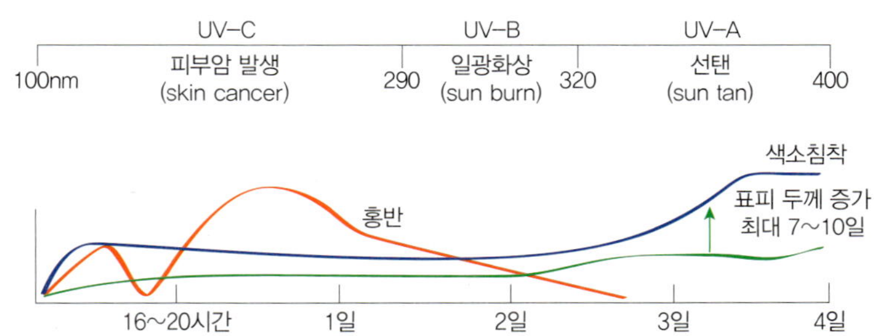

그림 19-8 자외선에 대한 피부반응

2. 자외선 차단방법

자외선 차단 방법으로는 물리적 방법과 화학적 방법 2가지가 있으며, 각 방법의 장점을 살려 최근에는 두가지를 동시에 사용하여 자외선이 피부에 도달하기 전에 차단제에 의해 흡수될 가능성을 높이는 방법을 취하고 있다.

(1) 물리적 방법(자외선 산란제)

물리적 방법은 무기계 차단제라고도 하며, 자극 요인이 적어 비교적 안전하게 사용할 수 있다. 이산화티탄이나 산화아연과 같은 무기 물질을 이용하여 물리적인 산란작용에 의해 자외선이 피부 속으로 침투되는 것을 막는 방법이다.

자외선 산란제로 사용되는 무기물질들은 피부에 바른 후 시간의 경과에 따른 자외선 차단 효과의 저하가 없고 접촉성 피부염과 같은 부작용이 발생하지 않아 안전성이 높다. 그러나 불투명하기 때문에 크림이나 로션에 많이 배합되면 피부에 발랐을 때 하얗게 되는 백탁현상이 있어 미용적인 면이나 사용감 면에서 만족스럽지 못하기 때문에 많은 양의 배합이 불가능하다.

대표적 무기계 차단제로는 이산화티탄(Titanium dioxide, TiO_2)과 산화아연(Zinc Oxide, ZnO)이 있다.

(2) 화학적 방법(자외선 흡수제)

화학적 방법은 유기계 자외선 차단제라고도 하며 유기계 차단제는 구조적인 특성에 의해 흡수된 수소는 전자공면 비편재화 함으로써 강한 에너지의 자외선을 낮은 에너지로 변환한다. 에칠헥실메톡시신나메이트(ethylhexyl methoxycinnamate)와 같은 유기물질을 이용하여 화학적인 방법으로 자외선을 흡수시켜 소멸시키는 자외선 차단 방법으로 차단 효율이 높다. 자외선 흡수제로 사용되는 유기물질들은 대부분 카르보닐기(carbonyl group)을 갖는 방향족 화합물로서 아미노기(amino group), 메톡시기(methoxy group) 등의 전자 공여기(electron donor)가 벤젠 고리의 오르토(ortho) 또는 파라(para) 위치에 있어 자외선 흡수에 유리한 공명구조를 가지고 있다. 자외선 흡수제들은 자외선을 흡수하여 인체에 해롭지 않은 낮은 에너지의 적외선으로 변환하여 천천히 방출한다.

자외선 흡수제들은 피부에 바른 후 투명하고 백탁현상이 없기 때문에 미용적인 측면이나 사용감 면에서 만족스러우나 많이 배합하게 되면 접촉성 피부염을 일으킬 수 있으므로 주의하여야 한다.

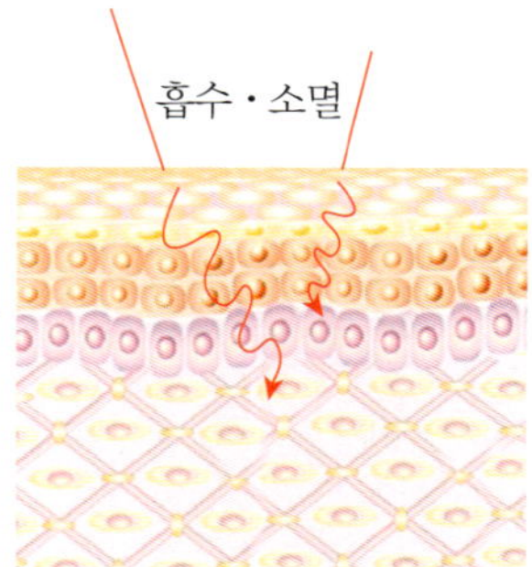

그림 19-9 자외선의 화학적 차단제의 원리

check point

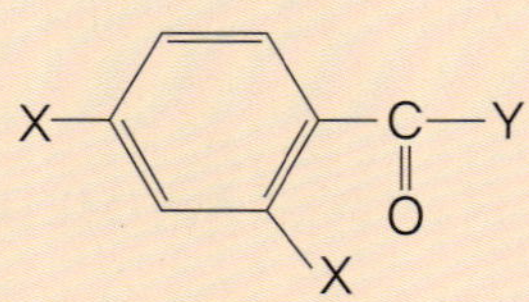

대부분이 카르보닐기(carbonyl group)을 가지는 방향족 화합물로서 아미노기(amino group), 메톡시기(methoxy group) 등의 전자공여기(electrondonor)가 벤젠고리의 ortho 또는 para위치에 있다.

그림 19-10 자외선 흡수제의 기본적인 화학구조

대표적인 자외선 흡수제

check point

1. Salicylates : 300nm UV 흡수, 안정성 우수
2. Cinnamates : 물에 녹기 어려워서 자주 덧발라야 함, octylmethoxy cinnamate(OMC)
3. Dibenzoyl methane : butyl methoxydibenzoyl methane (BMDM)
4. Benzophenones : UV-A 흡수 PABA보다 피부 알레르기반응 적음
5. Anthralates : UV-A 흡수, 광범위한 약효
6. Camphor : UV-B 흡수, 유럽에서만 허용
7. Dibenzoyl methanes : UV-A 흡수, Tert-butylmethoxy-dibenzoyl methane (US), isopropyldebenzoylmethane (EU)

표 19-7 자외선 차단제의 특성 및 소재

	차단 원리	차단 범위	배합 특성	소재
물리적 차단 방법	산란	비교적 넓은 범위	• 안전성이 높다 • 다량 배합시 피부색이 부자연스럽다. • 퍼짐성이 좋지 않다.	이산화티탄 산화아연 산화지르코늄 산화세륨
화학적 차단 방법	흡수	비교적 좁은 범위	• 투명하고 사용감이 좋다. • 다량 배합시 접촉성 피부염을 일으킬 수 있다.	에칠핵실메톡시신나메이트(UVB) 부틸메톡시디벤조일메탄(UVA)

3. 자외선 차단지수

(1) 자외선 차단지수(SPF : Sun Protection Factor)

자외선 차단지수(SPF)는 제품이 UV-B를 차단하는 정도를 나타내는 지수이다.

제품을 바른 피부와 제품을 바르지 않은 피부의 최소 홍반량(MED)의 비를 말한다.

최소홍반량(Minimum Erythemal Dose, MED)은 UV-B를 사람의 피부에 조사한 후 16~24시간에서 조사 영역의 거의 대부분에 홍반을 나타낼 수 있는 최소한의 자외선량을 말한다. 자외선 차단지수는 2부터 50까지 있으며, 50 이상의 제품은 50+로 표시된다.

$$SPF = \frac{\text{제품을 바른 피부의 최소홍반량(MED)}}{\text{제품을 바르지 않은 피부의 최소홍반량(MED)}}$$

(2) UV-A 차단 등급(PA : Protection factor of UV-A)

UV-A 차단 등급(PA)은 제품이 UV-A를 차단하는 정도를 나타내는 지수이다. UV-A 차단등급은 UV-A 차단지수에 의해 정해지며, 자외선 차단지수는 제품을 바른 피부와 바르지 않은 피부의 최소 지속형 즉시 흑화량(MPPD)의 비를 말한다.

최소지속형즉시흑화량(Minimal Persistent Pigment darkening Dose : MPPD)은 UV-A를 사람의 피부에 조사한 후 2~4시간에 조사영역의 전 영역에 희미한 흑화가 인식되는 최소 자외선 조사량을 말한다.

$$\text{PFA} = \frac{\text{제품을 바른 피부의 최소지속형즉시혹화량 (MPPD)}}{\text{제품을 바르지 않은 피부의 최소지속형즉시혹화량(MPPD)}}$$

표 19-8 자외선 A차단 등급 분류

UV-A 차단지수 (PFA)	UV-A 차단등급 (PA)	UV-A 차단효과
2 이상 4 미만	PA+	있음
4 이상 8 미만	PA++	많이 있음
8 이상	PA+++	매우 많이 있음

(3) 내수성 자외선 차단지수

내수성 자외선 차단지수란 여름철 해수욕장이나 야외 수영장에서 물놀이를 할 때 피부에 바른 자외선 차단제품이 물에 씻겨나가 제 기능을 발휘할 수 없게 되므로 물에 쉽게 씻겨나가지 않는 자외선 차단제품을 개발하여 이 제품을 바르고 물놀이를 할 때의 자외선 차단지수를 측정하여 나타낸 것이다.

내수성 자외선 차단지수는 제품을 바르고 물속에 드나드는 내수성 시험법에 따라 시험을 하여 측정된 자외선 차단지수가 일반 자외선 차단지수의 50% 이상을 나타내는 경우 제품에 "내수성" 또는 "지속 내수성"이라고 표기한다.

"내수성"은 물놀이를 약 1시간 하는 경우로, "지속 내수성"은 물놀이를 약 2시간 하는 경우로 설정하여 실험한 것이다.

check point

자외선 차단지수 표기 사례

- 사례1 : 자외선으로부터 피부를 보호하는데 도움을 준다. (SPF 30)
- 사례2 : 자외선으로부터 피부를 보호하는데 도움을 준다. (SPF 30, PA++)
- 사례3 : 자외선으로부터 피부를 보호하는데 도움을 준다. (SPF 30, PA++, 내수성)

4. 자외선 차단을 위한 성분들

피부를 곱게 태워주거나 자외선으로부터 피부를 보호하는 데 도움을 주는 제품의 성분 · 함량을 나타내면 아래와 같다.

표 19-9 선탠 또는 자외선 차단 제품의 고시성분 및 함량

번호	성분명	최대 함량
1	드로메트리졸	1%
2	디갈로일트리올리에이트	5%
3	4-메칠벤질리덴캠퍼	4%
4	멘틸안트라닐레이트	5%
5	벤조페논-3	5%
6	벤조페논-4	5%
7	벤조페논-8	3%
8	부틸메톡시디벤조일메탄	5%
9	시녹세이트	5%
10	에칠헥실트리아존	5%
11	옥토크릴렌	10%
12	에칠헥실디메칠파바	8%
13	에칠헥실메톡시신나메이트	7.5%
14	에칠헥실살리실레이트	5%
15	페닐벤즈이미다졸설포닉애씨드	4%
16	호모살레이트	10%
17	징크옥사이드	25%(자외선차단성분으로서)
18	티타늄디옥사이드	25%(자외선차단성분으로서)
19	이소아밀p-메톡시신나메이트	10%
20	비스-에칠헥실옥시페놀메톡시페닐트리아진	10%
21	디소듐페닐디벤즈이미다졸테트라설포네이트	산으로 10%
22	드로메트리졸트리실록산	15%
23	디에칠헥실부타미도트리아존	10%
24	폴리실리콘-15(디메치코디에칠벤잘말로네이트)	10%
25	메칠렌비스-벤조트리아졸릴테트라메칠부틸페놀	10%
26	테레프탈릴리덴디캠퍼설포닉애씨드 및 그 염류	산으로 10%
27	디에칠아미노하이드록시벤조일헥실벤조에이트	10%

5. 자외선 차단 화장품 올바르게 사용하기

여름에는 자외선 차단 화장품을 꼭 바르라고는 하는데 과연 올바르게 바르고 있는 것인지 궁금증이 생기는 경우가 있을 것이다. 몇 가지 질문을 통해 자외선 차단 화장품을 올바르게 사용하는 방법에 대해 알아보자.

① 자외선 차단지수(SPF)가 높을수록 차단효과가 더 있는 것인가?

꼭 그렇지만은 않다. SPF는 앞에서와 같이 차단제를 도포하지 않은 상태의 최소 홍반량과 도포한 후 최소 홍반량의 비율이다. 따라서 SPF지수가 높다는 것은 그 비례하여 차단시간이 길어지는 것을 의미한다. 하지만 그림 20-11에서 알 수 있듯이 SPF지수에 정비례하여 차단율이 높아지지는 않는다.

SPF 15와 30의 차단율이 불과 3% 정도 밖에 차이 나지 않기 때문에 SPF 지수가 높을수록 차단율이 더 좋을 것이라는 생각은 옳지 않다. 일반적으로 SPF 지수에 15~30을 곱하여 나온 결과를 차단시간으로 계산해 사용하는 경우가 많은데, 자외선 차단은 여러 가지 요인에 영향을 받을 수 있기에 단순하게 계산이 되기는 어렵다. SPF 지수는 차단시간보다는 최소 홍반을 일으키는 자외선량과 관계가 있다.

예를 들어 자외선에 1시간 노출되었을 때 최소홍반을 일으키는 자외선량이 100%라 하고 4시간 동안 자외선에 노출되었다면 노출된 자외선량은 400%이지만 이때 SPF 30을 사용했다면 13.3%의 자외선만 노출된 것을 의미한다. 물론 이러한 결과는 자외선 차단제가 얼굴에서 지워지지 않았을 경우이고, 우리는 얼굴을 습관적으로 만지기도 하고 땀과 피지에 의해서도 지워질 수 밖에 없다. 결국 자외선 차단지수와 상관없이 피부상태에 따라 2~3시간마다 덧발라 주는 방법이 가장 올바른 자외선 차단제 사용법이라 할 수 있다.

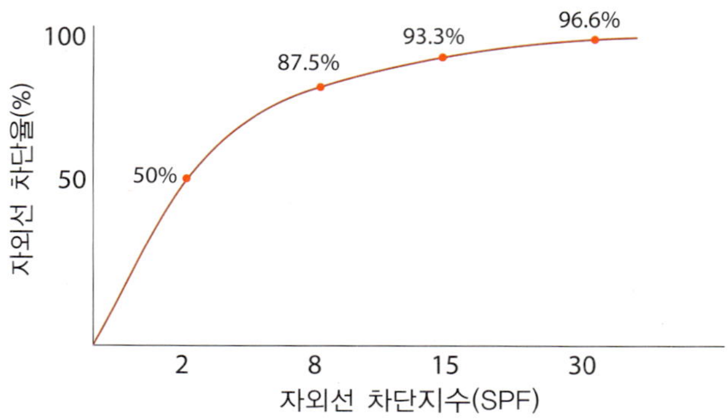

그림 19-11 자외선 차단율

SPF 지수를 보고 차단시간을 알아보려면 간단하게 지수에 15~30을 곱하면 차단시간이 나오는데, 15~30의 범위로 나타내는 이유는 자외선 차단은 여러 요인에 따라 영향을 받을 수 있기 때문이다.

여름과 겨울, 한낮과 아침의 자외선량이 다르듯이 최소단위로 15를 곱해보면, SPF 15를 바르면 3시간 45분 동안 93.3%의 차단효과를 볼 수 있다는 결과가 나온다.

$$15 \times 15 = 225\text{분} \longrightarrow 3\text{시간 } 45\text{분}$$

SPF 30을 바르면 7시간 30분 동안 96.6%의 차단효과를 볼 수 있다는 결론이다.

$$30 \times 15 = 450\text{분} \longrightarrow 7\text{시간 } 30\text{분}$$

여기서 중요한 것은 정량을 제대로 발랐다는 가정하의 계산이다.

그러므로 정량을 제대로 바르고 'SPF 15를 3시간 45분마다 덧발라 93.3%의 효과를 얻느냐', 'SPF 30을 한 번 바르고 96.6%의 효과를 얻느냐'에 따라 달라질 것이다.

물론 이러한 결과는 자외선 차단제가 얼굴에서 지워지지 않았을 경우이지만 우리는 얼굴을 습관적으로 만지기도 하고 땀과 피지도 분비하기 때문에 지워질 수밖에 없다.

결국 자외선 차단지수와 상관없이 피부상태에 따라 2~3시간마다 덧발라주는 방법을 취할 수 밖에 없다는 결론이다.

② 자외선 차단효과가 높은 제품을 사용하는 것이 좋지 않을까?

간편성이나 위의 이론으로만 보면 그렇지만 자외선 차단 화장품이 어떻게 만들어지는지 살펴보면 답은 또 그리 간단하지 않다.

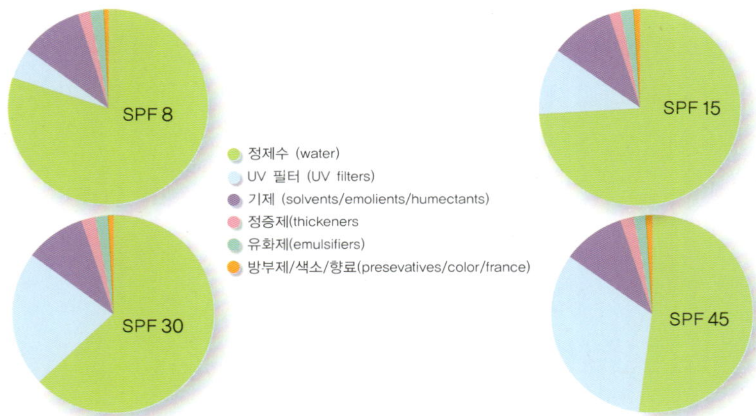

그림 19-12 SPF지수에 따른 자외선 차단제의 성분차이

그림 19-12에서 보듯이 SPF 지수에 따른 자외선 차단제의 성분차이는 물과 UV filter의 조합이 어떻게 되느냐에 따라서 달라지는데, SPF 지수가 높아질수록 물의 양은 줄어들고 UV filter의 양이 늘어나는 것을 확인할 수 있다.

그런데 UV filter에 피부의 자극성 및 광독성 문제로 논란의 여지가 있는 성분들을 많이 포함되어 있다. 하지만 자외선 차단제를 사용하는 것이 사용하지 않아서 발생하는 여러 문제점보다 적다고 생각하므로 자외선 차단제 사용이 필수적이라고 주장하는 학자들이 많다. 따라서 적절한 자외선 차단효과 부여하면서도 문제가 되는 자외선 차단 성분은 최소화한 SPF 지수를 선택해야 하는 것이다.

많은 학자들은 그러한 지수가 일상생활 용도로는 SPF 15, 야외활동이 많거나 여름일 경우에는 SPF 30이 가장 적합하다고 주장하고 있으며, 우리나라의 경우 SPF 지수가 높으면 무조건 좋은 줄 알고 한 때 SPF 80, 100D의 제품도 출시되어 판매되었는데, 미국 FDA는 SPF 50 이상의 제품에 대한 효과에 대해서는 인정하고 있지 않고 있다.

③ 자외선 차단 화장품은 얼마나 발라야 할까?

얼굴과 목 부위, 오른팔, 왼팔은 티스푼 1/2 이상, 오른다리, 왼다리, 상체 앞부분, 상체 뒷부분은 티스푼 이상 바르는 것이 가장 적합하다.

정확한 단위로 표현하자면 $2mg/cm^2$을 발라야 하며, 만약 SPF 30을 사용하는데 정량의 1/4밖에 바르지 않는다면 이는 SPF 2.3을 바른 것과 같은 효과를 주는것이다. 따라서 자외선 차단제는 무조건 지수가 높은 것을 사용하는 것보다는 정량을 사용하는 것이 무엇보다 중요하다.

④ 아기들은 꼭 베이비 썬 제품만, 바디용은 꼭 바디에만 사용해야 하나?

자외선 차단제 제품이 다양하게 나와 있어서 어떤 것을 사용해야 할지 혼돈할 수 있다. 먼저 베이비 제품은 대부분 저자극의 순한 것이 특징이기 때문에 다음과 같은 공통된 특징이 있다.

- 자외선 흡수제보다는 산란제 사용
- 유기농 추출물 사용
- 진정, 보습성분 사용
- 무파라벤, 무향료, 무색소

따라서 꼭 베이비 제품이 아니더라도 위의 기준에 부합한다면 아기에게 사용해도 무방하다.

바디용은 대부분 넓은 면적에 사용하기 때문에 사용감을 좋게 하기 위해 쿨링감을 주고, 이러한 쿨링감을 위해 멘톨성분이 들어간 경우가 많다. 멘톨성분은 얼굴에 사용했을 때 피부자극감을 줄 수 있는데, 꼭 멘톨이 들어가지 않았다고 하더라도 제품에 기재된 주의사항대로 바디용을 사용하는 것이 좋다.

check point

자외선 차단제의 선택요령

- 자외선 차단제는 모두 기능성 화장품이다.
- SPF는 UV B차단, PA는 UV A차단을 의미한다.
- 색조화장을 할 경우 기초 손질 마지막 단계란, 메이크업베이스 전 단계를 말한다.
- 효능성분은 대표적 자외선차단성분이 기재된 경우가 많다. 자외선 차단제인지 산란제인지 성분으로 알 수 있다.

5. 태닝 화장품

과거 아시아 여성들은 백옥같이 하얀 피부를 최고의 미인이 되는 조건으로 여겼으나 최근에는 구릿빛의 피부가 젊고 건강한 피부로 인식되어 자연 태닝(tanning)뿐 아니라 인공 태닝을 하는 소비자들이 점차 늘어나고 있다. 하지만 태닝으로 인한 피부 부작용도 고려하여야 하기 때문에 적절한 사후 관리가 이뤄져야 건강하고 아름다운 태닝이 될 수 있음을 명심해야 한다.

1. 태닝 화장품

자연스럽고 적당히 선탠한 갈색 피부는 건강한 분위기를 연출할 수 있는데, 선탠을 할 때는 피부에 스트레스를 주지 않으면서 얼룩지지 않고 예쁘게 태우는 것이 중요하다. 자외선 가운데 UV−A는 선탠(sun tan)을 유도하며, UV−B는 선번(sun burn)을 일으킨다. 따라서 태닝 화장품은 피부가 손상되지 않는 범위에서 자외선에 의해 피부의 멜라닌 색소 양을 늘려 주는 방법을 사용한다.

즉, 선탠용 화장품에서는 UV−B를 차단할 수 있는 자외선차단제를 적절히 함유하고 있어 UV−A에 의해서만 서서히 태닝 효과가 나타나도록 하거나 경우에 따라서는 UV−A와 UV−B를 적절히 차단함으로써 태닝 효과를 나타나도록 한다. 가장 대표적인 태닝 화장품으로는 태닝 오일이 있다.

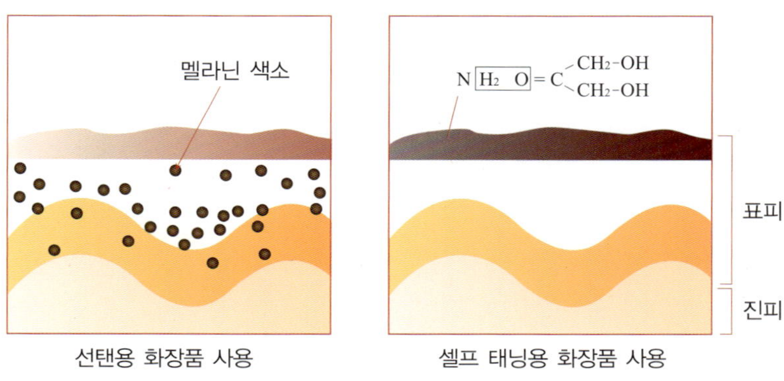

그림 19−13 선탠과 셀프 태닝의 차이

Check point

셀프 태닝 화장품

셀프 태닝 화장품은 자외선에 노출하지 않고 색소침착(tanning)의 효과를 볼 수 있는 화장품으로 자외선으로 인한 피부 손실없이 각질층의 윗부분만 갈색으로 변화시키는 화장품이다.

주성분은 디하이드록시아세톤(Dihydroxyacetone, DHA)으로 피부를 이루고 있는 단백질인 케라틴의 아미노산에 화학적 반응에 의해 갈색으로 변화시킨다. 따라서 멜라닌 형성세포에는 아무런 영향을 주지 않은 채로 각질층의 색상만 갈색으로 변화시킨다.

6. 아토피성 피부 개선 화장품

1. 아토피의 정의 및 원인

아토피 피부염은 주로 유아기 혹은 소아기에 시작되는 만성적이고 재발성의 염증성 피부질환으로 소양증(가려움증)과 피부건조증, 특징적인 습진을 동반한다. 유아기에는 얼굴과 팔다리의 펼쳐진 쪽 부분에 습진으로 시작되지만, 성장하면서 특징적으로 팔이 굽혀지는 부분과 무릎 뒤의 굽혀지는 부위에 습진의 형태로 나타나게 되며, 많은 경우에 성장하면서 자연히 호전되는 경향을 보인다.

어른의 경우 접히는 부위 피부가 두꺼워지는 태선화(lichenification)가 나타나고, 유소아기에 비해 얼굴에 습진이 생기는 경우가 많다. 아토피 피부염은 세계적으로 증가하는 추세이며 유병률이 인구의 20%라는 보고도 있다.

아토피 피부염의 발병원인은 아직 확실하게 알려져 있지 않은 상태이다. 임상 증상도 피부건조증, 습진 등으로 다양하게 나타나기 때문에 발병 원인이 어느 한 가지로만 설명될 수는 없지만, 환경적인 요인과 유전적인 소인, 면역학적 반응 및 피부보호막의 이상 등이 주요 원인으로 여겨지고 있다.

환경적인 요인으로는 산업화로 인한 매연 등 환경 공해, 식품첨가물 사용의 증가, 서구식 주거 형태로 인한 카펫, 침대, 소파의 사용 증가, 실내 온도

상승으로 인한 집먼지 진드기 등의 알레르기를 일으키는 원인 물질(알레르겐)의 증가 등이 있다.

아토피 피부염은 심한 소양증(가려움증)과 피부건조증이 특징인 질환인데, 피부건조는 가려움증을 유발하고 악화시킨다. 가려워서 긁게 되면 습진성 피부 병변(병리적 변화)이 생기고 이러한 병변이 진행되면서 다시 더 심한 가려움이 유발되는 악순환이 반복된다.

check point

아토피 피부염의 치료

- 국소 스테로이드 외용제 도포
- 국소 면역조절제 도포
- 전신 스테로이드제 복용
- 전신 면역억제제 복용
- 항히스타민제 복용
- 광선 치료 및 건강식품 복용

2. 아토피 피부 개선 화장품의 기본원리

(1) 피부 청결

샤워나 목욕을 통해 피부에 묻은 먼지, 집 먼지 진드기, 피부 유해균, 땀, 기타 이물질 등을 씻어냄으로서 아토피 피부의 알레르겐(원인 알레르기 물질)을 제거하는 것이 중요하다.

아토피 피부염의 알레르겐으로는 집먼지 진드기가 중요하고, 실내에서 애완동물을 키우는 일이 많아지면서 애완동물이 알레르겐의 원인이 될 수도 있다. 특히 땀을 유발하는 환경에서는 발한이 가려움을 유발하는 경우가 많은데 가려워서 긁게 되면 황색포도상구균의 번식이 심해 아토피 피부 상태를 더 악화시키게 된다.

따라서 땀을 많이 흘린 경우에는 잘 씻어야 하는데, 지나친 목욕이나 과다한 비누 사용은 오히려 상태를 더 악화시킬 수 있다.

아토피 피부는 정상피부보다 pH가 높으므로 알칼리성 비누보다는 약산성의 세제를 사용하는 것이 바람직하며, 장시간의 목욕은 피하고 미지근한 물로 가볍게 샤워하는 것이 좋다.

(2) 피부 보습 강화

아토피 피부는 매우 건조하고 각질층의 각질세포간 지질 성분인 세라마이드가 부족한 특징을 가진다. 세라마이드가 부족하면 피부 보호막이 손상되어 민감성 피부가 되고 아토피성 피부염을 유발하거나 악화시킨다.

따라서 아토피 피부를 관리할 때는 세라마이드 성분이 충분히 함유되거나 아토피 피부에 적절한 보습제들을 발라 자체 피부보습 능력을 높이는 것이 중요하다. 특히 공기가 차갑고 건조해지는 가을부터 봄에는 보습제에 의한 관리가 중요한데, 보습제를 사용하게 되면 각질층 수분 보유함유량을 증가시킬 뿐 아니라 장벽기능도 상승시킨다.

3. 아토피 피부를 위한 화장품의 일반 원료

(1) 세라마이드(Ceramide)

피부 각질의 보습을 담당하는 천연보습인자(NMF)의 주요 구성성분인 세라마이드는 각질세포간 지질의 40%를 차지하고 있는 자극 없는 원료이다. 피부 세포 사이의 결합력을 강화시켜 주는 역할을 하며 피부의 수분 보유 능력을 향상시켜 피부 본래의 유연성과 탄력성을 회복할 수 있도록 도와준다.

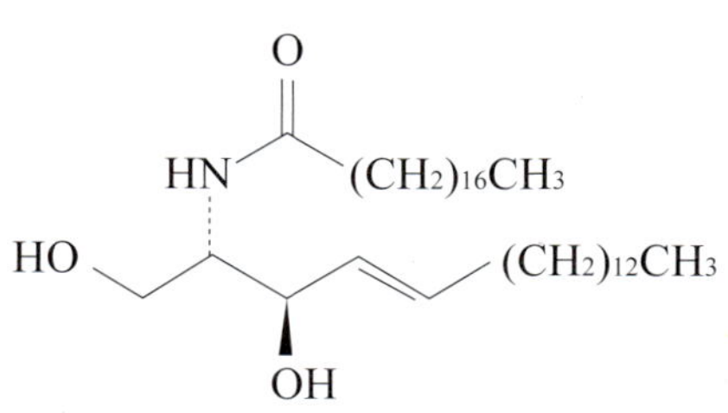

그림 19-14 세라마이드의 구조

(2) 히알루론산(Hyaluronic acid)

세라마이드가 피부 표면의 보습을 담당하는 인자라면, 피부 내부의 보습을 담당하는 것은 히알루론산으로서, 진피를 구성하고 있는 기질에 존재한다. 화장품에 흔하게 사용되는 보습원료로 끈적이는 느낌없이 사용가능하며 우수한 수분 결합력과 큰 분자구조로 인하여 표피를 부드럽게 해주고 적절한 유연성과 긴장감을 유지하도록 해준다.

또한 자외선, 담배연기, 질소산화물 등 피부 자극 요인들로부터 피부를 보호하며, 피부의 면역력 저하를 방지하고 손상된 피부를 회복시켜 준다.

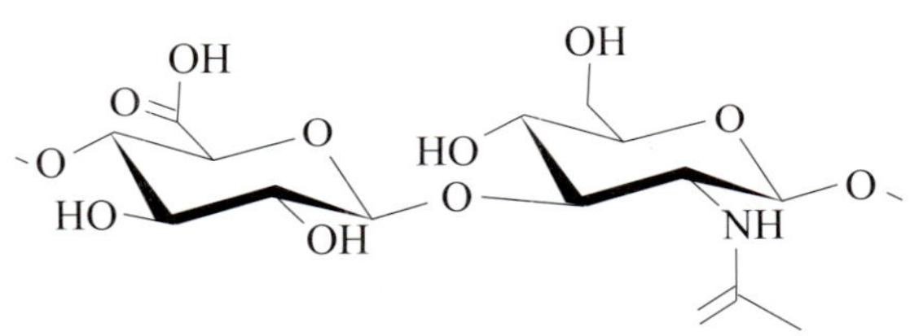

그림 19-15 히알루론산의 구조

(3) 젖산(Lactic acid)

쉰 우유에서 얻게 되는 천연 유래의 산으로 피부 세포의 부활, 보습 및 각질 연화, 각질 박리 효과가 탁월한 알파하이드록시산(AHA)이다.

(4) 천연추출물

황백, 황련, 황기, 알란토인, 갈조, 감초, 카모마일 등과 같이 알레르기 및 자극에 대해 진정작용이 있는 천연물을 추출하여 아토피 화장품에 배합하고 있다.

Check point

아토피 화장품의 올바른 선택법

1. 알레르기를 잘 일으키는 성분이 들어 있는지 확인한다.

① 보존제 : paraben, germall 115(imidazolidinylurea), dowicel 200(quaternium-15), formalin, bronopol, sorbic acid 등

② 향 료 : cinnamic alcohol, cinnamic aldehyde, hydroxycitronellal, geraniol, isoeusenol, balsam of Peru 등

③ 기 제 : lanolin, wool alcohol, propylene glycol 등

④ 알코올이 들어 있는 화장품은 사용하지 않는다.

2. 본격적으로 사용하기 전, 테스트 기간을 갖는다.

새로운 제품을 구입할 때는 샘플을 받아 팔 안쪽의 연한 피부에 5일 연속으로 발라 테스트한다. 특별한 반응이 없더라도 의심이 되거나 피부가 극도로 예민한 상태라면 한 달 정도 테스트를 해보고 이상이 없으면 지속적으로 사용해도 괜찮다.

7. 여드름성 피부 완화 화장품

1. 여드름의 발생원인

여드름은 피지선의 만성질환으로 피지분비가 많은 얼굴, 목, 가슴 등에 주로 발생하는 비염증성 또는 염증성 질환이다. 다양한 원인에 의해 피지 분비량이 많아지고 모공 내 각질비후로 인해 피지 배출이 되지 않아 발생된다.

주로 성호르몬 분비가 시작되는 사춘기에 왕성하게 발생하나, 성인이 되어서 호르몬의 영향으로 발생할 수도 있다. 성인기의 여드름은 대부분 지속적인 스트레스, 소화기장애, 수면부족, 손으로 짜는 습관, 화장품 등이 일반적인 원인으로 작용하고 있다.

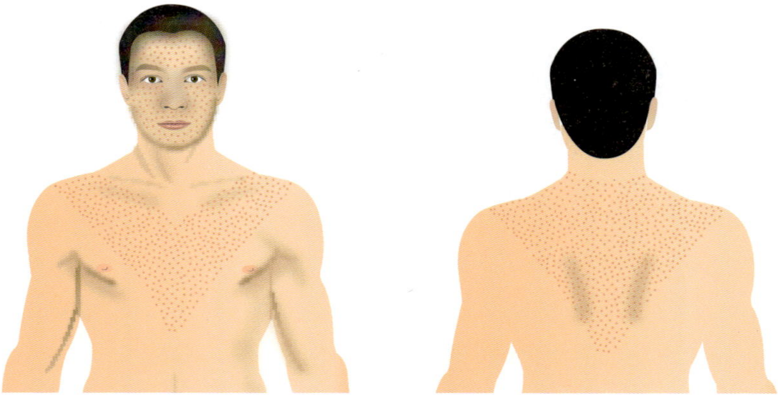

그림 19-16 여드름의 발생 부위

여드름 발생의 주된 원인은 유전적인 것으로, 여드름 발생 원인의 83% 이상을 차지한다. 유전에 의한 여드름은 남성 호르몬인 테스토스테론이 정상보다 과잉 분비되어 피지선이 발달하고 피지분비가 많아 모공을 막으면서 생긴다. 또한 여성에게서 월경주기로 인한 턱 주변의 여드름은 호르몬의 변화를 주된 원인으로 보고 있다.

성인에게서 나타나는 여드름의 주된 원인은 스트레스로, 스트레스를 받으면 부신 피질에서 코티솔(cortisol)이라는 스트레스 호르몬을 분비하게 되는데 이는 남성호르몬의 분비를 촉진시켜 피지선을 자극하여 여드름 발생의 원인이 된다.

2. 여드름 생성과정

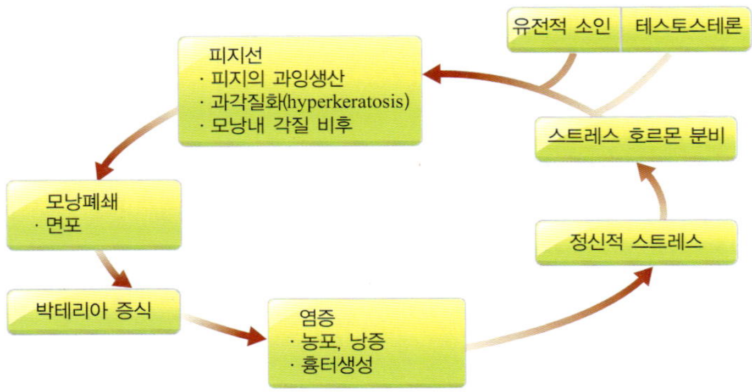

그림 19-17 여드름 생성과정

1. 남성 호르몬 (테스토스테론)이 피지선의 피지 분비를 자극한다.
2. 모공 내 각질 비후로 피지와 각질세포들이 모공을 막아 면포를 형성한다.
3. 모낭 속에 p.acne 균과 포도상구균이 침투하여 증식한다.
4. 박테리아가 피지의 중성지방을 유리지방산으로 분해하고 유리지방산은 모낭벽을 자극하여 염증이 발생한다.
5. 여드름 발생은 정신적인 스트레스를 준다.
6. 부신피질에서 스트레스 호르몬(cortisol)이 분비된다.
7. 스트레스 호르몬이 남성 호르몬(테스토스테론) 분비를 촉진시켜 피지분비를 자극한다.

여드름의 원인

check point

- 유전
- 호르몬
- 스트레스
- 소화기 장애
- 먼지, 공해 등의 환경오염
- 만지거나 짜는 습관
- 물리적, 화장품을 포함한 화학적 자극

화장품성 여드름

헥실렌글라이콜(hexylene glycol), 아이소프로필미리스테이트(isopropyl myristate), 소디움라우릴셀페이트(sodium lauryl sulfate), 세틸 알코올(cetyl alcohol), 유동 파라핀, 바셀린, 라놀린, 올레인산, 라우릴 알코올 등의 화장품 성분은 면포, 구진, 농포와 같은 일반 여드름과 유사한 염증을 유발한다. 이러한 여드름 유발성 물질이 함유되지 않은 화장품을 논-코메도제닉(non-comedogenic)화장품이라 하며, 화장품성 여드름 증상은 문제를 일으키는 성분의 사용을 중단하면 신속히 증상이 사라진다.

3. 여드름 피부를 위한 화장품의 작용원리 및 관련 성분

많은 양의 피지가 생성되고 모공이 각질 등으로 막힌 상태에서 세균에 의해 감염되어 나타나는 여드름을 관리할 수 있는 화장품은 살균능력을 갖추고, 각질의 박리를 원활히 할 수 있어야 한다. 여드름은 피부의 상태를 청결히 하여 예방하는 것이 최선책으로, 화장품 등의 여러 불순물이 세정 후 피부에 남아 지속적인 자극을 유발하는 경우도 많다. 그 밖에 스트레스를 줄이고 수면시간을 늘리는 것 또한 여드름의 예방에 중요한 역할을 한다.

표 19-10 여드름 개선 화장품의 작용 원리

작용 원리	대표 성분
피지 분비 억제제	인삼 추출물, 우엉 추출물, 로즈마리 추출물, 비타민 B_6, 에스트라디올, 에스트론, 에티닐에스트라디올
각질 제거제	유황, 살리실산, 레조루신, 단백질 분해 효소, AHA
박테리아 성장 억제제	벤조일퍼옥사이드, 염화벤잘코늄, 트리크로로카루반, 2,4,4-트리클로로-2-하이드록시 페놀
기타	글리칠리틴산 (항염증제), 비타민 A와 그 유도체, 녹두 추출물, 감초 추출물 등

(1) 피지 분비 억제제

과잉 피지 분비는 남성 호르몬 분비에 의해 조절되기 때문에 길항작용을 갖는 난포 호르몬이 피지 억제제로 배합되고 있으나 화장품에서는 배합되는 양이 극히 제한적이다. 주요성분으로는 에스트라디올, 에스트론, 에치닐에스트라디올 등이 있다.

그 밖에 피지 억제 작용이 있는 인삼 추출물, 우엉 추출물, 로즈마리 추출물, 비타민 B_6 등을 사용하여 피지 분비를 정상화시킨다.

표 19-11 호르몬을 함유한 화장품 원료 배합한도

난포호르몬	두부, 점막 또는 구강 내 사용하는 경우	기타 부위에 사용하는 경우
1. 에스트라디올 및 그 에스텔	0.8 mg	
2. 에스트론	4.0 mg	10.0 mg
3. 에치닐에스트라디올	0.4 mg 에스트론으로서	1.0 mg 에스트론으로서
4. 기타 난포 호르몬	0.4 mg	10.0 mg

(2) 각질 제거제

여드름 발생 시 모공내 각질의 각화가 항진되고 면포가 생기므로 이 면포의 앞부분을 열어서 면포 내용물을 배출하기 위하여 화장품에 유황(sulfur), 살리실산(salicylic acid), 레조르신(resorcin), 단백질 분해효소, AHA 등의 각질 제거 작용 성분들을 배합한다.

유황의 작용기전은 아직 불명확한 점이 많지만 옛날부터 여드름의 국소 치료약으로서 1~10% 농도로 널리 사용되어 왔다. 살리실산은 비교적 가벼운 증상의 여드름에 유효하며, 0.5~3% 농도는 염증 부위의 치료를 빠르게 하고 고 농도 사용은 면포 형성을 방지하는 작용이 있다. 레조르신은 보통 유황과 함께 사용되며, 각질 박리 작용과 살균작용을 갖는다. 단백질 분해 효소들은 주로 파파야, 우유효모, 바나나 등에서 추출해낸 효소들로 케라틴 단백질로 구성된 각질을 분해시켜 각질을 제거한다.

AHA(α-hydroxy acid)는 사탕수수, 우유, 사과, 포도, 감귤류에서 추출해낸 천연 과일산으로 여러 종류가 있는데 표피층의 불필요한 각질을 제거하는 작용을 한다. AHA 성분이 고농도로 함유된 화장품을 피부에 바를 경우 피부가 따끔거리거나 햇빛에 민감해지는 등의 부작용을 일으킬 수 있으므로 화장품에서는 대부분 AHA의 농도를 pH 3.5 이상에서 10% 이하로 사용하고 있다.

여드름성 피부를 완화하는데 도움을 주는 화장품이 기능성 화장품으로 추가됨에 따라 일반 의약품으로 오인되지 않도록 하기 위해 사용 후 씻어내는 제품만을 '여드름 완화 기능성 화장품'으로 분류하고 있다.

식약처에 고시된 여드름 피부 완화 화장품 원료로는 살리실산(Salicylic Acid; 2-hydroxybenzoic acid)이 있으며, 씻어내는 제품에 최대 0.5%로 함량 제한을 두고 있다.

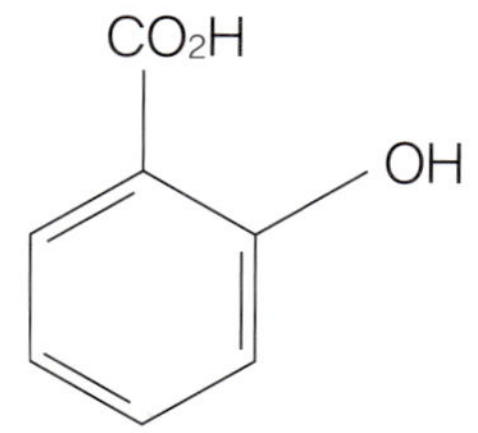

살리실산은 버드나무 껍질에서 얻은 성분으로 의약용 아스피린의 원료로 사용되었으나, 여드름 피부에 적용했을 때 여드름균(p.acne)에 대한 항균효과를 나타내며 여드름을 완화시켜 여드름피부의 각질제거제로 사용되고 있다.

표 19-12 여드름성 피부 완화 화장품의 고시성분

연번	성분명	함량
1	살리실릭애씨드	0.5% (씻어내는 제품)

(3) 박테리아 성장 억제제

여드름을 유발하는 균은 프로피오니 박테리움 아크네(Propionibacterium acnes)로 줄여서 p.acne 균이라고도 한다. 이 균은 정상적인 피부에도 상재하는 균으로, 피부의 상태가 악화되었을 때, 즉 과다한 피지로 인해 모공을 막거나 세정이 깨끗이 이루어지지 않았을 때 활성을 띠어 염증을 일으키게 된다. 따라서 이러한 균의 활성을 억제시켜 줄 수 있는 성분으로는 벤조일퍼옥사이드, 염화벤잘코늄, 트리크로로카루반, 2,4,4-트리클로로-2-하이드록시 페놀 등이 있다.

벤조일퍼옥사이드는 유리지방산을 감소시키고 세균을 증식을 억제하나 과량 도포하면 자극을 줘서 오히려 피부를 건조하게 만들 수 있다.

8. 튼살로 인한 붉은 증상 완화 화장품

1. 튼살이란?

튼살(Strech marks, striae)은 허벅지나 복부, 둔부 등의 피부가 얇게 갈라지는 증상으로 피부 표면에 흉터가 형성되는 것이다. 튼살이 생기기 시작할 때는 피부의 상층부가 위축되면 피부 깊숙한 곳에서 탄력섬유가 소실되어 처음에는 붉은색 선이나 띠를 두른 것처럼 나타난다.

푸른빛이 도는 붉은색 선이 엉덩이, 넓적다리, 아랫배, 무릎 뒤, 유방 등에 나타나는데, 자세히 살펴보면 정상피부보다 약간 가라앉아 있어 만져보면 울퉁불퉁하게 느껴진다. 시간이 지나면서 점차 흰색으로 변하며 덜 뚜렷해지고 주름지고 위축된 피부로 바뀐다. 튼살은 붉은색을 띠는 초기에 대응하지 않으면 개선이 점점 어려워지는 특징을 갖고 있다.

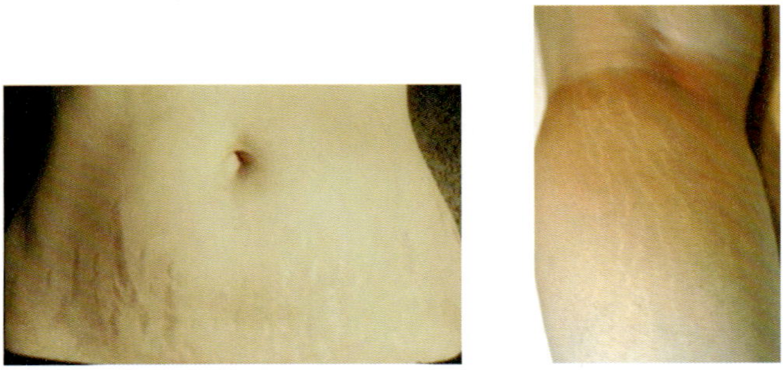

그림 19-18 튼살

2. 튼살의 원인

(1) 부신피질 호르몬의 증가

생리적 혹은 병리적 원인으로 체내 부신피질 호르몬이 증가하면서 진피 내 콜라겐 섬유가 파괴되고 피부가 늘어나면서 생기게 된다. 부신피질 호르몬은 사춘기나 임신기에 분비량이 증가하므로 비만이 아닌 경우에도 나타난다.

(2) 체중의 증가

비만 성인이나 소아에게서 튼살이 잘 생긴다. 사춘기 청소년에게서 여성호르몬이 증가하면서 갑자기 체중이 불어나거나 몸집이 커지면 피부가 늘어나 발생한다. 한편 근육을 과도하게 사용하는 남성에게서도 생기기도 한다.

(3) 임신 및 출산

임신한 여성의 90%에서 튼살이 관찰된다. 임신기간 중 복부를 중심으로 가슴과 둔부, 허벅지 등의 피부가 늘어나면서 진피층의 콜라겐 구조가 파괴되어 튼살이 생기고, 출산 후에도 없어지지 않는다.

3. 튼살의 치료 및 기능성 화장품으로서의 적용

튼살의 치료에는 국소적으로 tretinoin 연고를 도포하거나 Trichloroacetic acid(TCA)를 이용한 화학적 필링을 하는 방법이 사용되고, 다양한 레이저를 이용한 치료들이 시도되고 있으나 아직 효과적인 치료법은 없는 상태이다.

튼살은 붉은 선이 생기기 시작할 때나 임신초기 튼살이 생기기 전부터 튼살 크림을 통해 마사지하는 방법으로 예방하는 것이 중요하며, 튼살의 붉은 선을 개선하는 기능성 화장품으로서의 가이드가 설정되면 안전하게 개발하고 사용할 수 있을 것으로 기대한다.

9. 염모제

염모제는 흰머리를 본래의 색으로 만들고자 하는 욕구에서 시작되었으나, 최근에는 자신의 머리색에 다양한 변화를 주어 미적 아름다움을 추구하거나 개성의 표현으로 사용하는 경향이 있다. 염모제는 염색의 효과에 따라 일시적 염모제, 반영구 염모제, 영구 염모제, 블리치로 구분할 수 있다.

(1) 일시적 염모제(Temporary hair color)

기능성화장품에서 일시적 염모제는 포함되지 않으나, 염색의 한 방법으로 현재까지 사용되고 있는 일시적 염모제는 스틱타입, 젤 타입, 스프레이 타입, 마스카라 타입 등의 다양한 제형이 상품화되어 있는데, 주로 모발 전체를 염색하기 보다는 일부분을 강조하거나 새치머리를 감추는데 사용된다. 물이나 오일에 녹지 않는 유색 안료(pigment)를 수지(resin)에 혼합하여 모발의 표면에 일시적으로 부착시켜 모발의 색을 바꿔주는 제품이다.

색소가 모발 내부에 침투하지 않고 수지의 접착능력으로 모표피층 사이사이에 물리적으로 붙어 모발 표면에 존재하므로 지속력이 없어 1~2회 샴푸만으로도 색상이 완전히 제거되므로 엄밀한 의미로는 염모제라 할 수 없다.

일시적 염모제는 색상 지속력이 없어 주로 일회용으로 사용되며 모발과 두피의 손상 없이 안전하게 사용할 수 있는 장점이 있다.

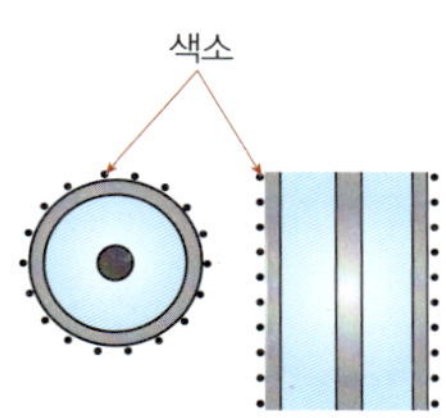

일시적 염모제의 작용 원리

헤어메니큐어

그림 19-19 일시적 염모제의 작용원리

(2) 반영구 염모제(Semi-permanent hair color)

반영구 염모제는 염료가 모소피와 그 내측의 모피질까지 침투하여 흡착하는 것으로 머리를 감을 때마다 염모제가 조금씩 퇴색한다.

코팅컬러, 산성컬러가 여기에 속하며 약산성 제품인 1제로만 구성되어 있어 모발은 거의 손상되지 않지만, 색상 지속력은 산화 염모제보다 떨어진다. 산화제나 암모니아가 없어 모발 내부에 있는 멜라닌 색소가 파괴되지 않기 때문에 모발을 밝고 선명한 색상으로 염색할 수는 없으나, 같은 색상이나 더욱 어둡게 연출하는 것은 가능하다.

색상의 유지기간은 약 4~6주 정도이며, 샴푸할 때 색상이 점차 빠져 신생모의 색상과 차이가 거의 나지 않으며 모발의 손상도 적다. 그러나 산성염료는 모발 및 피부의 단백질과 이온결합이 빨리 되어버리는 성질로 인해 피부에 염착이 일어날 수 있고 자주 시술하면 모발이 뻣뻣하고 건조해진다.

구성원료는 아조(azo)계 산성염료이며, 벤질알코올이나 N-메칠피롤리돈 등이 모발 침투 촉진제와 구연산 등의 유기산과 함께 배합되어 용액 타입, 젤타입, 크림타입으로 상품화되어 있다.

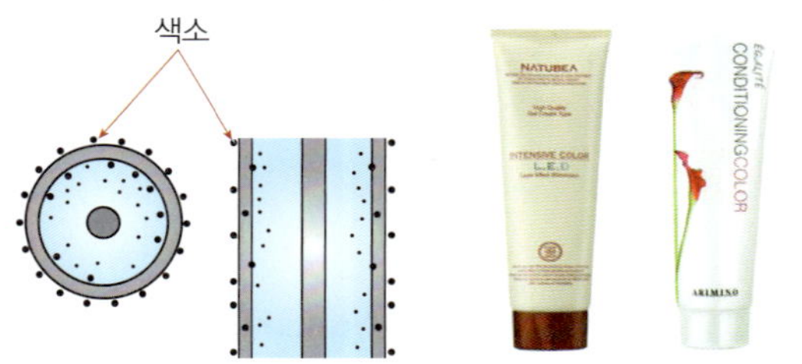

반영구 염모제의 작용 원리　　반영구 염모제

그림 19-20 반영구 염모제의 작용원리

(3) 영구 염모제(Permanent hair color)

영구 염모제는 염료 등이 두발의 모피질과 모수질에 까지 침투하여 화학변화를 일으켜 케라틴과 결합하여 염착하는 것으로 염모 효과가 장기간에 걸쳐 지속된다.

영구적 염모제는 식물성 염모제(예 : 헤나), 금속성 염모제(예 : 주로 납을 이용), 산화 염모제로 나뉘며, 현재 가장 많이 사용되는 것이 산화 염모제이다.

산화 염모제는 모발 손상의 단점이 있기는 하지만 염색효과가 영구적이고 흰머리를 100% 커버할 수 있으며 모발의 색상과 밝기를 조절할 수 있는 장점이 있다. 유기합성 화합물의 산화염료를 이용한 가장 대표적인 염모제로 산화염모제에 사용되는 산화염료인 염료중간체는 무색이며 분자가 작아 모발의 모피질과 모수질에까지 침투하고 2제인 산화제가 여기서 염료중간체를 산화시켜 발색된다.

이때 염료의 분자는 중합하여 커지고 모발을 구성하는 케라틴과 결합하여 불용성의 색소가 되기 때문에 샴푸 등에 의해 색소가 빠져나올 수 없어 염색 효과가 장기간 지속된다.

분말타입, 액상타입, 크림타입 등이 있으나 크림타입이 주류를 이루고 있다. 일반적으로 크림타입은 산화 염료가 함유된 1제와 산화제가 함유된 2제로 나뉘어져 있으며 염색을 할 때는 1제와 2제를 잘 혼합한 다음 사용한다.

① 영구 염모제의 원료

1제의 원료구성은 산화염료(염료 중간체, 염료 수정제)와 알칼리제, 계면활성제 등이 배합되어 있다. 산화염료로는 O-(ortho-) 또는 P-(para-) 위치의 페닐렌디아민과 아미노페닐 및 그 유도체가 이들 염료전구체와 혼합되고 여러 가지 색상을 나타내게 하는 것은 m-(meta-) 위치의 페닐렌디아민과 아미노페놀, 다가페놀 등의 염료수정제(coupler)가 사용된다. 알칼리제로는 주로 암모니아수가 사용되며 모노에탄올아민 등도 이용된다.

표 19-13 영구 염모제의 주요성분

구분	성분	특징
제1제	염료중간체 (dye intermediate)	자체는 색소가 아니지만 산화되면 색소로 변하는 물질이다 p-페닐렌디아민, p-아미노페놀, p-톨루엔디아민
	염료수정제 (coupler)	염료중간체와 반응하여 색상을 다양하게 변화시키는 물질이다. 레조르신, m-아미노페놀, m-페닐렌디아민
	알칼리제	큐티클을 열게하고 색소형성반응이 빠르게 일어날 수 있도록 해준다.
	고급지방산	알칼리제와 반응하여 고급지방산염(비누)을 형성한다. 염료중간체 또는 염료수정제의 침투를 촉진시키고 세발시 세정을 용이하게 한다.
	겔화제	2제와 혼합시 겔을 형성하게 한다.
	용제	염료중간체, 염료수정제의 용해를 돕는다.
제2제	산화제	모발속의 멜라닌 색소를 파괴하여 모발을 탈색시키고 동시에 염료중간체와 염료수정제의 반응을 일으켜 새로운 색소가 만들어지도록 한다.
	pH조절제	과산화수소를 안정화시키기 위해 pH 4 부근으로 조절한다.

침투하는 것을 쉽게 하고 동시에 모발의 멜라닌을 산화 분해하여 염모 효과를 상승시켜 준다.

한편 2제인 산화제에는 주로 과산화수소(H_2O_2)가 사용되며, 과붕산나트륨 등도 이용된다. 산화제는 멜라닌을 분해하여 모발을 탈색시킴과 동시에 1제의 염료중간체를 산화시키고 그 산화된 염료 중간체와 염료 수정체가 색소 반응을 잘 일으키도록 해준다.

과산화수소는 불안정한 물질이기 때문에 일반적으로 2제에는 안정화제로 pH조절제나 킬레이트제 등이 배합된다.

② 영구 염모제의 원리

- 1단계 : 1제와 2제가 모발 속으로 침투
  1제와 2제를 혼합하여 모발에 도포하면 1제에 있는 알칼리제가 모표피를 팽윤, 연화시켜 열리게 한 다음 분자량이 작은 무색의 염료와 과산화수소가 모피질 내부로 침투한다.
- 2단계 : 멜라닌 색소와 염료의 산화
  1제에 들어있는 알칼리제는 2제인 과산화수소의 반응을 활성화시켜 산소의 발생을 촉진시킨다. 과산화수소에서 발생한 산소는 모피질 내에 있는 멜라닌 색소를 산화시켜 옥시 멜라닌이라는 무색의 색소로 변화시키고 무색의 염료는 산화되어 발색된다.
- 3단계 : 착색
  과산화수소에서 분해된 산소는 작은 입자를 가진 염료를 중합하여 유색의 큰 입자로 만들어 탈색된 멜라닌 색소 자리에 영구적으로 착색한다.

표 19-14 염모제의 고시성분

연번	성분명	사용시 농도 상한 (%)	연번	성분명	사용시 농도 상한 (%)
1	p-니트로-o-페닐렌디아민	1.5	24	황산 p-페닐렌디아민	3.8
2	니트로-p-페닐렌디아민	3.0	25	N,N-비스(2-하이드록시에칠)-p-페닐렌디아민 설페이트	2.9
3	2-메칠-5-히드록시에칠아미노페놀	0.5	26	2,6-디아미노피리딘	0.15
4	2-아미노-4-니트로페놀	2.5	27	염산 2,4-디아미노페놀	0.5
5	2-아미노-5-니트로페놀	1.5	28	1,5-디하이드록시나프탈렌	0.5
6	5-아미노-o-크레솔	1.0	29	피크라민산 나트륨	0.6
7	m-아미노페놀	2.0	30	황산 2-아미노-5-니트로페놀	1.5
8	o-아미노페놀	3.0	31	황산 o-클로로-p-페닐렌디아민	1.5
9	p-아니노페놀	0.9	32	α-나프돌	2.0
10	염산 2,4-디아미노페녹시에탄올	0.5	33	레조시놀	2.0
11	염산톨루렌-2,5-디아민	3.2	34	2-메칠레조시놀	0.5
12	염산 m-페닐렌디아민	0.5	35	몰식자산	4.0
13	염산 p-페닐렌디아민	2.0	36	카테콜	1.5
14	N-페닐-p-페닐렌디아민	2.0	37	피로갈롤	2.0
15	피크라민산	0.6	38	과붕산 나트륨, 과붕산나트륨(1수하물), 과산화수소, 과탄산나트륨	제품 중 과산화수소로서 12.0%
16	황산 p-니트로-o-페닐렌디아민	2.0			
17	황산 p-메칠아미노페놀	0.68			
18	황산 5-아미노-o-크레솔	4.5			
19	황산 m-아미노페놀	2.0			
20	황산 o-아미노페놀	3.0			
21	황산 p-아미노페놀	1.3			
22	황산 톨루엔-2,5-디아민	3.63			
23	황산 m-페닐렌디아민	3.0			

10. 탈색제

1. 헤어블리치(Hair remover)

색소를 사용하지 않고 모발의 탈색만을 목적으로 한다. 모발이 갖고 있는 천연색소인 멜라닌 색소를 분해하여 모발이 밝게 되는 것을 말하는데, 탈색 정도에 따라 갈색에서 금색에 이르기까지 색상의 톤을 자유롭게 조절할 수 있다.

헤어블리치제는 알칼리제인 암모니아수와 과산화물을 주성분으로 하는 1제와 산화제인 과산화수소 주성분의 2제 타입이 일반적이며, 이들을 혼합하여 사용한다.

백색에 가까운 강한 탈색효과를 얻기 위해 과산화암모늄 등의 부스터(booster, 촉진제)가 첨가되기도 하며, 피로아황산나트륨을 1제에 넣어 산화 · 환원 반응을 이용하는 발열 타입도 있다.

현재 식약처에서 고시한 탈색 원료로는 1제형 탈색제와 2제형 탈색제가 있으며, 함량에 대해서는 고시되고 있지 않다. 1제형 탈색제는 과산화수소를 주성분으로 하고 있으며 정량할 때 표시량의 90.0~110.0%에 해당하는 과산화수소를 함유하고 있다.

2제형 탈색제는 제1제로 수산화나트륨, 모노에탄올아민, 강암모니아수 중 1성분 이상을 알칼리제로 사용하는 가루 또는 크림이며, 제2제는 과산화수소를 주성분으로 하는 크림, 로션 또는 액이다.

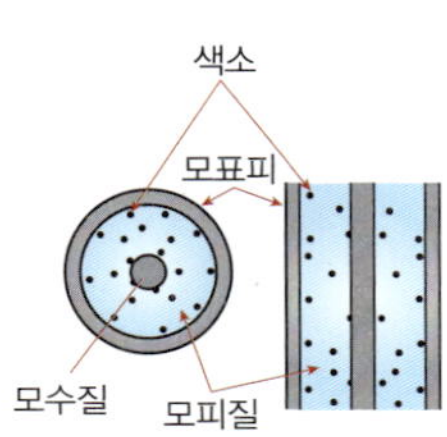

영구 염모제의 작용 원리

영구 염모제

헤어블리치제

그림 19-21 탈색, 헤러블리치제

표 19-15 탈색제의 고시성분

연번	제형	성분명	
1	1제형 탈색제	과산화수소 90.0~110.0%를 함유한 외용제	
2	2제형 탈색제	제1제	수산화나트륨, 모노에탄올아민, 강암모니아수 중 1성분 이상을 알칼리제로 사용하는 가루 또는 크림
		제2제	과산화수소를 주성분으로 하는 크림, 로션 또는 액

11. 제모제

1. 제모제(Hair remover)

제모제는 주로 겨드랑이나 다리 등의 미용상 눈에 거슬리는 잔털을 제거하기 위해 사용하는 제품이다. 제품을 크게 구분하면 왁싱과 같은 물리적인 제모제와 화학적인 제모제로 분류된다. 물리적인 제모제는 기능성화장품에 포함하지 않고 화학적인 제모제만을 기능성화장품으로 분류한다.

(1) 물리적 제모제

물리적 제모제는 왁스 등을 이용하여 털이 난 부위에 바른 후 부직포 등을 이용하여 떼어내는 방식으로 털이 모근으로부터 뽑혀 제거된다. 일정 시간이 지나면 다시 털이 자라므로 주기적으로 털을 제거하여야 하며 효과는 오래 지속되나 통증이 있다. 탈모 이후에는 피부가 민감해지는 것을 방지하기 위해 반드시 진정 토너와 오일을 도포하여 진정시켜 준다.

① 콜드 왁스(Cold wax)

콜드 왁스는 고형의 왁스가 녹아 있는 상태이다. 얼굴용과 바디용으로 구분되어 있다. 이 제품은 털이 난 부위에 왁스를 직접 발라 부직포나 테이프를 떼어내어 제거하는 방법이다.

② 웜 왁스(Warm wax)

고형의 왁스를 사용 전에 왁스를 녹이는 기구에서 녹인 후 사용할 부위에 골고루 펴 바른다. 웜 왁스를 사용할 때 주의점은 피부화상을 입지 않도록 온도를 유지하는 것이다.

(2) 화학적 제모제

알칼리 상태에서 환원제를 작용시키면 강한 시스틴 결합이 절단되어 케라틴의 화학구조가 파괴되기 때문에 털이 끊어지기 쉽다. 이것을 이용하여 알칼리성 사이에서 강력한 환원제를 작용시켜 털을 용해하는 것으로, 제모크림과 같은 화학적 제모이다.

주로 케라틴 용해 작용이 있고 무색, 무취인 치오글리콜산칼륨을 강알칼리 상태에서 털에 작용시켜 용해하여 제거하는데, 제품의 형태는 크림상이나 페이스트상 등이 있다. 현재 화학적 제모제만 기능성화장품의 대상으로 분류되고 있다.

표 19-16 제모제의 식약처 고시성분

연번	성분명	함량
1	치오글리콜산 80%	치오글리콜산으로서 3.0~4.5%
2	치오글리콜산 80% 크림제	–

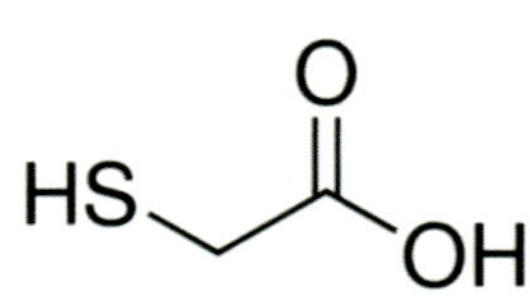

그림 19-22 치오글리콜산(thioglycolic acid)

치오글리콜산(thioglycolic acid)는 퍼머넌트의 제1제의 주성분으로 많이 활용되는 것으로, 특유의 냄새를 가진 무색 액체이다. 치오글리콜산은 모발의 황(S)결합을 무너뜨려 약한 농도에서는 모양을 변형시켜 퍼머넌트제로 활용하고, 강한 농도에서는 털의 모근부위를 녹여 제모가 가능하다.

12. 탈모증상 완화 화장품

1. 탈모(alopecia)란?

모발은 일정기간 동안 성장기, 휴지기, 퇴행기를 반복하면서 성장한다. 탈모란 정상적인 모발이 존재해야 할 부위에 모발이 없는 상태를 말하는 것으로, 모발은 일정한 성장기간이 지나면 성장이 멈추고 휴지기에 들어가서 탈락하였다가 다시 성장하는 모주기(hair cycle) 과정을 반복한다. 따라서 일반적인 사람의 경우 하루 50~100개의 모발이 탈락하지만, 탈락한 만큼 다시 생성되는 특성이 있다.

문제가 되는 것은 어떤 원인에 의해 갑자기 휴지기에 들어간 털이 많이 빠지게 되는 것으로, 1일 탈모되는 모발의 수가 120~200개가 넘는 것이다. 모발의 성장주기를 지키고 휴지기에서 탈락하는 탈모를 정상탈모라고 하고, 어떤 원인에 의해 성장기, 휴지기에 탈락하는 탈모를 이상탈모라고 한다.

이상탈모의 원인으로는 내부적으로는 유전적 요인, 남성호르몬, 스트레스, 질병 등의 건강상태가 요인이 되고, 외부적으로는 두피 불청결, 환경오염, 잦은 화학적 시술, 당김 등이 원인이다.

2. 탈모의 유형

남성형 탈모는 대머리의 가족력이 있는 사람에게서 20대나 30대부터 모발이 점차 가늘어지며 시작된다. 이마와 머리의 경계선이 뒤로 밀리면서 양측 측두부로 M자 모양으로 이마가 넓어지고 정수리 부위에 탈모가 시작된다. 여성의 경우는 이마 위 모발선이 유지되면서 머리 중심부의 모발이 가늘어지고 머리숱이 적어지나 완전한 대머리가 되는 경우는 드물다.

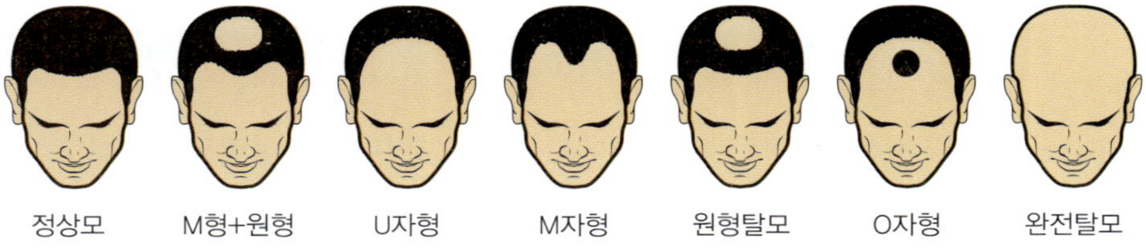

그림 19-23 탈모의 유형

유전적성 탈모의 경우 M자형, U자형, 전두탈모의 형태로 나타나고, 스트레스성 탈모는 대개 원형탈모의 형태로 나타난다.

3. 탈모의 원인

(1) 유전적 요인

흔히 대머리라고 부르는 남성형 탈모는 선천적인 대머리 유전자에 의한 것이나 현재까지 대머리에 직접적으로 관여하는 유전자는 정확히 밝혀진 것은 아니다. 남성의 경우 부모 중 한쪽만 대머리라도 탈모 및 대머리의 위험성이 높고 여성의 경우 유전적 인자를 지니고 있어 남녀 모두 약 50% 정도 발생한다. 앞머리선이 점점 위로 올라가거나 정수리의 모발이 가늘어져 솜털처럼 되면서 머리숱이 줄어들게 된다.

여성의 경우 완전한 대머리가 없는 것은 남성에 비해 남성호르몬 수치와 활성효소(5α-리덕타제)가 남성의 절반 정도로 적기 때문이다.

남성형 탈모의 주요 요인이 되는 남성호르몬은 분비량에 의해 탈모가 나타나는 것이 아니라, 남성호르몬에 작용하는 활성효소(5α-리덕타제)의 영향으로 변환된 DHT(Di hyro testosterone)가 중요한 역할을 한다. DHT는 모모세포에 작용해 모낭을 위축시키고 세포분열을 둔화시켜 결과적으로 모발이 점차 가늘어지는 연모화 현상을 발생시킨다.

(2) 스트레스

현대인들에게 만병의 근원이라고 불리는 스트레스 또한 탈모에 영향을 미치나, 스트레스와 더불어 유전적 요인, 남성호르몬, 노화 등과 맞물려 탈모가 촉진된다. 정신적으로나 육제척으로 스트레스에 자주 노출되면 자율신경실조증을 초래하여 모발의 발육이 저해되어 탈모에 이르게 된다.

(3) 식생활 영양소의 부족

신체가 건강한 상태를 유지하기 위해 균형잡힌 영양분의 섭취가 필수적이다. 모발을 구성하는 단백질 또한 음식물의 섭취를 통해 전달받는 것으로 영양분의 섭취와 식생활은 모발의 생성에 중요한 역할을 한다.

영양소의 부족은 모모세포의 세포분열 저하로 이어져 모발의 건성화, 단모, 탈모, 연모화를 발생시킨다. 특히 다이어트와 같은 영양결핍은 정상탈모에 비해 약 2배에 달할 만큼 탈모를 일으키고 모발이 가늘어지는 특징을 보인다.

(4) 혈액순환 장애

모발은 혈액의 순환으로 산소와 영양분이 모유두로 전달되어 성장한다. 따라서 원활한 혈액의 순환은 두피와 모발의 건강을 위해 필수적이나 탈모의 직접적인 원인이 되지는 않는다.

(5) 피지분비 이상

피지의 분비는 남성호르몬과 관련이 깊다. 남성호르몬은 피지선을 자극하여 많은 양의 피지를 분비시킨다. 과다하게 분비된 피지는 모근으로 역류하여 산화되면서 모낭염을 일으키고 모낭과 모발의 결속력을 저하시켜 탈모를 유발한다. 또한 많은 양의 피지가 두피에 오랜 시간 남아 있으면 산화되면서 균의 먹이가 되어 자극을 유발하여 지루성 탈모를 유발한다.

(6) 노화

모발은 나이가 들면서 세포분열이 줄어들고, 굵기가 얇아지면서 연모화 현상이 빨라져 60세 이후에는 노인성 탈모로 나타난다.

(7) 화학적 시술

잦은 퍼머넌트와 염색 등 화학약품에 지속적으로 노출되었을 경우, 두피의 알칼리 중화능력이 무너져 두피의 pH 밸런스가 깨지게 되고 두피와 모발이 손상된다. 또한 알칼리 성분은 모근에까지 영향을 미쳐 두피의 화상, 모낭염, 손상모, 모근부의 화상 등을 일으켜 탈모로 진행된다.

(8) 기타

질병에 따른 약물을 장기간 복용했을 경우 혈관이 수축되거나 호르몬의 변화로 일시적으로 탈모가 나타나는데, 이때는 약물을 중단하면 다시 모발이 성장하기도 한다.

두피에 질환이 생겨 피부염이 발생할 경우 주로 곰팡이균이 원인이 되어 탈모가 나타나기도 한다. 또한 두피와 모발 사이에 기생하는 모낭충은 피지를 먹고 살아가며 모구 주변 세포벽을 손상시켜 탈모를 유발하고 두피 가려움증이나 염증의 원인이 된다.

환경오염 등으로 두피가 청결하게 유지되지 못할 경우 모발에 축적되는 중금속과 노폐물이 두피에 쌓여 염증과 가려움을 유발하고 비듬을 발생시켜 탈모를 촉진시키는 원인이 되기도 한다.

4. 탈모 증상완화 기능성 화장품의 주요 성분

(1) 식약처 고시원료

① 덱스판테놀(Dexpanthenol)

덱스판테놀은 비타민 B_5의 전구물질로 피부와 점막을 통해 체내로 흡수되어 판토텐산(비타민B_5)로 전환된다. 자극을 완화하고 두피의 재생 및 보습에 도움을 주어 대부분은 탈모샴푸, 토닉 제품에 사용된다. 모표피의 큐티클 층에 강하게 침착해 모발, 모근 강화작용과 더불어 모발의 뿌리에 침투해 모발에 윤기와 탄력을 부여한다.

덱스판테놀은 보습작용과 피부 장벽 강화 효과가 있으며 상처의 치유 속도를 높여 피부 재생에 효과적이다. 특히 각질층의 수분 보유를 향상시키는 보습제로서 역할을 하고 섬유아세포 증식을 활성화시켜 각질층 회복 기능이 있다. 화장품에 첨가할 시 민감하고 건조한 두피를 촉촉하게 유지시키고, 손상모 회복을 촉진시키는 역할을 한다.

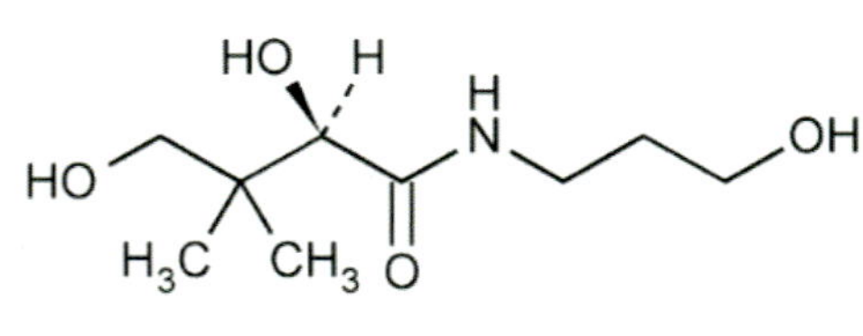

그림 19-24 덱스판테놀(Dexpanthenol)

② 비오틴(Biotin)

비오틴은 황(S)을 함유하고 있는 수용성 비타민으로 피부와 손톱의 구성물질이며, 지방과 탄수화물 대사에 관여한다. 피부와 두피에 좋은 영향을 미쳐 '비타민 H'로 불리기도 한다. 결핍되면 손톱이 가늘어지거나 모발에서 윤기와 탄력이 사라지고 탈모를 일으킨다.

화장품에 배합 시 주로 모발 컨디셔닝제, 헤어 토너, 탈모방지 샴푸로 사용되어 힘없이 늘어진 모발을 강화시키고 두피 밸런스를 조절하여 모발성장을 촉진하는데 도움을 준다.

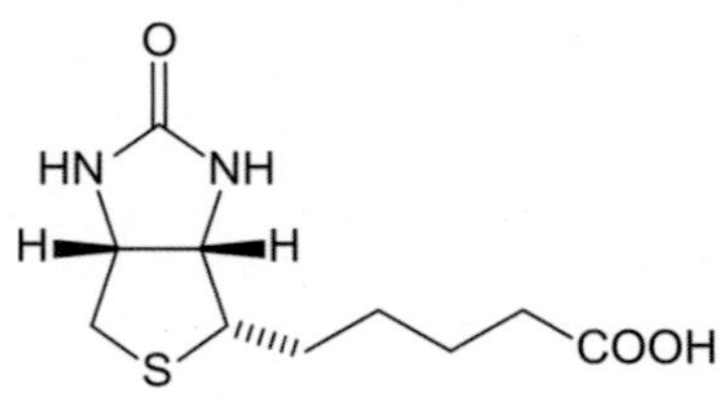

그림 19-25 비오틴(Biotin)

③ L-멘톨 (L-Menthol)

멘톨은 박하나 페퍼민트에서 수증기 증류하여 얻은 정유를 냉각시켜 만든 것으로, 멘톨 성분은 특유의 톡쏘는 아로마 성분이 감각을 자극하여 상쾌한 사용감을 주고 모근을 자극하며 혈액순환을 촉진한다. 특히 시원한 사용감은 한방에서 말하는 탈모의 주요 원인인 두피열을 식혀주기 위해 샴푸 등에 첨가하여 두피의 청량감을 높여주기 위해 사용된다.

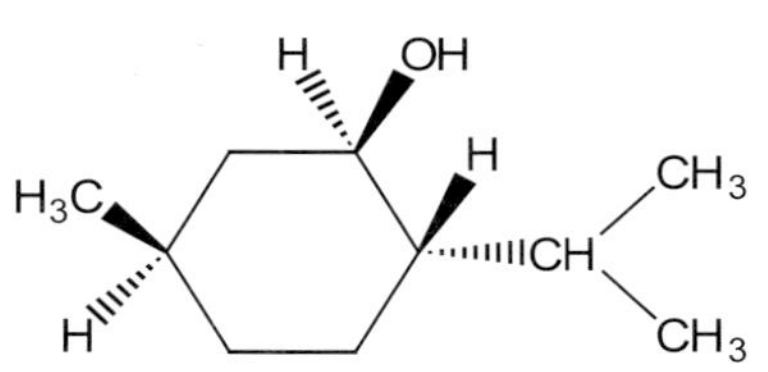

그림 19-26 L-멘톨(L-Menthol)

④ 징크피리치온(Zinc Pyrithione)

징크피리치온은 항균제이며 화학반응을 통해 합성되는 아연성분 물질이다. 기능성 화장품에 배합 시 비듬방지를 위해 샴푸원료로 사용한다.

비듬은 두피에 존재하는 곰팡이성 미생물 말라세지아(malassezia)에 의해 발생하며 말라세지아로부터 분비된 지질분해효소는 두피의 지질층을 공격하고 감염시킨다.

징크피리치온이 함유된 샴푸는 말레세지아의 활성을 억제하기 위해 사용된다. 징크피리치온을 기능성화장품 고시원료로 사용할 때 비듬 및 가려움을 덜어주고 씻어내는 제품(샴푸, 린스) 및 탈로증상의 완화에 도움을 주는 화장품에 1.0% 이하로 사용하도록 제한을 두고 있다.

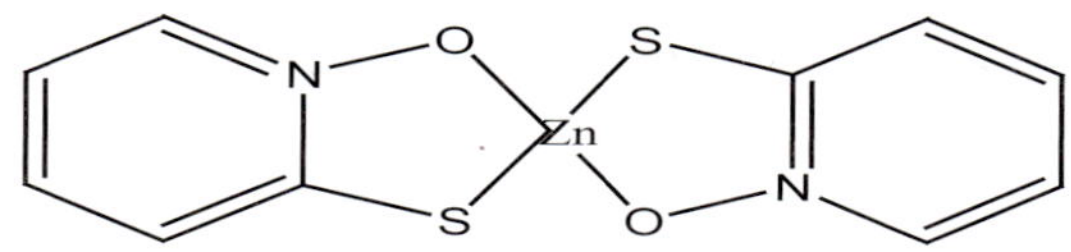

그림 19-27 징크피리치온(Zinc Pyrithione)

표 19-17 탈모제의 식약처 고시성분

번호	성분명	함량
1	덱스판테놀	–
2	비오틴	–
3	L–멘톨	–
4	징크피리치온	1.0(씻어내는 제품)

Chapter 20

맞춤형화장품

1. 맞춤형화장품의 정의

현대사회는 개인의 개성을 존중하고 개인의 가치가 강조되는 사회 · 문화적인 환경변화에 따라 개인 맞춤형 상품과 서비스가 개발되어 다양한 소비자의 요구를 충족시키고 있다. 특히 화장품은 개인의 개성을 표현하고 다양성을 추구하는 경향이 강한 상품으로, 이를 반영해 2020년 3월 14일부터 화장품 판매시, 기존 화장품에 소비자가 원하는 색소, 향료, 영양성분을 즉석에서 혼합하여 판매하는 것이 가능해졌다. 종전의 화장품법에는 판매장에서 화장품의 혼합, 소분을 금지하고 있어 이를 허용하기 위한 별도의 제도가 필요해지면서 맞춤형화장품이 등장하게 되었다.

맞춤형화장품이란 새로운 화장품 판매형태로, 화장품 판매시 개인의 피부상태와 요구에 따라 혹은 개인의 피부분석에 따라 화장품의 내용물에 고객맞춤 원료를 혼합하여 새로운 화장품을 즉석에서 조제하거나 기존 화장품을 소량으로 나누어 판매하는 것을 말한다.

맞춤형화장품의 '내용물'이란 맞춤형화장품의 '혼합'에 사용할 목적으로 화장품 책임판매업자로부터 제공받은 벌크제품이나 반제품을 말한다. 벌크제품은 1차 포장(충전) 이전의 제조단계까지 끝낸 화장품을 말하며, 1차 포장은 화장품의 내용물이 직접 포장재에 닿는 포장을 말한다. 반제품은 원료 혼합의 제조를 거쳐 벌크제품이 되기 위해 추가 제조과정이 필요한 화장품을 말한다.

맞춤형화장품은 내용물과 내용물을 혼합하거나, 내용물에 고객의 피부특성과 요구에 맞는 화장품 원료를 혼합한 것을 말하여, 원료와 원료를 혼합한 것은 맞춤형화장품으로 고려하지 않는다. 또한 벌크제품을 화장품 판매업자로부터 받아 나누어 판매하는 경우도 맞춤형화장품의 범주로 볼 수 있다.

맞춤형화장품을 판매할 수 있는 자를 맞춤형화장품 판매업자라고 하며, 맞춤형화장품 판매업자는 맞춤형화장품을 조제할 수 있는 맞춤형화장품 조제관리사를 반드시 고용해서 영업을 해야 한다.

check point

맞춤형화장품의 정의 (화장품법 3조 2항)

1. 제조 또는 수입한 화장품의 내용물에 다른 화장품의 내용물이나 식품의약품안전처장이 정하는 원료를 추가하여 혼합한 화장품
2. 제조 또는 수입한 화장품의 내용물을 소분(小分)한 화장품

2. 맞춤형화장품 판매업

화장품을 판매하는 영업행위를 할 수 있는 자는 화장품 제조업자, 화장품 책임판매업자, 맞춤형화장품 판매업자로 구분된다. 화장품 제조업자와 화장품 책임판매업자는 화장품 판매를 위해 소재지 관할 지방식약청장에게 구비서류를 제출해 등록절차를 거치게 된다.

반면 맞춤형화장품 판매업자는 판매업을 위한 구비서류를 지참하여 소재지 관할 지방식약청장에게 신고절차를 거쳐야 판매업이 가능하다. 회사의 상호나 소재지, 조제관리사 등의 변경 사항이 발생한 경우도 소재지 관할 지방식약청장에게 신고해야 한다.

화장품 판매 전 맞춤형화장품 판매업자는 화장품 책임판매업자와 계약을 체결하고 내용물 및 원료를 공급받아 혼합해서 판매해야 한다.

check point

맞춤형화장품 판매업 신고 (화장품법 제3조의 2항)

(신고) 맞춤형화장품을 판매하려는 자는 소재지별로 신고서 및 구비서류를 갖추어 소재지 관할 지방식약청장에게 신고

(변경신고) 변경사항이 발생한 날로부터 30일 이내에 소재지 관할 지방식약청장에게 신고

맞춤형화장품 판매업 신고시 갖추어야할 구비서류는 다음과 같다.

- 맞춤형화장품 판매업 신고서
- 맞춤형화장품 조제관리사 자격증
- 책임판매업자와 체결한 계약서 사본
- 소비자 피해 보상을 위한 보험계약서 사본

맞춤형화장품 판매업 변경신고시 갖추어야할 구비서류는 다음과 같다.

- 맞춤형화장품 판매업자의 변경
- 맞춤형화장품 판매업자의 상호 변경
- 맞춤형화장품 판매업소의 소재지 변경
- 맞춤형화장품 조제관리사의 변경
- 맞춤형화장품 사용 계약을 체결한 책임판매업자의 변경

3. 맞춤형화장품 조제관리사

맞춤형화장품 판매업자는 맞춤형화장품의 내용물이나 원료를 혼합 · 소분 업무를 담당하는 맞춤형화장품 조제관리사를 두어야 한다.

맞춤형화장품 조제관리사는 식품의약품안전처장이 실시하는 국가 자격시험에 합격해야 자격증을 발급받아 업무를 진행할 수 있다. 자격시험은 화장품법의 이해, 화장품 제조 및 품질관리, 유통화장품의 안전관리, 맞춤형화장품의 이해의 과정을 평가하며, 년 1회 이상 실시하고 있다. 맞춤형화장품 조제관리사는 매년 식품의약품안전처장이 지정한 교육기관에서 화장품의 안전성 확보 및 품질관리에 관한 교육을 받아야 할 의무가 있다.

4. 맞춤형화장품에 사용 가능한 원료

맞춤형화장품 조제관리사는 화장품의 안전성을 확보하기 위해 화장품 성분에 관한 지식을 갖추고 고객에게 자극을 주거나 알러지 반응을 유발하는 성분을 확인해 안전한 화장품을 조제하기 위한 노력을 해야 한다. 맞춤형화장품에 사용 가능한 원료는 아래의 항목을 제외하고 사용 가능하다.

① 사용금지 원료
② 사용상의 제한이 필요한 원료
③ 사전심사를 받거나 보고서를 제출하지 않은 기능성화장품 고시원료

5. 맞춤형화장품의 표시사항

맞춤형화장품을 판매할 때 화장품 혼합 및 소분에 사용된 내용물과 원료정보, 주의사항 등에 대해 포장에 표기하지 않더라도 소비자에게 설명해야 할 의무가 있다. 맞춤형화장품 포장에 표시해야 할 사항은 다음과 같다.

① 맞춤형화장품의 명칭
② 화장품 책임판매업자 및 맞춤형화장품 판매업자 상호
③ 가격
④ 식별번호
⑤ 사용기한 또는 개봉 후 사용기간

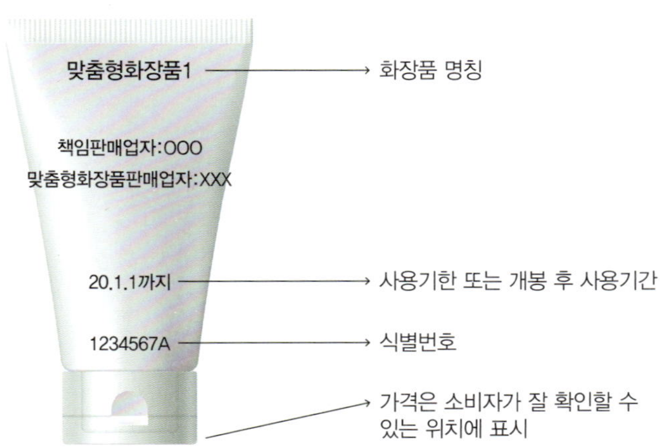

그림 20-1 맞춤형화장품 표시사항

6. 맞춤형화장품의 판매 및 주의사항

① 맞춤형화장품 판매장에는 반드시 맞춤형화장품 조제관리사를 둘 것

② 보건위생상 위해가 없도록 맞춤형화장품 혼합 및 소분에 필요한 장소, 시설, 기구 등을 정기점검하여 작업에 지장이 없도록 관리하고 유지할 것

③ 맞춤형화장품 판매 시설 기준(권장사항)

- 판매장소와 구분, 구획된 제조실
- 원료 및 내용물 보관 장소
- 적절한 환기시설
- 작업자의 손 및 조제설비, 기구 세척 시설
- 맞춤형화장품간 혼입이나 미생물 오염을 방지할 수 있는 시설 또는 설비

④ 맞춤형화장품 원료 및 내용물 입고와 보관관리

- 입고시 품질관리 여부 및 사용기한 등을 확인하고 품질성적서 구비
- 원료 및 내용물은 가능한 품질에 영향을 미치지 않는 장소에 보관
- 사용기한이 경과한 원료 및 내용물은 조제에 사용하지 않도록 관리

⑤ 안전관리기준에 맞추어 혼합 및 소분시 오염이 없도록 할 것

- 혼합 · 소분 전 손 소독 또는 세정하거나 일회용 장갑 착용
- 혼합 · 소분에 사용되는 장비 또는 기기 등은 사용 전후 세척
- 혼합 · 소분된 제품을 담을 용기의 오염 여부를 사전 확인

⑥ 맞춤형화장품 직원 위생관리

- 혼합 · 소분 전 손 소독 또는 세정하거나 일회용 장갑 착용
- 혼합 · 소분 시 위생복 및 마스크 착용
- 피부 외상이나 질병이 있는 경우 회복 전까지 혼합 · 소분 행위 금지

⑦ 맞춤형화장품 작업장 및 시설 · 기구 위생관리

- 작업장과 시설, 기구를 정기적으로 점검하여 위생적으로 관리, 유지
- 혼합 · 소분에 사용되는 시설, 기구 등은 사용 전 · 후 세척
- 세제, 세척제는 잔류하거나 표면에 이상을 초래하지 않는 것을 사용
- 세척한 시설, 기구는 잘 건조하여 다음 사용 시까지 오염 방지

⑧ 맞춤형화장품 판매내역서를 작성하고 보관할 것

- 식별일자
- 판매일자
- 판매량
- 사용기한 또는 개봉 후 사용기한

⑨ 맞춤형화장품 사후 관리

- 안전성 정보(부작용 발생 사례 포함)를 인지한 경우 신속히 책임판매업자에게 보고
- 회수 대상 화장품임을 인지한 경우 신속히 책임판매업자에게 보고 및 회수 대상 맞춤형화장품을 구입한 소비자로부터 적극적 회수 조치

Chapter 21

색조화장품

1. 색조화장품 정의 및 현황

1. 색과 메이크업

색은 시각적인 아름다움을 표현하는 수단으로 매우 중요한 요소이다. 색에는 색상(hue), 명도(value, lightness), 채도(chroma, saturation)라는 세 가지 속성이 있다.

색상은 스펙트럼에 나타난 빨강, 주황, 노랑, 초록, 파랑, 남색, 보라 등과 같이 각각을 구분하게 하는 색 자체가 갖는 고유한 특성을 말한다. 피부색을 정돈하거나 개성을 나타내기 위한 목적으로 메이크업을 할 때 자신에게 잘 맞는 색상을 찾아내는 것은 중요한 일이며, 두 가지 이상의 색상을 효과적으로 조화시키는 일 역시 중요하다.

명도는 색의 밝음 또는 어두움을 나타낸다. 명도가 높은 색은 보는 사람에게 경쾌한 기분을 느끼게 하고, 명도가 낮은 색은 검소하고 차분한 느낌을 갖게 한다. 또한 주름의 경우는 주름과 그 주변의 정상 피부 사이의 색상 차이가 아닌 빛에 의한 명도의 차이로 우리 눈에 보이게 되는 것이다.

따라서 명도차를 강조하는 화장을 하면 주름은 더 뚜렷하게 보일 것이고, 반대로 명도차를 감소시키면 주름은 자연스럽게 은폐될 것이다. 이렇게 명도차를 감소시켜 주름을 은폐하는 것을 소프트 포커스(soft focus) 메이크업이라 한다.

채도는 색의 선명한 정도를 나타낸다. 색이 선명할수록 채도가 높다고 말하며 채도가 높은 색은 색 자체의 화려함을 느끼게 하고, 회색이나 흰색 또는 검정과 같은 무채색에 가까울수록 채도가 낮다고 하며 채도가 낮은 색은 무게감과 안정감을 느끼게 한다.

2. 색조화장품의 역할

색조화장품은 예로부터 얼굴과 몸을 보호하는 목적뿐 아니라 종교적 의식으로 도포하는 것으로 아주 오래전부터 사용되어 왔다. 색조화장품은 화장품법의 화장품 정의 중에서 '사람의 신체를 미화하여 매력을 증가하고 용모를 밝게 변화시킨다'라는 목적에 해당되는 것으로서 피부에 색 또는 음영을 주어서 피부색을 정돈시키거나 결점을 보완해 줌으로써 용모를 아름답게 변화시키고 피부를 아름답게 보이게 할 목적으로 사용하는 화장품이다.

또한 메이크업을 함으로써 자외선과 같은 외부 자극으로부터 피부를 보호하고, 심리적인 만족감과 자신감을 생기게 하는 심리적인 효과도 부여해 준다. 그러므로 색조화장품의 역할에는 미적 역할과 보호적 역할 그리고 심리적 역할이 있다.

2. 색조화장품의 종류

색조화장품은 얼굴 전체의 피부색이나 질감을 균일하게 정돈하거나 기미 또는 주근깨 등 피부 결점을 커버하여 아름답게 보이도록 하기 위한 베이스 메이크업 화장품과 입술, 눈, 볼, 손톱 등에 부분적으로 색채를 사용하여 혈색을 좋게 하고 입체감을 부여하는 포인트 메이크업 화장품으로 나눌 수 있다.

베이스 메이크업 화장품은 얼굴 전체의 피부색을 균일하게 정돈하고 기미나 잡티 등의 피부 결점을 보완해 주는 화장품으로 베이스 메이크업이 잘 되어야 포인트 메이크업도 돋보일 수 있으므로 색조 화장의 기본이 되는 화장품이라 할 수 있겠다.

최근에는 베이스 메이크업 화장품들에 리포좀이나 식물 성분이 함유되어 스킨케어 개념을 접목한 화장품들과 자외선 차단, 미백, 주름개선, 펄 효과 등의 여러 기능을 한꺼번에 갖춘 다기능화된 화장품, 선밤, 스프레이형 파운데이션과 같은 새로운 제형의 화장품들이 출시되는 추세이다.

1. 메이크업 베이스(Make-up Base) 화장품

기초화장품을 사용한 후 색조화장의 가장 첫 단계에 사용하는 화장품으로, 파운데이션을 바르기 전에 얼굴색의 색조를 조정하는데 사용하는 제품이다.

메이크업 베이스는 파운데이션의 색소가 피부에 침착되는 것을 방지하여 주며, 파운데이션의 밀착성을 높여 화장이 들뜨지 않게 하고 화장의 지속성을 높여주는 역할도 한다.

기본적인 원료의 구성은 유화형 파운데이션과 유사하지만 무기안료 또는 착색안료 등 전체 안료의 배합량이 적은 편이다.

다양한 색조의 얼굴색을 조정해 주기 위해 초록색, 분홍색, 보라색 등 다양한 색상의 제품이 있으며, 일반적으로 붉은 기가 강한 얼굴에는 녹색의 메이크업 베이스를, 창백한 얼굴에는 분홍색의 메이크업 베이스를 사용한다.

메이크업 베이스는 파운데이션의 색소가 피부에 침착되는 것을 방지하며, 파운데이션의 밀착성을 높여 화장이 들뜨지 않게 하고 화장의 지속성을 높여주는 역할도 한다.

기본적인 원료의 구성은 유화형 파운데이션과 유사하지만 무기안료 또는 착색안료 등 전체 안료의 배합량이 적은 편이다.

다양한 색조의 얼굴색을 조정해 주기 위해 초록색, 분홍색, 보라색 등 다양한 색상의 제품이 있으며, 일반적으로 붉은 기가 강한 얼굴에는 녹색의 메이크업 베이스를, 창백한 얼굴에는 분홍색의 메이크업 베이스를 사용한다.

궁금해요

Q. 내 피부에 맞는 메이크업 베이스는 무엇일까요?

그린 : 일반적으로 동양인 피부에 사용하면 무난한 색으로 여드름과 같은 잡티, 울긋불긋한 피부에 사용하면 좋다.

보라 : 노란빛을 내는 피부에 사용하면 좋은데, 이는 보라색이 노란색과 섞이면서 피부 톤을 밝게 표현해 주기 때문이다.

핑크 : 혈색이 없는 창백한 피부에 사용하면 화사한 피부 표현을 할 수 있다.

블루 : 얼굴에 붉은기가 많을 때 사용하면 하얀 피부를 표현할 수 있다.

오렌지 : 피부 톤을 어둡게 할 때 어두운 파운데이션과 함께 사용한다.

베이지 : 자연스러운 피부를 표현하거나 거칠고 건조한 피부에 사용하면 도움이 된다.

2. 파운데이션(Foundation)

파운데이션은 베이스 메이크업의 가장 중요한 부분으로 부분 화장이 돋보이게 해준다. 피부의 결점 커버와 피부 색상을 조정하고 윤곽을 수정하며 섬세한 질감의 수정을 목적으로 사용한다.

(1) 유화형 파운데이션

커버력이나 유분함량에 따라 O/W, W/O, W/S 타입과 유액 또는 크림 타입 등으로 구별되며 피부색을 조절하고 피부의 결점을 커버하는 용도로 사용된다.

사용 후 피부에 유분감을 남기기 때문에 유분감을 제거하고 파운데이션의 지속력을 높이기 위해 페이스 컬러나 콤팩트 파우더 등의 마무리용 피니시 메이크업 제품이 필요하다.

① 리퀴드 파운데이션(Liquid foundation)

대부분 O/W형 유화 타입으로 사용감이 가볍고 산뜻하다. 크림 파운데이션에 비해 수분 함유량이 많아 부드럽게 발리고 투명감있게 표현되므로 피부 결점이 많지 않은 경우에 더 적합한 제품이다.

② 크림 파운데이션(Cream foundation)

크림 파운데이션은 리퀴드 파운데이션에 비해 오일이나 안료 및 점증제의 함량이 많고 상대적으로 물의 함량이 적어 점도가 높고 피부의 결점 커버력 또한 우수하다.

(2) 유성형 파운데이션

유성 파운데이션은 왁스 등을 포함한 오일 성분 50~60%에 체질안료나 착색 안료 등을 약 40~50% 균일하게 분산시킨 형태로, 오일과 안료가 주 성분이기 때문에 피부에 부착성이 좋다.

그러므로 화장 지속성과 은폐력이 우수하여 보통의 파운데이션으로 은폐할 수 없었던 기미, 주근깨, 흉터 등을 은폐하는 데 효과적이다. 그 반면, 유분이 너무 많아 끈적이기 때문에 사용감이 좋은 편은 아니다.

콤팩트 타입(compact type)과 스틱타입(stick type)이 있는데 콤팩트 타입을 일반적으로 스킨커버(skin cover)라 부르며, 스틱타입의 제품을 컨실러(concealer)라 부른다.

① 스킨 커버(Skin cover)

안료를 오일과 왁스에 고루 혼합 분산시킨 것으로 크림 파운데이션보다 밀착감, 내수성 및 커버력이 우수하다. 사용감이 뻑뻑하고 좋은 편은 아니나 커버력이 우수하므로 무대화장, 사진 촬영, 특수 분장 시에 널리 사용된다.

② 컨실러(Concealer)

다량의 안료가 들어 있어 커버력이 뛰어나며, 스틱형태로 되어 있어 부분적인 피부 잡티, 여드름 자국 등을 커버하는데 효과적이다.

(3) 압축 고형 파운데이션

파우더를 압축하여 고형으로 성형한 제품으로 휴대가 간편하고 스피디한 화장이 필요할 때 편리하게 사용될 수 있다.

파우더를 압축형태의 고형으로 성형할 때는 분체안료간의 접착력과 결합력을 향상시키기 위해 사용 목적을 고려하면서 소량의 오일이나 왁스, 계면활성제 등을 배합하는데 이것을 결합제 또는 바인더(binder)라고 부른다.

① 양용 파운데이션(투웨이 케이크, Two-way cake)

실리콘 등에 의해 발수(친유)처리가 되어 있는 안료가 주요 성분이기 때문에 내수성이 우수하여 피지나 땀에 의해 쉽게 지워지지 않는다.

따라서 젖은 스펀지를 사용해도 물을 흡수하지 않아 '케이킹(caking)' 현상이 발생하지 않고 시원한 감촉으로 사용할 수 있다. 마른 스펀지와 젖은 스펀지를 모두 사용할 수 있기 때문에 흔히 투웨이 케이크(two-way cake)라고 불리는 제품이다.

② 파우더 파운데이션(Powder foundation)

파우더와 투웨이 케이크의 중간 형태로 자연스러운 마무리 화장과 피부색 보정이 가능하다. 스피디한 메이크업이나 외출 전 수정 화장에 간편하게 사용하기 좋은 제품으로 번들거림 없이 매트한 느낌을 준다.

3. 파우더(Powder)

베이스 메이크업을 마무리하기 위한 제품으로 분말 타입인 루즈 파우더와 압축고형 타입인 콤팩트 파우더가 있다.

(1) 루즈 파우더(가루분, Loose powder, Face powder)

루즈 파우더는 고형으로 성형되어 있는 제품들과는 달리 유분이 전혀 배합되어 있지 않고 안료만으로 이루어져 있기 때문에 파운데이션이나 피지에 의한 얼굴의 유분기를 제거하여 화장이 지워지는 것을 막고 파운데이션의 지속성을 높일 수 있다. 또한 화장 마무리시에 다양한 색감과 화사하고 보송보송한 블루밍(blooming)효과를 얻을 수 있어 피부톤을 밝고 자연스럽게 보이도록 할 수 있다.

(2) 콤팩트 파우더(Compact powder)

가루날림이 있고 휴대하기 불편하다는 루즈 파우더의 불편한 점을 개선하여 가루날림이 없고 휴대하기 편리하게 고형상태로 만든 제품이다. 한때 가장 보편적인 제품이었으나 최근에는 콤팩트 기능을 겸한 압축 고형 파운데이션들의 등장으로 수요가 그리 많지는 않다.

기본원료는 루즈 파우더와 거의 동일하며, 파우더를 고형으로 성형하기 위해 5% 정도의 유분을 바인더(binder)로 사용하였다.

4. BB크림/CC크림

한 듯, 안한 듯한 투명 메이크업이 인기를 끌면서 파운데이션 대체품으로 BB크림과 CC크림이 사용되고 있다.

① BB크림(Blemish Balm Cream)

피부과에서 하는 시술 후 피부 재생과 보호를 돕기 위해 사용되던 제품이었으나, H브랜드에서 쌩얼화장법으로 잡티를 가려주고, 피부톤만 정리하는 가벼운 용도의 화장품으로 재해석하여 출시하면서 지속적으로 인기를 얻고 있는 제품이다. 초기에는 BB크림에서 주로 사용하는 산화철 성분으로 다크닝 현상이 있었으나, 최근에는 주름, 미백, 자외선 차단기능까지 겸비한 멀티제품으로 변화하고 있으며, 남성도 즐겨 사용하는 제품으로 자리잡았다.

② CC크림(Color Control Cream)

BB크림에 비해 잡티를 가려주는 커버력은 약하지만, 수분감이 많아 촉촉하고 환한 피부톤을 연출하는데 사용된다. BB크림의 단점인 다크닝은 해결하고 촉촉하고 윤기있는 피부를 만드는데 중점을 둔 제품으로 기초스킨케어 기능이 더 강해 메이크업제품으로 분류하지 않기도 한다.

5. 포인트 메이크업(Point make-up) 화장품

(1) 아이 메이크업 화장품

눈은 얼굴에서 가장 큰 비중을 차지하며 따라서 메이크업에서도 눈 화장이 매우 중요하다. 반면, 눈 부위는 얼굴에서 가장 민감한 부분이므로 눈 부위에 사용하는 화장품의 원료들은 엄격하게 규제하고 있다. 그렇기 때문에 무턱대고 컬러가 예쁘다고 해서 볼터치 용도로 사용하는 화장품을 아이섀도 대용으로 사용한다면 경우에 따라 안구를 자극하여 충혈되거나 안과질환을 얻을 수도 있기 때문에 되도록 눈 전용 제품을 사용하는 것이 가장 좋다.

① 아이섀도(Eye shadow)

아이섀도는 눈과 눈썹 사이의 눈꺼풀에 도포하여 색채와 음영을 부여함으로써 입체감을 연출하여 눈의 아름다움을 강조하기 위해 사용하는 화장품이다.

아이섀도의 형태 중 가장 일반적인 것은 케이크 타입인데, 각종 안료를 90~95% 정도 골고루 혼합 분산시킨 후 오일 성분의 결합제(binder)를 약 5~10% 정도 스프레이하여 압축 성형한 것이다. 그 밖에 유화형태의 액상 아이섀도, 유성성분의 함량이 높은 스틱형태의 아이섀도 등이 있다.

아이섀도의 색상은 립스틱과 마찬가지로 유행이나 패션과 밀접한 관계가 있으므로 시간, 장소, 목적과 의상에 어울리는 것을 선택하여 개성과 이미지를 부각시키는 것이 좋다. 최근에는 유색 펄 안료계의 다양화로 인해 더욱 아름다운 색상의 아이섀도들이 개발되고 있다.

② 마스카라(Mascara)

마스카라는 속눈썹에 발라서 속눈썹을 짙고 길게 보이게 하여 눈매를 아름답게 연출하기 위한 목적으로 사용하는 화장품이다.

색상은 흑색이 일반적이지만 보라색, 청색, 자주색, 갈색 등의 다양한 색상도 사용되며, 속눈썹을 보호할 목적의 투명한 마스카라도 있다.

마스카라의 형태는 크게 리퀴드 형태와 케이크 형태로 나누어지지만, 케이크 형태의 마스카라는 최근에는 거의 사용하지 않고 주로 리퀴드 형태의 마스카라가 사용되고 있다.

리퀴드 형태의 마스카라는 다시 유성용제형(피막형성 타입), 유화형, 수성현탁형 등이 있으며, 가장 많이 사용하는 형태는 유성용제형과 유화형태의 마스카라이다.

유성용제형 마스카라는 휘발성이 있는 용제에 착색안료와 왁스 등을 배합하여 바른 후에 용제가 휘발되고 내수성의 피막이 속눈썹에서 볼륨 및 컬링 효과를 부여한다. 이 피막은 땀과 눈물 등에 용해되지 않아 화장지속성이 우수하다.

반면, 유화형 마스카라는 최근 가장 많이 사용하는 형태로, 속눈썹에 적당한 수분을 공급하며 부드럽게 발라지기 때문에 사용감이 좋다. 또한 유화형 마스카라에 피막형성제로 배합된 고분자물질은 착색안료가 속눈썹에 쉽게 부착되도록 하는 역할을 한다.

마스카라는 부자재의 영향을 가장 많이 받는 화장품 중 하나로 용기나 마스카라가 묻혀지는 브러시의 형태가 매우 중요하다. 그 이유는 속눈썹의 길이나 굵기, 조밀도 또는 속눈썹이 위를 향하고 있는가 아래를 향하고 있는가 등의 조건에 따라 메이크업 결과가 달라지기 때문이다.

③ 아이라이너(Eye liner)

아이라이너는 눈의 윤곽을 뚜렷하게 해주고 인상적인 눈매를 연출해 주기 위해 눈의 위아래에 있는 속눈썹 부위에 가늘게 선을 그려주는 제품이다.

색상은 일반적으로 흑색이 주류를 이루지만 최근에는 아이섀도 만큼 다양한 색조가 개발되고 있다.

아이라이너의 형태는 리퀴드 형태, 펜슬 형태, 케이크 형태 등이 있으며, 리퀴드 형태는 다시 유성용제형, 유화형, 수성현탁형 등으로 구분된다. 일반적으로 많이 사용하는 형태는 유성용제형과 유화형의 아이라이너이다.

유성용제형의 아이라이너는 피막형성 타입이라고도 하는데, 휘발성이 있는 용제에 왁스 등의 소수성 물질이 배합되어 있어서 바른 후에 용제가 휘발되고 내수성의 피막이 남게 된다.

이 피막은 피부 부착성이 우수해 땀과 눈물 등에 용해되지 않아 화장지속성이 우수하지만 화장을 지울 때 유성의 제거액을 사용해야 하는 번거로움이 있다.

한편, 유화형과 수상현탁형은 수분이 함유되어 있어 촉촉하고 부드러운 사용감을 느낄 수 있으나 내수성이 떨어지므로 땀이나 눈물에 의해 눈 주변을 지저분하게 만들 우려가 있고 수계에서 미생물의 번식 가능성이 있어 안정성에 유의해야 한다.

리퀴드 형태의 아이라이너는 깨끗한 선으로 그릴 수 있는 장점이 있지만 수정화장이 쉽지 않기 때문에 화장 초보자라면 왁스류의 유성 성분에 착색안료를 분산시켜 고형으로 성형하여 연필 모양으로 만든 펜슬 타입의 아이라이너를 사용하는 것도 바람직하다.

아이라이너는 마스카라와 더불어 속눈썹 부위에 화장을 하는 제품이므로 피부에 대한 안전성이 대단히 중요시되는 화장품이며, 화장 후의 건조속도가 빨라야 하고, 형성된 피막의 유연성과 내수성이 우수해야 한다.

이 피막은 피부 부착성이 우수해 땀과 눈물 등에 용해되지 않아 화장지속성이 우수하지만 화장을 지울 때 유성의 제거액을 사용해야 하는 번거로움이 있다.

한편, 유화형과 수상현탁형은 수분이 함유되어 있어 촉촉하고 부드러운 사용감을 느낄 수 있으나 내수성이 떨어지므로 땀이나 눈물에 의해 눈 주변을 지저분하게 할 우려가 있고 수계에서 미생물의 번식 가능성이 있어 안정성에 유의해야 한다.

리퀴드 형태의 아이라이너는 깨끗한 선으로 그릴 수 있는 장점이 있지만 수정화장이 쉽지 않기 때문에 화장 초보자라면 왁스류의 유성성분에 착색안료를 분산시켜 고형으로 성형하여 연필모양으로 만든 펜슬타입의 아이라이너를 사용하는 것도 바람직하다.

아이라이너는 마스카라와 더불어 속눈썹 부위에 화장을 하는 제품이므로 피부에 대한 안전성이 대단히 중요시되는 화장품이며, 화장 후의 건조속도가 빨라야 하고, 형성된 피막의 유연성과 내수성이 우수해야 한다.

표 21-1 제형별 아이라이너의 특징

형 태	제 형	특 징
액상	피막 형성타입 비피막 형성 타입 방수(water proof) 타입	지속성은 좋다. 피막에 의한 이질감이 있다. 지속성이 떨어진다.
고형상	펜슬 타입 분말 고형 타입	휴대가 용이하다. 번지기 쉽다.

④ 아이브로 펜슬(Eye brow pencil)

아이브로 펜슬은 눈썹의 형태와 색을 자신의 취향에 맞게 수정할 때 사용된다. 눈썹의 형태에 따라서 눈 화장 및 입술 화장 등의 전체적인 색조화장의 효과를 높일 수 있고 얼굴의 단점이나 이미지를 수정할 수 있다.

색상은 흑갈색이 일반적이지만, 흑색이나 짙은 회색 또는 짙은 눈썹색을 수정하기 위한 옅은 색도 있다.

아이브로 제품은 연필 형태의 고형상태가 일반적이며, 이는 왁스, 오일, 안료를 고온에서 용해하여 균일하게 분산시킨 후 압축 · 성형한 것이다. 립스틱에서와 마찬가지로 표면으로 오일 성분들이 스며 나오는 발한(sweating)현상이 일어날 수 있으며, 추운장소에서 오랫동안 보관했을 때에는 표면이 뿌옇게 변하는 발분현상이 일어날 수도 있다.

펜슬 역시 눈 주위에 사용하는 화장품이므로 피부 안전성에 유의해야 하며 강도가 너무 강하면 피부에 상처를 줄 수 있고, 너무 무르면 부러지거나 미세한 선을 연출하기가 어렵기 때문에 적당한 강도를 유지하는 것이 중요하다.

(2) 립 메이크업 화장품

입술은 다른 피부와는 달리 점막 부위로 이뤄져 각질층이 매우 얇고, 기저층이 유난히 발달되어 있다. 땀샘과 피지선이 적어 입술이 쉽게 트고 건조해짐으로써 각질이 쉽게 일어나는 특징이 있어서 이러한 입술의 특징을 반영해 다양한 제품이 만들어지고 있다.

① 립스틱(Lip stick)

일반적으로 립스틱이라 불리는 립 컬러는 입술에 색상과 윤기를 부여하는 제품으로 안색을 좋게 강조해 준다.

메이크업 화장품에서 가장 널리 사용되는 제품 중 하나로 그 역사도 깊어서 고대 그리스, 로마 시대에 특정 식물에 함유된 색소를 입술에 바른 것에서 그 유래를 찾을 수 있다. 그 후 립스틱용 색소로 서양에서는 주로 연지벌레에서 추출한 카민과 코치닐을, 동양에서는 홍화에서 추출한 카르타민을 이용했다.

유지와 왁스 등의 유성원료와 천연색소로 구성된 근대적인 막대 형태의 립스틱은 제1차 세계대전 즈음에 등장했으며, 1940년대 이후 합성 색소 제조기술의 향상과 더불어 다양한 색조의 립스틱으로 발전되어 왔다.

모공이나 한선 등이 발달되어 분비작용이 활발한 피부 조직과는 달리 입술은 부드러운 점막으로 되어 있어 외부 환경이나 자극에 스스로를 방어하는 능력이 떨어지기 때문에 환절기나 건조한 계절이 되면 입술이 자주 마르고 트게 된다. 립스틱은 점막 부위인 입술에 사용하는 제품이므로 단순히 색상을 부여하는 기능 외에도 입술을 보호하고 수분증발을 방지하는 역할을 하며, 제품의 안전성에 더욱 유의하여야 한다.

립스틱의 주원료는 유분과 안료로 되어 있는데, 립스틱에 필요한 성질을 만족하기 위해서는 여러 원료를 합리적으로 조합해야 한다.

립스틱에 사용되는 유분으로는 왁스와 오일이 있다. 왁스는 립스틱의 스틱형상을 만들기 위해 사용되며, 카루나우바 왁스, 칸데릴라 왁스, 비즈왁스, 세레신 등을 사용한다.

반면 오일은 왁스의 마찰계수를 낮추어 윤활성을 좋게 하고 왁스와 색소의 혼화성과 분산성을 향상시키기 위해 사용한다.

표 21-2 립스틱의 성분

구분			원료명
유성원료	고형		세레신, 칸델릴라왁스, 카나우바왁스, 합성 탄화수소, 파라핀, 밀납, 폴리에틸렌, 마이크로크리스탈린 왁스 등
	액상 및 반고체형	탄화수소	리퀴드 파라핀, 바셀린, 수포화 라놀린 등
		천연오일	피마자유, 마카다미아너트 오일, 호호바 오일, 식물성 스쿠알란, 스쿠알란, 라놀린 등
		합성오일	콜레스테릴 이소스테아레이트, 아이소프로필 미리스테이트 고급지방산의 에스테르유 등
		실리콘	메칠페닐폴리실록산, 메칠폴리실록산 등
	체질안료		탈크, 카올린, 세리사이트, 마이카, 황산바륨, 탄산칼슘 등
	백색안료		이산화티탄, 산화아연 등
분체원료	유색안료	무기안료	적색산화철, 황색산화철, 흑색산화철 등
		타르색소	황색4호, 황색5호, 청색1호, 적색201호, 적색226호, 오렌지색 201호 등
		천연색소	카민, 카사민, 베타카로틴 등
	진주광택안료		어린박, 옥시염화비스무스, 운모티탄, 카민피복운모티탄, 산화티탄피복합성금운모 등
	기타		스테아린산마그네슘 등의 지방산의 금속염류, 나일론 파우더, 실크 파우더, 셀룰로오스 파우더 등

표 21-3 립스틱의 종류 및 특징

구분	제형적 특징	장점	단점
모이스처 립스틱 (moisture lipstick)	왁스보다 오일이 많음	부드러운 사용감 피부 퍼짐성 우수	지속성 떨어짐 유분에 의한 번들거림
매트 립스틱 (mat lipstick)	오일보다 왁스가 많음	번들거림 적음	지속성 떨어짐 화장이 쉽게 흐트러짐
롱 래스팅 립스틱 (long lasting lip-stick)	오일, 왁스 외 고분자물질을 첨가하여 피막 형성	지속성 우수	피막형성으로 답답한 느낌 염착으로 화장제거가 어려움

② 립 글로스(Lip gloss)

립글로스는 일반적으로 튜브나 봉 타입의 제품이 대부분이며, 보습을 목적으로 설계된 제품이다. 입술에 약간의 색감과 펄감 또는 광택을 주어 입술에 촉촉함과 윤기를 더하기 위해 사용하는 것으로 특히 입술이 트거나 갈라지는 것을 방지하기 위하여 오일보다 보습성분이 많이 배합되며, 산화방지를 위해 비타민 E와 광택효과를 위해 펄 등이 많이 사용된다.

③ 립 틴트(Lip tint)

틴트(tint)란 동판화와 목판화에서 주로 이용하는 농담에 관한 표현 기법으로, 많은 평행선으로 명암을 나타내는 선 바림을 뜻하거나 물감의 빛깔을 부드럽게 바꾸는 걸 나타내는 용어이다. 색조 화장품에서 틴트는 입술에 바르는 제품을 말하는데, 립글로스의 경우에는 입술을 촉촉하게 해주지만 틴트의 경우에는 입술에 색상을 자연스럽게 표현해준다. 가볍고 티 나지 않게 발색되기 때문에 립 제품을 바르지 않은 듯한 착각을 준다.

④ 립밤(Lip balm)

다른 피부보다 피지분비가 적어 트기 쉬운 입술에 영양을 주며, 탄력을 증진시킨다. 또 손상된 입술의 통증을 완화시킨다. 입술에 막을 형성하여 지질층을 보호하여 보습력을 강화시킨다. 최근에는 해바라기 오일, 자두씨 오일 등 천연 성분을 이용한 제품도 많다. 입술이 건조할 때마다 덧발라주면 된다.

⑤ 립 라이너(Lip liner)

립스틱과 더불어 입술에 사용하는 제품으로 립스틱을 바르기 전에 입술의 외곽선을 그려 주어 립스틱의 번짐을 막고 입술 선을 보다 선명하고 아름답게 보이도록 한다. 제형은 펜슬 형태가 가장 일반적이다.

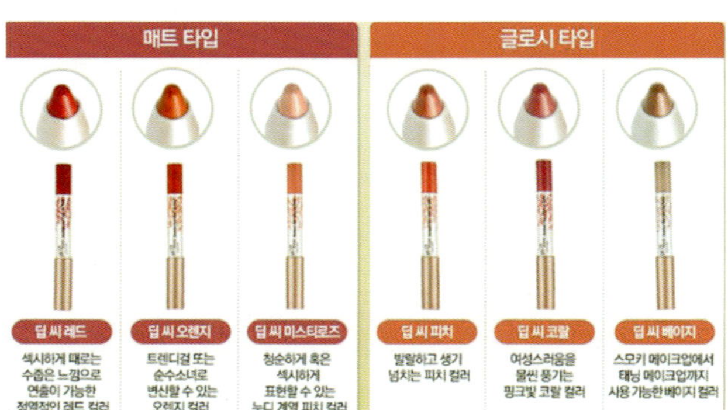

(3) 블러셔, 치크컬러(Blusher, Cheek color)

볼연지라고도 부르며, 볼 부위에 도포하여 건강한 혈색표현과 생동감있고 개성있는 색채표현을 하며, 윤곽에 음영을 주어서 얼굴을 입체적으로 표현하기 위해 사용된다.

메이크업 마무리 단계에서 볼 부위의 색을 수정하는 목적으로 사용하므로 일반적으로 색은 짙으나 커버력은 낮은 것이 특징이다.

일반적으로 압축 고형으로 성형된 형태들이 주류를 이루고 있으나 크림타입의 에멀션 형태나 유성형도 개발되어 있다. 최근에는 다색 성형 프레스 방식에 의해 하나의 제품 안에 여러 색상이 함께 있는 제품들을 많이 볼 수 있다.

궁금해요

Q. 여러분은 색조화장품을 얼마동안 사용하시나요?

영국의 Dailymail(2010. 2. 25)의 기사에 따르면 여성 소비자들이 화장품을 사용하는 실제 기간과 EU에서 권고한 화장품 사용기간이 확연한 차이를 보였습니다. 아이섀도우는 무려 180개월 즉 15년이나 사용하고 있었으며 아이, 립라이너를 제외하고는 권고된 사용기간보다 적게는 2배 많게는 10배로 긴 사용을 하고 있었어요.

여러분과 영국의·소비자는 많이 다를까요?

아마도 큰 차이가 없을지도 모릅니다. 그 이유는 많은 색조 화장품이 구매 후 제조일자 또는 유효기간이 유성에 의해 지워지는 경우가 대부분이고, 이로 인해 정확한 날짜도 기억하지 못하는 경우가 많기 때문이죠. 설령 기억한다 하더라도 육안으로 부패된 것이 확인되기 어렵기에 그냥 사용하는 경우가 많습니다.

이 뿐 아니라, 여성의 68%는 화장품 사용기한과 상관없이 화장품을 다 쓸 때까지 사용한다고 응답했으며, 72%는 단 한번도 메이크업 스펀지 또는 브러쉬를 세척해서 사용해 본 적이 없다고 응답하였습니다.

아름다움을 표현하기 위해 사용하는 색조 화장품!! 청결도 무척이나 중요하고, 사용기간 준수는 그 무엇보다도 중요하다는 것 잊지 마시고, 기간이 지난 색조 화장품은 과감히 버려주는 센스!!

Chapter 22 모발화장품

1. 모발화장품의 분류와 현황

1. 모발화장품의 분류

머리에는 많은 양의 모발과 두피에서 분비된 피지, 땀, 각질, 먼지 등이 뒤엉켜 시간이 지나면서 악취를 낸다. 만약에 이와 같은 오염물질을 그 상태 그대로 방치하면 두피에 세균이 번식하여 피지와 그 밖의 유기물들을 분해하여 산패하기 때문에 두피가 가렵고 비듬이 생기게 될 것이다.

모발 화장품은 인체의 모발 및 두피를 청결하게 하고 건강하게 할 뿐만 아니라 머리의 형태를 변화시키며 색상을 부여하는 목적으로 사용하는 화장품으로 그 목적에 따라 다음과 같이 분류할 수 있다.

표 22-1 모발화장품의 분류

구 분	작 용	종 류
세정용 화장품	모발을 씻어주는 역할	샴푸, 린스
정발제	모발을 가다듬어 정돈하는 역할	헤어 스프레이, 헤어 젤, 무스
헤어 트리트먼트제	모발의 손상을 예방하는 역할	헤어 트리트먼트 크림, 헤어 팩
양모제	모발의 성장 촉진	헤어토닉
퍼머제	모발에 웨이브를 형성	퍼머넌트제
염모제	모발을 착색시키는 역할	헤어 칼라링제
제모제	불필요한 모발을 제거하는 역할	제모용 왁스

2. 모발화장품의 종류

1. 세정용 모발화장품

(1) 샴푸(Shampoo)

과거에는 피부나 두피를 세정하는 세정제로 비누가 유일한 것이었으나 중성세제가 개발되면서 오늘날 액상의 헤어샴푸로 발전되어 왔다. 헤어샴푸의 주 목적은 두피나 모발의 오염을 씻어내는 것인데 헤어샴푸는 비누와는 달리 연수뿐만 아니라 경수에서도 풍부한 거품을 만들며 세정력도 우수하다.

표 22-2 샴푸의 주요성분

주 성 분	기 능
음이온성 계면활성제 양쪽성 계면활성제	기포 및 세정제로 사용되며, 최근에는 이 두 가지의 계면활성제를 함께 배합한 제품도 많다.
컨디셔닝 및 보습제	세정제만으로 구성된 샴푸는 사용 후 모발이 푸석해지고 뭉치는 단점이 있기 때문에 광물유나 에스테르유, 실리콘 등의 컨디셔닝제를 배합한다. 보습제로는 스킨케어 제품과 마찬가지로 글리세린과 같은 다가 알코올류가 주로 이용된다.
점증제	샴푸는 적당한 점도를 가져야 사용 시 불편함이 없기 때문에 점도 조절을 위해 지방산 알카놀아미드나 소금 등의 무기염을 이용하며, pH 조절제로는 구연산, 황산, 염화나트륨, 트리에탄올아민 등을 이용한다.
안정화제	낮은 온도에서 보관하면 석출이나 변색 등이 있을 수 있으므로, 하이드로트로프제, 킬레이트제, 자외선 흡수제 등을 배합하기도 한다.
보존제	안식향산염 등의 방부제가 배합된다. 일반적으로 샴푸의 방부력은 pH의 영향을 받아 중성 부근에서 가장 약하다.

샴푸는 모발과 두피의 오염물을 세정하고 비듬이나 가려움을 억제하고 모발과 두피의 청결과 미용을 목적으로 사용하는 화장품이다. 세정력이 우수하지만 과도한 피지제거로 인해 모발이 건조해지면 안 된다. 또한 거품이 풍부하고 물에 의한 헹굼도 좋아야 한다.

최근에는 소비자의 요구에 따라 기능이 다양해져 세정이라는 기본 기능 외에 모발의 컨디셔닝 효과와 비듬방지 등의 부가 기능이 첨가되고 있다. 두발과 두피 상태에 따라 굵은 모발용, 보통모발용, 가늘고 부드러운 모발용, 정상 모발용, 지성 모발용, 건성 모발용 등으로 분류되어 있기도 하다.

(2) 린스(Rinse)

린스라는 말은 본래 '씻다, 헹구다'는 의미이며, 샴푸 후 젖은 모발에 사용한 후 헹구어 주면 모발을 윤기 있게 하고 브러시나 빗질을 용이하게 하며, 정전기를 방지하여 브러싱으로 인한 모표피의 손상으로부터 보호하는 대전방지 효과 이외에 유성성분을 보급하는 목적이 있다.

제형상으로는 투명한 액상, 크림상과 유액상, 젤상 등이 있고, 용도별로는 정상모발용, 건성모발용, 지성모발용 외에 비듬 방지용 등이 있다. 또한 사용방법도 두발에 직접 도포하거나 뜨거운 물에 용해하여 사용하는 것 등이 있다.

현재는 중성의 합성세제를 세정제로 사용하는 샴푸제가 주류를 차지하고 있기 때문에 합성 세제의 강한 탈지력으로 인해 유분이 지나치게 제거되는 경향이 있다. 또한 퍼머넌트 웨이브 용제나 염모제의 보급에 의해 두발의 광택이 감소하거나 건조하고 갈라지고 끊어지는 모발 등의 손상이 일어나기 쉽다. 때문에 최근에는 양이온 계면활성제를 주요성분으로 하고 유분과 보습제를 배합한 크림린스 등이 일반적으로 사용되고 있다.

이들 헤어 린스에 주로 배합되는 양이온 계면활성제는 제4급 암모니움염이라고 하는 물질인데 케라틴에 흡착되어 두발의 표면에 얇은 피막을 형성한다. 이 피막은 모발을 보호하고 유연하게 하여 자연스러운 광택을 줄 뿐 아니라 정전기 발생을 방지하고 브러싱이 잘 되게 하여 정발을 쉽게 하는 효과가 있다.

표 22-3 린스의 주요성분

주 성 분	기 능
양이온성 계면활성제	린스의 기본 기능을 나타내는 데 가장 중요한 역할을 하는 성분으로 모발에 잘 흡착되어 모발을 부드럽게 만들고 정전기를 방지하는 작용을 한다.
유분 및 보습제	모발의 컨디셔닝을 목적으로 고급 알코올, 고급지방산, 탄화수소유, 동식물유 등을 사용하고 있으며, 보습제 성분은 샴푸류와 동일하다.
실리콘	실리콘은 모발을 매끄럽게 하고 윤기와 광택을 부여할 목적으로 린스에 배합되는데 주로 메칠폴리실록산, 메칠페닐폴리실록산 또는 아미노변성실리콘 등이 이용되고 있다.
유화제	린스에 배합된 유분과 수분을 혼합하여 에멀션으로 만들기 위해 배합된다.
보존제	린스에 배합된 양이온계면활성제 자체의 항균성이 있어 샴푸와 비교하여 강한 방부력이 요구되지 않아 무방부제의 제품도 가능하지만, 사용하는 과정에서 균의 혼입에 의한 품질의 저하가 있을 수 있으므로 파라벤류나 안식향산 등이 배합된다.

2. 정발제(Hair conditioner)

모발을 물리적으로 원하는 형태로 만들어주는 스타일링(styling)과 형태를 고정시켜 주는 세팅(setting) 기능을 목적으로 하는 정발제는 수분, 유분, 광택, 향 등이 첨가되어 모발을 보호하고 헤어스타일을 정돈시킨다.

모발관련 상품은 당대의 트렌드, 문화, 유행에 많은 영향을 받게 되고 특히 정발제는 이러한 경향이 두드러지게 나타난다. 새로운 스타일이 유행하면서 이를 유지하고 관리할 수 있는 상품이 뒤따르게 되는 경향을 보인다.

대표적인 정발제로는 유성 헤어오일과 포마드, 에멀션 타입의 헤어 크림과 세트로션, 헤어스프레이 등이 있으며 최근에는 리퀴드, 에어로졸, 왁스 타입 등의 다양한 형태의 정발제가 나오고 있다.

(1) 헤어 오일(Hair oil)

투명한 오일 형태로 모발에 광택과 유연성을 주어 정발과 두발 보호를 목적으로 사용한다. 유성물질을 원료로 하며 올리브유, 동백기름 등의 식물성 오일이나 유동파라핀 등의 광물성 오일 또는 두 가지를 혼합하여 만든다.

(2) 포마드(Pomade)

오래전부터 사용되어 온 반 고체상의 젤리 형태로 되어 있는 남성용 정발제이다. 모발에 유분을 주어 적당한 광택과 유연성을 유지시키고 정발력을 뛰어나게 한다. 식물성과 광물성 오일을 주원료로 하여 산화방지제, 향료 등을 배합하여 만들어진다.

(3) 헤어 크림 및 로션(Hair cream & Lotion)

헤어 오일의 결점인 끈적거림을 최소화하기 위해 유분과 수분을 유화시켜 모발에 광택과 유연성을 주고 모발을 보호하며 정리하기 위한 제품이다. 헤어 오일에 비해 유분기가 적어 머리 감기가 용이하며 적당한 정발력과 자연스러운 광택을 부여할 수 있다.

(4) 세트로션(Set lotion)

고분자 물질을 에탄올 용액에 녹인 것으로 액상 또는 젤 상태의 정발제이다. 미용실에서 핀컬(pin curl)이나 핑거웨이브(finger wave)와 같은 세트기술을 시술할 때 많이 사용한다. 세트로션을 바른 모발을 롤러(roller)로 말거나 브러싱(brushing)하면서 건조시키면 모발의 표면에 얇은 피막을 형성시켜 컬(curl)이나 웨이브(wave) 등을 일시적으로 고정시킨다. 세트로션은 주요성분이 피막형성제를 포함한 에탄올과 정제수의 혼합액으로 모발에 영양을 공급하지는 않지만 일정한 컬이나 웨이브를 유지할 때 사용된다.

(5) 헤어 스프레이(Hair spray)

헤어스타일을 정돈한 후 지속적으로 유지시키기 위해 세팅한 헤어스타일에 골고루 분사해서 두발에 얇은 피막을 형성하여 헤어를 일시적으로 강하게 고정시켜 주는 마무리용 정발제이다.

헤어스타일 제품의 대명사로 불리우며, 처음 선보이기 시작한 이후 가장 강력한 스타일링 도구로서 자리잡고 있다. 헤어 스프레이는 1926년 스프레이용 캔이 발명되었고, 1948년에 최초 상업용 에어로졸 스프레이가 도입되어 미국을 중심으로 전 세계적인 붐을 일으켰다. 강력한 스타일링력과 고정력을 갖춘 헤어 스프레이는 사용상의 편리함까지 더해져 급속도로 시장을 넓히는 상품이 되었다.

비슷한 형태의 제품으로 헤어 미스트가 있는데, 헤어 스프레이는 원액을 분사제와 함께 내압용기에 봉입한 에어졸 형태인 반면, 헤어 미스트는 분사제가 없이 단순히 펌프식 스프레이 형태로 분사하는 것이다. 초기에는 분사제로는 프레온을 사용하였으나 환경오염문제로 인하여 현재에는 주로 액화석유가스(LPG)를 사용하고 있다.

(6) 헤어 젤(Hair gel)

수용성 고분자를 정제수에 용해시킨 젤 상태의 투명 정발제이다. 헤어 무스나 헤어 스프레이에 비해 모발에 촉촉함과 윤기를 주어 보다 자연스러운 정발효과를 준다.

(7) 헤어 무스(Hair mousse)

프랑스어인 무스(mousse)는 "거품이 나는 크림, 비누거품" 등의 뜻이지만 스타일링제인 무스는 스타일링 효과와 컨디셔닝 효과를 지닌 거품 상 에어졸 제품의 총칭으로 쓰이고 있다.

미세한 거품 상으로 분사되어 적은 양으로도 많은 부분의 모발에 도포되어 스타일을 만들어 주는 제품으로 헤어 스프레이와 동일하게 분사제를 사용하지만 그 양이 적고 내용물에 폼을 형성할 수 있는 계면활성제를 사용하여 분사 후 부풀어 올라 모발에 도포할 수 있다.

(8) 헤어 리퀴드(Hair liquid)

헤어 리퀴드는 핸드 드라이어의 보급과 함께 제품화 된 정발제이다. 머리를 감은 후의 젖은 모발에 헤어 리퀴드를 도포하고 헤어 드라이어를 사용하면 헤어 드라이어의 열이나 블러싱에 의한 마찰로부터 모발을 보호하면서 적당한 점착성과 정발력에 의해 자연스럽고 가벼운 느낌으로 정발된다. 때문에 헤어 리퀴드를 헤어 블로(hair blow)라고도 한다.

헤어 리퀴드는 헤어스타일링 성분을 용해한 에틸알코올 수용액으로 에탄올 용액에 합성 폴리에테르유를 배합하여 외관이 화장수와 유사한 스타일링제이다. 합성 폴리에테르유는 친수성의 유성원료로 냄새가 거의 없기 때문에 제품에 향을 부여하기도 편하다. 모발에 직접 도포하거나 분무하여 사용하며, 헤어 스프레이나 헤어 오일보다 부드러운 정발효과와 깔끔한 마무리감을 주며 물에 의해 쉽게 세발된다.

(9) 헤어 왁스(Hair wax)

1990년대 처음 등장한 헤어 왁스는 기존에 있던 스타일링제의 장점을 고루 적용한 제품으로 유지제품의 부드러움과 스프레이, 무스 등의 강력한 정발효과를 두루 갖춘 제품이다.

일반적으로 헤어왁스는 카나우바 왁스와 같은 고융점 왁스를 이용하여 헤어스타일을 만드는 제품으로 모발표면에 고융점왁스에 의한 모발간의 접착, 접촉 상태를 유지하여 스타일링을 형성하므로 합성폴리머에 비해 건조 후 딱딱한 느낌이 없는 자연스러운 촉감으로 스타일을 유지할 수 있다.

유화타입 헤어왁스의 구성성분은 고융점왁스, 수성성분, 계면활성제, 점증제 성분이며 점착성의 유지를 위하여 고융점왁스들의 조합 및 오일을 이용하게 된다.

고융점 왁스들의 종류 및 함량에 따라 스타일의 강도 및 유지력이 결정되며 이를 조절하여 하드타입에서 소프트타입까지 다양한 제품을 만들 수 있다.

비유화타입의 경우 대개 고융점왁스와 약간의 오일을 배합하여 단단한 외관의 제품을 만들 수 있다. 이러한 제품의 경우 수성성분이 없는 경우가 많아서 정발력은 유화타입에 비해 높으나 사용 후 세척성이 떨어지며 샴푸를 하여도 모발에 제품의 잔존물이 남아 있는 경우가 종종 있다.

3. 헤어 트리트먼트제(Hair treatment)

모발의 손상을 방지하는 일은 아름다운 모발을 갖기 위해서 가장 중요한 일이므로 꾸준한 관리가 필요하다. 모발 손상의 원인으로는 퍼머넌트 웨이브 용제나 염모제 등에 의한 손상, 드라이어의 열, 잘못된 브러싱 등의 마찰 등을 들 수 있다. 모발의 모간부는 생리적인 기능이 거의 손실되어 손상되면 회복할 수 없고 그대로 방치하면 손상이 가속화되어 갈라지거나 끊어지는 상태로 된다.

표 22-4 헤어 트리트먼트의 주요성분

성 분	기 능
대전방지제	모발이 (−)로 대전한 곳에 흡착하여 정전기를 방지하고 빗질이 잘 되게 하며 또 모발을 연하고 부드럽게하여 광택을 준다.
유지류	모발 표면을 유성의 피지막으로 덮어 수분이 증발하여 건조되는 것을 막고 광택을 준다.
보습제	모발이 수분을 지니도록 하여 부드러운 느낌과 촉촉한 느낌을 주는 목적으로 사용한다.
모질개량제	모발에 흡착되거나 침투하여 손상부위의 수정이나 연모에 힘을 주거나 경모에 부드러움을 줌과 동시에 손상으로부터 보호하는 목적으로 사용된다.
계면활성제	서로 섞이기 어려운 물과 오일 성분을 고르게 분산, 유화하여 유액 또는 크림상으로 만들거나 가용화하여 침투상으로 할 목적으로 사용된다.

모발의 손상을 예방하고 모발의 건조화를 방지하기 위해 유, 수분을 조절하고 광택과 활력, 유연성을 주는 것이 중요한데 모발이 손상되는 것을 방지하고 손상된 모발을 인공적으로 보강하여 더 이상 손상되지 않도록 하는 것을 목적으로 사용하는 것이 헤어 트리트먼트제이다.

(1) 헤어트리트먼트 크림(Hair treatment cream)

헤어크림이라고도 하며 대부분 유화형이다. 잦은 퍼머, 염색, 헤어드라이 사용, 공해 등으로 손상된 모발의 손상된 큐티클 부분과 큐티클 사이를 영양물질로 채워 손상된 모발의 회복을 목적으로 한 트리트먼트제이다.

(2) 헤어 팩(Hair pack)

모발을 손질하기 쉽게 하고 손상모를 회복시키기 위해 사용하는 유화형태의 제품으로 대부분 씻어내는 타입이다.

구성성분을 헤어 린스와 유사하나 다량의 컨디셔닝 성분이 함유되어 집중적인 트리트먼트 효과를 나타낸다.

(3) 헤어 코트(Hair coat)

긴 머리의 경우 모발의 끝 부분이 유분부족으로 쉽게 손상되고 갈라지는데 윤활성과 밀착성 및 내수성이 있는 고분자 실리콘을 사용하여 모발 끝의 갈라진 부위와 손상된 부위를 회복시켜 주기 위해 사용하는 제품이다.

4. 양모제(Hair tonic)

일반적으로 헤어토닉(Hiar tonic)으로 알려진 모발화장품으로 두피에 청량감을 주어 쾌적함을 주는 두피용 제품이다. 살균력이 있어 두피나 모발을 청결히 하고 시원한 느낌과 쾌적함을 준다. 두피에 매뉴얼 테크닉을 시술해 주면 혈액순환을 촉진시키고 유효성분들이 비듬과 가려움을 제거하고 모근을 튼튼하게 해준다.

현재는 탈모방지나 육모 등의 효과를 기대하여 사용되는 것들도 많다. 따라서 주로 청정감이 있는 두발용 향수로서 사용되는 헤어토닉은 화장품으로 취급되지만, 탈모방지나 육모 등의 목적으로 사용되는 헤어토닉은 의약부외품으로 취급된다.

5. 퍼머넌트 웨이브 용제(Permenent waving lotion)

(1) 역사

퍼머넌트 웨이브(permanent wave)는 두발에 약제를 작용시켜 웨이브 모양을 연출하는 기술이다. 모발에 웨이브를 주어 멋을 내는 것은 기원전 3,000년 전 고대 이집트 시대에 이미 있었다는 기록이 있다. 알칼리 성분의 진흙을 모발에 바른 후 둥근 나무 막대에 감아 일광에 건조시키는 방법으로 웨이브를 만들었다. 그 후 그리스, 로마 시대에는 불에 데운 쇠막대기를 이용하여 웨이브를 만드는 방법을 사용하였는데 19세기까지 거의 같은 방법이 사용되었다고 한다.

그러나 이런 방법은 웨이브가 곧 풀려서 퍼머넌트 웨이브라고 하기에는 적합하지 않으며, 퍼머넌트 웨이브를 처음으로 성공시킨 것은 1905년 독일의 네슬러(Nestler) 이다. 그는 붕사와 같은 알칼리성 수용액을 이용하여 화학적인 처리를 한 후 전기를 이용하여 가열하는 '열퍼머'를 개발하였다.
하지만 열 퍼머는 100℃ 전후의 시술 온도가 필요하기 때문에 고열로 인해 모발 손상이 심해지는 문제가 있었으며 이후 1936년 영국의 스피크먼(Speakman)이 아황산수소나트륨을 이용하여 열을 가하지 않고도 웨이브를 만들 수 있는 방법을 개발하게 되어 '콜드 퍼머'의 시초가 되었다.

1940년경부터 미국의 맥도너(McDonugh)가 치오글리콜산을 이용한 콜드 퍼머넌트 웨이브로션 연구를 통해 현재의 제품형태에 가까운 퍼머넌트제를 개발하였다. 1950년대에 들어서 시스테인을 주성분으로 한 퍼머넌트 웨이브로션이 개발되어 현재는 치오글리콜산과 시스테인을 주성분으로 하는 퍼머넌트 웨이브제가 주류를 이루고 있다.

(2) 원리

모발은 케라틴이라는 단백질로 구성되어 있으며, 모발의 케라틴은 섬유상의 경케라틴이다. 케라틴을 만들고 있는 아미노산은 다른 단백질에 비해 시스틴이 많고 시스틴 결합이 케라틴의 각 폴리펩티드 측쇄를 연결하는 다리구조의 하나가 된다.

시스틴 결합은 상당히 강한 결합이고, 저항성이 크기 때문에 화학약품에 침해되기 어려우나 알칼리성 상태에서 환원제를 작용시키면 절단된다.

이러한 원리를 이용하여 퍼머넌트 웨이브 용제 중 제1제는 모발 케라틴 중의 시스틴 결합을 절단하기 위해 시스테인(−SH)을 지닌 환원성 물질을 유효성분으로 한다. 여기에 보통 환원제 이외에 알칼리제가 배합되어 있어 비교적 강한 알칼리성으로 되어 있다.

이것은 알칼리 상태에서는 케라틴의 이온 결합이 절단되어 모발이 팽윤하고 연화되기 때문에 모발에 환원제가 침투하기 쉬워지고 동시에 제1제의 pH가 클수록 환원제가 강하게 작용하기 때문이다. 따라서 모발에 환원제와 알칼리제로 이루어진 제1제를 도포하여 시스틴 결합을 일단 절단한 후 모발의 원하는 웨이브 형태로 와인딩하고, 제 2제인 산화제를 작용시켜 시스틴 결합이 재결합하게 되면 케라틴의 화학구조가 복원되면서 웨이브가 고정된다.

산화제의 작용에 의해 재결합된 시스틴 결합은 절단전의 시스틴 결합과는 다른 조합으로 되어 있으나 일단 절단된 시스틴 결합이 재결합하여 케라틴의 화학구조가 복원되어 있기 때문에 웨이브가 장기간 지속된다.

퍼머넌트 웨이브는 화학적 작용만으로 형성되는 것이 아니고, 모발을 컬링, 롯드 등에 말아 물리적 변형을 가하는 것도 중요한 요소가 된다.

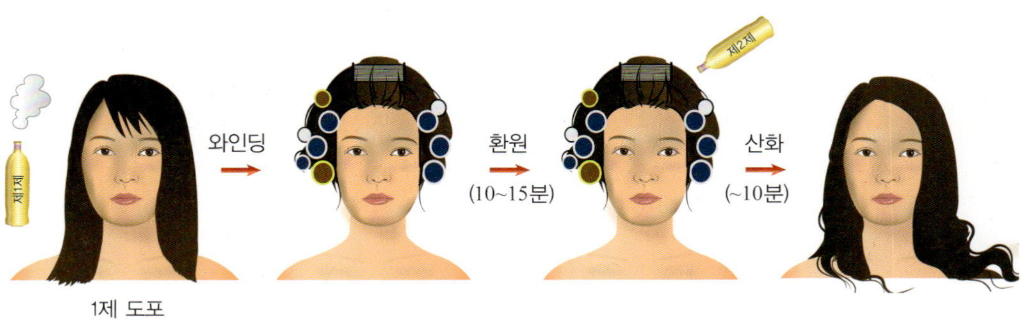

그림 22-1 퍼머넌트 웨이브의 원리

(3) 퍼머넌트 웨이브 용제의 원료

① 제1제

주로 사용되는 환원제로는 치오글리콜산(thioglycolic acid), 치오글리콜산 암모늄, 치오글리콜산모노에탄올아민 등의 치오글리콜산염류 및 시스테인, N-아세틸-L-시스테인 등의 시스테인류이다. 치오글리콜산과 그 염류를 유효성분으로 하는 제1제는 농도와 pH가 크고 작용온도와 작용시간이 길수록 작용이 강해지고 웨이브의 형성력이 좋아져 안정된 웨이브를 형성한다.

반면 시스테인은 시스틴과 함께 케라틴을 만들고 있는 아미노산으로 인모 등의 가수분해물에서 얻어지는 치오글리콜산과 같은 특이한 냄새와 피부 자극성은 없지만 치오글리콜산보다 환원작용이 약하기 때문에 두발은 손상시키지 않는 반면 웨이브의 형성력은 떨어진다.

이들 환원제들은 모두 -SH의 부분(티올기)을 가진 화합물로 그 중 수소(H)를 남에게 주어 그 물질은 환원하고 자신은 산화된다. 그 결과 치오글리콜산은 디치오글리콜산이 되고 시스테인은 시스틴이 된다.

② 제2제

2제에는 산화제가 함유되어 있어 1제에 의해 만들어진 치올(-SH)기를 산화시켜 원래의 시스틴(-S-S-)결합으로 돌아가게 한다. 대표적인 산화제로는 브롬산나트륨, 브롬산칼륨 및 과산화수소가 있다. 브롬산나트륨과 브롬산칼륨의 경우는 용해성이나 안정성을 고려해 브롬산나트륨을 많이 이용하는데 브롬산나트륨 주성분의 2제는 산화력이 온화하고 모발을 탈색시키지 않는 등 모발에 무리한 부담을 주지 않지만 웨이브 형성이 조금 낮아진다는 단점이 있다.

브롬산염과 비교하였을 때 강산화제인 과산화수소는 1제에 의해 환원된 시스테인 잔기를 단시간에 재결합하는 것이 특징이기 때문에 방치시간을 단축시킬 수 있는 장점이 있다. 그러나 산화와 동시에 모발의 멜라닌 색소를 탈색시키는 성질이 있어 우리나라 보다는 모발색상이 밝은 서양에서 널리 쓰이고 있다.

표 22-5 퍼머넌트 웨이브 용제의 주요성분

구 분		성 분	특 징
제1제	환원제	치오글리콜산 (Thioglycolic acid)	특이취가 있는 무색의 액체로 환원력이 강하고 피부에 자극이 있으며 가격이 저렴하다.
		시스테인 (Cystein)	냄새와 피부에 대한 자극이 적으나 환원력이 약하고 가격이 비싸다.
	알칼리제	암모니아(Ammonia)	냄새가 역겨우나 휘발성이며 모발의 손상이 적다.
		모노에탄올아민 (MEA, Monoethanol amine)	냄새가 적으나 비휘발성이어서 모발에 손상을 준다.
제2제	산화제	브롬산염	브롬산나트륨과 브롬산칼륨이 주로 사용되며, 산화력이 온화하고 모발에 부담을 주지 않으나 웨이브 형성력이 조금 낮아진다.
		과산화수소	강산화제로 방치시간을 줄일수 있으나 멜라닌 색소를 탈색시키는 성질이 있다.

Chapter 23
바디 화장품

1. 바디 화장품의 정의

바디화장품은 얼굴과 모발을 제외한 인체의 모든 부위를 대상으로 하는 화장품을 통칭한다. 우리나라 화장품 시장은 그 동안 얼굴과 모발을 중심으로 한 화장품이 대부분이었으나, 최근 들어 바디화장품의 사용이 증가하면서 다양한 종류의 화장품이 등장하여 바디화장품 시장이 성장하고 있는 추세이다. 특히 세정제와 바디로션에서부터 인체의 굴곡미를 살리기 위한 바디라인 케어화장품, 입욕제, 데오드란트 등 종류가 다양해지고 있다.

바디의 피부는 얼굴과 피부의 성격이 달라 화장품도 다르게 설계되어야 한다. 바디는 인체 중 면적이 가장 넓은 부위로 피지분비가 얼굴에 비해 적기 때문에 건조가 빨리 일어나며, 심한 건조로 인해 가려움증도 유발될 수 있다.

손발의 경우는 외부에 노출이 많기 때문에 다른 부위보다 거칠어지기 쉬우며, 손발의 제외한 다른 부위의 피부는 늘 옷으로부터 보호받고 있어서 외부자극에 대한 저항력이 약한 특징이 있다. 또한 얼굴보다 멜라닌 수가 적어 밝은 편이며, 피부표면의 주름이 얼굴에 비해 적은 특징이 있다. 이러한 바디 피부의 특징을 잘 고려하여 화장품을 설계해야 한다.

2. 바디 화장품의 종류

1. 비 누(Soap)

(1) 비누의 유래 및 발전

비누(soap)는 고대 로마의 sapo 산으로부터 유래된 것으로 sapo 산에서 신들에게 양을 태워 제사지내는 풍습이 있었다고 한다. 이때 나뭇가지의 재와 동물의 기름이 흙속에 스며들었다가 강을 타고 떠내려왔다. 강가에서 빨래하던 사람들이 이것을 사용해 보았더니 빨래가 잘 되었다는 것에서 비누의 유래를 찾고 있다.

그러나 이보다 훨씬 이전부터 비누는 사용되었다고 한다. 기원전 2500년경 메소포타미아의 수메르인들이 산양기름과 나무의 재를 끓여 비누를 만들었다는 제조법과 용도에 대한 기록이 전해진다. 이후 중세에는 올리브오일을 쉽게 구할 수 있는 지중해 주변국들이 양질의 비누를 제조하여 부를 축적하게 되었다.

비누의 제조가 올리브와 같은 천연자원에 의존하다가 1차 세계대전을 겪으면서 천연자원의 부족으로 독일의 과학들에 의해 처음으로 석유로부터 추출한 원료를 이용한 합성세제의 개발이 비누를 대신하기 시작하였다.

그 후 2차 세계대전을 거치면서 세제의 원료로 석유와 같은 광물유를 원료로 하는 연구가 활발히 진행되고 석유회사의 지원에 힘입어 합성세제 시장은 급속도로 발전하게 되었다. 현재는 계면활성제 공업의 발전으로 지방산비누를 대신하여 계면활성제를 주성분으로 하는 비누가 대량 생산되고 있다.

우리나라의 경우 비누가 처음 등장한 것은 19세기 초반 프랑스의 리델이라는 신부가 가져온 '샤봉'이라는 것이 최초의 비누이다.

이후 일제강점기를 통해 가성소다(수산화나트륨)가 들어오면서 수공업 형태로 비누가 만들어지기 시작하였다. 이후 1950년대에 들어와서 화학적으로 합성한 비누가 본격적으로 생산되기 시작하였다. 그러나 1990년대 중반에 페이셜폼이나 바디클렌저 등이 등장하면서 비누를 대체하여 비누의 사용량이 줄어들었으나, 최근 화장품 안전성 문제가 대두되면서 천연비누 소비가 늘어나 고가 천연비누의 사용량이 점차 늘어나고 있는 추세이다. 한편 2020년부터 비누는 흑채와 제모왁스와 더불어 화장품으로 분류되었다.

(2) 비누의 원료

비누는 약산의 강알칼리염이라 수용액은 알칼리성을 나타낸다. 그 원료로는 스테아린산, 라우린산, 미리스틴산, 팔미틴산 등의 지방산과 야자유, 올리브유, 팜유 등이 주로 사용되어 왔다. 일반적으로 비누의 원료로 우지 60~80%, 야자유 20~40%가 사용되었는데 최근들어 광우병의 확산으로 우지 대신 팜유의 사용이 늘어났으며 고급비누일수록 팜유의 함량이 높다.

일반적으로 사용하는 비누는 유지를 가성소다(수산화나트륨) 등으로 검화시켜 만들며 고형의 형태를 띤다. 한편 페이스트(Paste) 형태의 비누에는 수산화칼륨이 사용되며, 트리에탄올아민(TEA)은 투명비누에 사용된다.

2. 바디 세정제(Body cleanser, Body wash)

바디세정제는 얼굴과 모발을 제외한 전신의 피부의 오염을 제거하여 항상 청결히 유지하는 것을 목적으로 사용되는 세정제이다. 오래전부터 비누가 바디세정을 위해 사용되어 오다가 소비자의 다양한 욕구를 충족시키기 위해 바디클렌저가 나오게 되었다.

유럽이나 미국에서는 샤워젤, 바디워시 등으로 불리며, 일본에서는 바디샴푸(body shampoo), 우리나라에서는 바디클렌저 등으로 불리고 있다. 바디세정제는 풍부한 거품 발생력과 거품의 높은 지속성, 산뜻한 사용감 및 안전성 등을 고려하여 제조하고 있다.

바디세정제의 원료로는 기포세정제로는 기포력, 기포지속성, 기포량 등을 고려하여 자극이 적은 것을 사용하는 것이 좋으며, 일반적으로 음이온계면활성제를 사용하고 있다. 또한 기포를 안정화시키고 기포성질을 개선시키기 위해 비이온 및 양쪽성계면활성제를 이용하고 있다.

세정제는 계면활성제가 높은 농도로 배합되기 때문에 저온에서 유동성유지 및 현탁방지를 위해 안정화제를 배합한다.

대표적인 것으로 다가알코올, 지방산 알키롤아미드가 이용된다. 또한 미생물의 번식을 막기위해 파라벤, 에탄올류 등이 산화를 막기위한 안정화제로 BHT, 비타민 E 등이 이용된다.

① 바디스크럽(Body Scrub)

알갱이가 있어 각질을 탈락시키고, 피부에 자극을 줌으로써 피부를 부드럽게 만들어주는 것으로 바디에 사용하는 스크럽은 페이스에 비해 알갱이가 더 큰 경우가 많다. 주로 사용되는 성분으로 소금, 커피가루, 쌀겨가루, 호두껍질가루 등 다양하며, 힘을 주어 문질러주는 것보다 부드럽게 펴 바르면서 마사지한다는 느낌으로 사용하면 피부에 자극은 덜하면서 각질관리에 도움을 줄 수 있다.

② 입욕제(Bath Preparation)

목욕을 할 때 물에 넣는 것으로 온천요법과 유사한 효과를 낸다. 입욕제 사용으로 피부가 부드러워지고, 심신을 안정시켜주는 효과를 줄 수 있다.

3. 바디 트리트먼트(Body treatment)

바디 트리트먼트 제품은 로션타입, 크림타입 그리고 파우더타입 등 다양하다. 세정 후 건조한 바디 피부에 수분과 영양을 공급하여 매끄럽고 탄력있는 바디 피부를 만들어 준다. 넓은 부위에 사용하기 때문에 얼굴 피부보다 사용감이 산뜻하고 끈적임이 없고 발림성이 좋아야 한다.

그 밖에 바디 파우더는 피부의 유분과 수분을 흡수하여 피부에 청량감을 준다. 바디오일은 건조한 바디에 수분이 날라가지 않게 방어해주는 역할을 하여, 건성피부나 추운 겨울철에 사용하면 효과가 있다.

4. 방취용 화장품

방취용 화장품은 인체의 불결한 체취를 방지하기 위한 목적으로 사용되는 것으로 주로 화장품으로 분류된다. 아포크린선에서 분비된 땀은 그 자체로 강하게 냄새를 나타내지 않지만, 발한 후 시간이 지남에 따라 피부에 존재하는 미생물의 분해 작용에 의해 냄새나는 물질로 변하므로 냄새를 억제하기 위해서 살균제가 이용되고 있으며, 염화벤졸코니윰, 트리크로산 등을 이용하여 세균의 활동을 억제시킨다.

방취용 화장품의 제형으로는 액제, 에어로졸제, 연고제, 분산제, 고형분말, 스틱 상의 여러 제형이 있지만, 주로 에어로졸 타입이나 액제가 일반적이다. 에어로졸 타입의 제품으로는 데오드란트 스프레이(deodorant spray)가 대표적인 것으로 분사제로 액화석유가스를 이용한다.

그 외에 많이 사용되는 것으로 데오드란트 스틱(deodorant stick)으로 왁스 등의 유지에 땀 억제 물질이나 항균성분을 배합하여 스틱으로 제조한 것으로 부착력이 좋아 방취효과의 지속성이 좋은 장점이 있다. 바디롤온(Body roll-on)은 용기 상단부분에 있는 볼이 피부에 닿았을 때 굴러가면서 내용물이 나오는 것으로 사용이 간편하다.

check point

방취용 화장품이 갖추어야 할 요건

1. 땀을 억제하는 제한기능
   - 강한 수렴작용을 갖는 약재를 배합하여 발한을 억제하는 방법
   - 대표적 원료 : 알루미늄클로로하이드레이트
2. 피부상재균의 증식을 억제하는 항균기능
   - 체취 원인물질을 만드는 피부상재균의 증식을 억제하여 방취효과를 얻음
   - 대표적 원료 : 트리클로산, 염화벤잘코늄, 염산클로로헥시딘, 천연물의 정유나 추출물 등
3. 발생한 체취를 억제하는 냄새제거기능
   - 체취 원인인 저급지방산을 금속염으로 변화시키면 냄새가 발생하지 않음
   - 대표적 원료 : 저급지방산아연염, 플라보노이드 등이 함유된 천연추출물 등

5. 핸드케어(Hand care)용 화장품

넓게는 바디 트리트먼트에 해당되나, 손이라는 한정된 부위에 사용하기 위한 목적으로 수많은 제품이 출시되고 있다. 손은 다른 부위에 비해 외부 접촉이 빈번하고, 각종 세정제에 노출 빈도가 높아 쉽게 건조해지는 특징을 가지고 있다. 그러한 이유로 트리트먼트를 목적으로 하는 핸드크림, 핸드로션 등이 있으며, 위생적이고 청결한 손 관리를 위한 세정제로 핸드 워시, 비누 등이 있다.

최근에는 달콤한 향 또는 상큼한 향을 첨가한 방향의 목적으로 사용되거나 자외선 차단 성분을 첨가하거나 주름 개선 기능성 성분을 첨가하기도 해 기능성 핸드케어 제품을 출시하고 있다.

6. 네일케어 화장품

과거에는 네일 관리를 위해 돈을 지불한다는 것은 상상할 수 없었지만, 요즘은 네일 관리를 위해 전문샵을 찾을 뿐만 아니라, 전문가용 네일 케어 제품으로 소비자가 직접 원하는 디자인으로 홈케어도 할 정도로 네일 화장품은 큰 성장을 하고 있다.

네일 화장품은 손톱을 아름답게 하기 위해 사용하는 화장품들로 주로 네일 케어와 메이크업을 목적으로 하고 있다.

(1) 각피제거제(Cuticle oil, 큐티클 오일)

손톱의 조상피를 정리하거나 제거하기 쉽게 손톱과 발톱의 각피를 불려주는 역할을 하는 기초 화장품의 한 종류이다. 각질을 연화하기에는 알칼리성 물질이 효과적이어서 각피제거제는 알칼리제 수용액으로 되어 있으며, 점성을 주어 사용하기 편하게 하기 위해 소량의 점증제 등이 배합되어 있다.

(2) 베이스 코트(Base coat)

베이스 코트는 네일 에나멜을 바르기 전에 미리 바르는 것으로 손톱 표면의 주름을 메워서 다음에 칠할 네일 에나멜의 밀착성을 좋게 할 목적으로 사용하는 손·발톱용 화장품이다. 색소를 제외하고 네일 에나멜과 유사한 구성으로 되어 있으며, 니트로셀룰로오즈가 비교적 적게 배합되어 있다.

(3) 네일 에나멜(Nail enamel)

네일 에나멜은 손톱이나 발톱에 바른 후 용제가 휘발되고 남은 얇은 피막에 의해 광택과 색상을 부여해 아름답게 보이게 하며, 손톱을 보호할 목적으로 사용하는 화장품이다.

네일 에나멜 성분 중 피막형성제로는 니트로셀룰로오즈가 대표적이며, 손톱에 접착성을 강화시키고 광택을 부여하는 수지류(resins)로 술폰아미드수지 등이 사용되고, 피막에 유연성을 주어 내구성을 강화시키기 위해서 사용되는 가소제로는 구연산에스테르계가 가장 많이 이용된다.

네일 에나멜의 색상은 아이섀도우나 립스틱처럼 다양하며, 안료를 용제에 분산시킨 형태이므로 침전이 생길수도 있으므로 흔들어서 사용하는 것이 좋다.

일반적으로 네일 에나멜은 바르기 좋은 적당한 점도를 유지해야 하며, 건조속도가 적당하고, 손톱에 도포하였을 때 지속성이 우수하여야 한다. 또한 손톱에 독성이 나타나서는 안 되며 안료가 균일하게 분산되어야 우수한 네일 에나멜이라 할 수 있겠다.

(4) 탑 코트(Top coat)

탑 코트는 네일 에나멜의 피막 위에 덧발라서 광택이나 내구성을 좋게 하는 목적으로 사용하는 화장품이다. 견고하고 탄력 있는 피막을 만들기 위해 니트로셀룰로오즈가 비교적 많이 배합되어 있다.

(5) 네일 에나멜 리무버(Nail enamel remover)

네일 에나멜의 피막을 용해하여 제거하는 목적으로 사용하는 화장품으로 니트로셀룰로오즈 등의 피막 형성제를 녹이는 용제로 구성되어 있다. 주로 에틸 아세테이트(ethyl acetate), 부틸 아세테이트(butyl acetate)등의 에스터와 아세톤(acetone) 등이 용제로 사용되는데 이들은 탈지작용과 탈수 작용이 강해 손톱의 지질성분과 수분도 제거시키므로, 에나멜 리무버에는 손톱을 보호하는 목적으로 유분과 폴리올(polyol)계 보습제 등을 배합한 것이 많다.

(6) 네일 보강제(Nail reinforced product)

네일 보강제는 손톱 강화제라고 불리며 최근 잦은 네일케어 시술 및 아세톤 함유 리무버의 사용으로 손상 입은 네일을 자체적으로 튼튼하게 하고 영양분을 공급하기 위해 사용되는 네일 케어 제품이다. 특히 갈라지거나 찢어진 네일을 정상 네일로 회복시키는 데 효과가 있다.

7. 풋케어(Foot care) 화장품

발 부위에만 한정적으로 사용되는 화장품으로 발은 땀분비가 다른 부위에 비해 3배 정도 많은 반면 피지선이 거의 없어 쉽게 거칠어지고 건조해진다. 또한 양말과 신발 등으로 갇혀 있는 시간이 많아 생기는 문제가 많고 여성들의 하이힐 사용은 발의 형태 변화 등으로 풋케어가 필요하다.

풋케어 화장품으로는 청결한 발 관리를 위한 발각질관리제(스크럽제, 마스크제형), 트리트먼트 목적으로 풋세럼, 풋크림, 풋마스크, 풋밤, 다리 붓기와 혈액순환을 개선하기 위한 쿨링패치, 발냄새 제거를 위한 풋케어 스프레이, 풋케어 파우더 등이 있다.

Chapter 24
방향 화장품

1. 방향 화장품 개론

1. 향이란?

세상의 모든 생물과 사물은 고유한 향을 갖고 있다. 특히 인간을 포함한 생물들은 후각신경을 갖고 있어 후각신경의 자극으로 향을 인지하고 있다. 향은 대체로 휘발할 때 후각신경을 자극하여 기분을 좋게 하는 느낌을 갖거나 불쾌한 느낌을 갖게 된다.

인류가 향을 사용한 역사는 5천년을 거슬러 올라간다. 인류역사 초기에는 주로 종교적인 목적에서 향을 사용하였다. 고대의 사람들은 종교의식이나 미용, 심신의 치료와 같은 다양한 목적을 위해 '향기 나는 풀'인 허브(herb)의 향을 이용해 왔다.

이집트의 벽화, 파피루스에는 남녀를 불문하고 죽은 자와 산 자를 구분하지 않고 신체를 향기롭게 하기 위해 향을 사용했다는 기록이 남아 있다. 특히 시체를 방부 처리하여 미라로 만들 때 향이 나는 풀을 함께 관속에 넣어 시체가 부패하는 것을 막았다.

또한 그리스나 인도 등에서 신에게 제사를 지낼 때도 향이 좋은 나무나 수지(樹脂)를 태워 연기를 하늘로 올려 보내거나 화장이나 매장의식에 향을 사용하였고 특히 그리스는 질병을 막고자 아테네 거리에 향기가 나는 식물을 태웠던 것으로 전해지고 있다.

우리나라를 비롯한 동양에서는 예로부터 조상에게 경의를 표하기 위해 제사를 지낼 때 향을 태우는 관습이 있었다. 이집트는 햇빛이 너무 강렬하여 미용의 필수품으로 향수를 널리 사용하였으며, 잘 알려진 클레오파트라는 향을 즐겨 사용하였고 자신이 직접 향수를 만들어 사용하였다고 전해진다.

로마는 향유, 유제, 포마드의 사용이 일반화되면서 향수가 대중화되었고 이후 이슬람에 의해 증류법과 알코올이 발견되어 오늘날의 향수가 만들어지는 계기를 마련하였다. 십자군전쟁 무렵에 프랑스가 먼저 에센셜 오일 타입의 향수를 발명하여 1726년 세계 최초의 향수 회사를 설립하여 세계 선두자리를 차지하게 되었다.

한편 향은 동물에게서 더 발달되어 있는데 이는 종족보존을 위한 것으로, 특히 포유동물의 생식기 주변에서 나는 냄새는 이성인지 아닌지를 구별하는 중요한 정보를 제공한다. 또한 꽃향기는 꿀벌이 꿀을 모으고 번식을 위한 방법이기도 하다. 이처럼 소량으로 동물의 특정한 행동을 불러일으키는 특히 이성을 유혹할 때 분비되는 향기물질을 페로몬이라고 한다.

한편 최근에는 식물의 잎, 가지, 꽃 등에서 고유한 향을 추출하여 여러 분야에 활용하고 있다. 흔히 허브(herb)라고 하는 향기나는 풀에서 추출한 휘발성 향기물질인 아로마(aroma)가 그 대표적인 예로, 화장품뿐만 아니라 양초, 비누, 벽지 등의 생활용품에서 다양하게 활용되고 있다.

향수에 이용되는 향료는 16세기 프랑스의 그라스(Grasse) 지방에서 본격적으로 재배되기 시작하였다. 그라스 지방은 지중해성 온난성 기후와 비옥한 토지를 갖추어 현재까지 많은 양의 향료 식물의 재배가 이루어지고 있는 곳이기도 하다.

2. 향수(Perfume)

향이 좋은 나무나 수지, 목재, 꽃 등은 역사시대 이전부터 즐겨 사용되었다. 향수(perfume)는 라틴어로 'perfumum'으로 어원으로 per(through)와 fumum(smoke)의 합성어로 '연기를 통해', '연기를 내다'를 뜻하는 말로 향기가 휘발성을 갖는 것에서 기인한 것으로 보인다.

최초의 알코올 향수로 알려진 헝가리 워터는 14세기 헝가리 여왕이 젊은 시절로 되돌아가기 위해 사용했다고 알려져 있으며 우리나라의 경우 1990년대에 들어와서 대중화되면서 다양한 향수가 등장하게 되었다.

향수(perfume)는 향료를 15~25%의 에틸알콜 등의 알코올에 녹여 몇 주 동안 냉암소에 두고 충분히 숙성시켜 만들어진다. 제대로 숙성되었을 때 알코올에 향의 원료가 잘 스며들어 독특한 향을 발산한다. 향수는 조향사의 감각, 이미지, 취향, 주재료의 농도에 따라 그 종류가 다양하다.

2. 방향 화장품의 종류

1. 부향률에 따른 분류

(1) 향수(Parfume, Perfume)

향수 중 가장 진하고 풍부한 향을 지닌 완성도 높은 향수로 향 원액이 15~30%, 알코올이 70~85% 정도 함유된 것으로 향이 10시간 이상 지속된다.

(2) 오데 퍼퓸(Eau de parfume)

퍼퓸과 오데 투왈렛의 중간 타입으로 퍼퓸에 가까운 풍부한 향을 가지고 양이 많아 실용적인 제품이다. 향 원액이 9~12%, 알코올이 72~91% 정도를 차지하며 향의 지속시간은 5~7시간 정도이다.

(3) 오데 토일렛(Eau de toillette)

향은 가볍고 엷은 편이지만 신선하고 상큼해서 전신에 사용가능한 향수로 가장 많이 이용되고 있다. 향 원액 6~10%를 알코올 80% 정도의 농도에 부향시킨 향수로 향의 지속시간은 3~4시간 정도이다.

(4) 오데코롱(Eau de cologne)

18세기 초 이탈리아 향신료 상인이 만들어 팔던 제품이 18세기 중엽 들면서 오데코롱이란 이름으로 프랑스에서 불리면서 현재까지 이어져 내려오고 있다.

18세기엔 여성들보다 남성들이 즐겨 사용하던 향수로 감귤류의 꽃이나 과일껍질 등에서 주로 향을 추출해 사용하였다. 1930년대 들어 라벤더 워터, 플로리다 워터, 포르투칼 워터 등이 선보이면서 전 세계적으로 오데 코롱의 사용이 확대되었다.

향 원액이 5~7%, 알코올이 93~95% 정도 함유된 것을 말하며 향의 지속시간은 1~2시간 정도로 짧아 향수를 처음 접하는 사람들에게 적합하다. 향료가 적게 함유되어 있어 청량감, 신선함 등을 부여하며 제품의 숙성기간이 짧아 가격이 저렴하며, 운동 후나 샤워 후에 전신에 사용하기 좋은 장점이 있다.

(5) 샤워 코롱(Shower cologne)

샤워 후에 가볍게 전신에 사용하기 좋은 제품으로 향이 은은하고 상쾌하다. 향료 3~5%, 알코올 95% 이상이 함유되어 있고, 향의 지속력이 1시간 이내로 매우 짧아 향에 익숙하지 못한 사람들이 부담 없이 사용가능한 향수이다.

표 24-1 방향화장품의 종류와 특징

유 형	부향률	지속시간	특 징
퍼퓸	15~30%	6~7시간	방향제품 중에서 가장 농도가 진해 향이 매우 강하고 지속시간이 길기 때문에 적당량을 포인트에 사용한다.
오데 퍼퓸	7~15%	5~6시간	퍼퓸에 가까운 취각적 풍부함이 있으면서도 부향률이 퍼퓸보다는 낮기 때문에 경제적이다.
오데 토일렛	6~10%	3~5시간	오데 토일렛이라고도 불리며, 오데코롱의 가벼운 느낌과 향수의 지속성을 가진다.
오데 코롱	5~7%	1~2시간	상쾌한 향취로 향수를 처음 사용하는 사람에게 적합하다.
샤워 코롱	3~5%	약 1시간	부향률이 낮아 전신에 부담없이 사용할 수 있는 바디용 방향제품이다.

2. 발향단계에 따른 분류

향수는 시간이 지나면서 향의 농도가 옅어지는데, 이는 향수 속의 조합향료가 발향하는 순서가 다르기 때문이다. 일반적으로 향수의 구성은 탑노트, 미들노트, 베이스노트로 구분한다.

향수는 향의 골격을 이루는 베이스노트를 기준으로 미들노트를 선정하고, 향수의 첫 느낌인 탑 노트를 조합하여 완성된다. 여기에 추가적으로 향을 조화롭게 해주는 첨가제인 조화제(blender)와 향을 오래 유지시켜 주는 보류제(fixative)를 첨가한다.

(1) 탑 노트(Top note)

향수를 뿌렸을 때 느껴지는 첫 향으로 감귤계와 같이 휘발성이 높은 향을 말한다. 이러한 원료는 지속성이 떨어지는 단점이 있으나, 향의 첫인상을 결정짓는 중요한 요인이 되는 향이기도 한다. 주로 시트러스 계열이나 프루티, 그린 계열 등이 사용된다.

(2) 미들 노트(Middle note)

향의 중간 느낌을 뜻하는 것으로 탑 노트 다음으로 느껴지는 향이다. 미들노트는 향의 풍요로움과 밀도를 더해주어 향료 자체의 향을 느끼게 해주는 것으로 주로 재스민, 장미 등의 플로럴 계열이나 오리엔탈, 알데히드, 그린 계열의 향이 주로 사용한다.

(3) 베이스 노트(Base note)

향의 마지막 느낌으로 향수를 뿌린 후 지속적으로 느껴지는 향으로 향수의 골격이며 향수의 성격을 결정짓는 향이라고 할 수 있다. 베이스 노트의 향은 자신의 향이 지속되기도 하지만, 탑 노트와 미들 노트의 향을 지속시키는 역할도 한다. 베이스 노트에 사용되는 향은 휘발성이 낮고 보류성이 풍부한 우디, 머스크, 발삼, 오리엔탈, 시프레 등이 사용된다.

표 24-2 노트별 아로마 오일의 특징

구분	향 지속시간	향의 특성	향의 작용	향의 종류
탑노트 (Top note)	공기 중 노출 후 약 2시간 이내 체내 약 24시간	예리하고 강렬하며 자극적	심신(心身) 향상 및 고양	휘발성이 높은 시트러스계 그린계 알데히드계 경쾌한 플로럴계
미들노트 (Middle note)	공기 중 조출 후 약 3~5시간 체내 약 72시간	따뜻하고 온화하며 부드러움	심신(心身) 밸런스	플로럴계 시프레계 스파이스계 그린계 오리엔탈계
베이스노트 (Base note)	공기 중 노출 후 약 6~11시간 체내 약 7일	중후하고 안정적	심신(心身)진정	휘발도가 낮은 우디계 엠버계 오리엔탈계

3. 계열에 따른 분류

(1) 플로럴(Floral)

플로럴은 꽃을 기본 향료로 하여 만들어진 향의 계열로 꽃 향기는 거의 모든 사람에게 친근하며 꾸준히 사랑받아온 향기이다. 주로 장미, 쟈스민, 라일락, 수선화, 네롤리, 일랑일랑 등의 단일향을 사용한 청순한 느낌의 싱글 플로럴 계열과 2종류 이상의 꽃향기를 모아 놓은 우아한 느낌의 프로랄 부케 계열로 나뉠 수 있다. 향수를 처음 사용하는 초보자가 사용하기에 부담스럽지 않으며 향수라고 하면 연상되는 기본적인 향이다.

(2) 시프레(Chypre)

'시프레'는 향료의 교역에 있어서 중요한 역할을 했던 지중해에 있는 상업도시 키프로스(kypros) 섬을 불어로 표현한 것으로 키프로스 섬의 느낌을 따서 코디(Coty)사가 '시프레'를 출시하면서 칭해진 향기의 계열이다.

시프레는 떡갈나무에 서식하는 이끼인 오크모스와 베르가못, 오렌지, 장미, 사향, 용연향 등 식물성 향과 동물성 향이 조화를 이룬 향을 말한다. 안개에 싸인 숲속 이끼류에서 느껴지는 향기로 조용하고 온화하고 성숙한 여성미를 느끼게 하여 20대 후반이나 30대의 차분한 여성에게 더욱 어울리는 향이다.

(3) 시트러스(Citrus)

레몬, 베르가못, 오렌지, 자몽, 라임, 매실, 포도, 파인애플, 만다린 등의 감귤류를 일컫는 이름으로 시트러스 계열은 누구에게나 사랑받는 향기로, 특히 동양인이 선호하는 향기이기도 하다. 탑노트에 가장 많이 쓰이며, 신선하고 상큼하며 가벼운 느낌의 향으로 휘발성이 강하며 중성적인 이미지를 갖는다.

(4) 오리엔탈(Oriental)

동양의 신비롭고 고급스럽고 에로틱한 이미지를 표현한 향으로 나무, 분말, 동물, 자극적이고 무거운 향이 조화롭게 어우러져 섹시하고 성숙한 여성의 이미지를 내고 있다. 버그리스, 시벳, 무스크, 카스트리윰 등 특수한 동물성 향료로 따스함이 있고 섹시하며 여성스러운 농후한 향, 자극적, 개성적 인상을 심어준다. 오리엔탈 계열의 향은 지속성이 강하여 다량 사용시 불쾌감을 유발할 수 있으므로 주의하여 사용해야 한다.

(5) 우디(Woody)

우디계열은 수목이 우거진 나무를 연상시키는 향으로 신선하고 여유가 느껴지는 향이다. 나무가 지닌 껍질과 뿌리의 향이 주위의 풀과 이끼의 향과 어우러져 독특한 향이 만들어진다. 건조하고 중후하며 고상한 향으로 따뜻하고 부드러운 분위기를 연출해 계절적으로 겨울에 잘 어울리는 향이며, 보이시한 여성이나 깔끔하고 단정한 느낌을 원하는 남성에게 잘 어울린다. 주로 샌달우드, 파인, 시더우드, 패츄리 등이 사용되며 남성화장품에 많이 배합되고 있는 향이기도 하다.

(6) 그린(Green)

최근 웰빙 트렌드의 확산으로 그린 계열의 싱싱한 자연의 향기가 많은 사랑을 받고 있다. 풀을 베어낼 때 느껴지는 풋내와 상쾌한 자연을 생각나게 하는 신선한 향이 특징으로 계절에 관계없이 이용할 수 있는 향으로 다른 계열의 향수에 비해 크게 인기를 얻은 제품이 많이 있다.

시트러스보다 개성이 강하며 고급스럽고 어느 계절에 사용하더라도 봄에 느껴지는 설레임을 맘껏 느끼게 해주므로 일상생활에서 기분전환용으로 충분한 역할을 해주는 향이기도 하다. 바이올렛 잎에서 추출한 정유나 피스타치아, 렌티스쿠스, 갈바늄 등이 원료로 쓰인다.

(7) 알데히드(Aldehyde)

알데히드는 알코올의 불충분한 산화에 의해 생긴 액체로 냄새가 자극적이고 휘발성이 있어 마취제로 많이 사용된다. 세련되고 고혹적인 여성을 나타내는 대표향으로 플로럴 계열과 어우러져 모던플로럴이라고 불리기도 한다. 알데히드의 대표적 향수로는 샤넬 NO. 5로 조향사 어네스트 보가 다량의 알데히드를 사용하여 탄생시켜 지금까지도 큰 사랑을 받고 있다.

(8) 푸제아(Fougere)

푸제아는 양치식물인 '고사리'를 의미하는 용어로, 1982년 발매된 '푸제아 로얄(Fougere Royale)'에서 유래된 향으로 중후한 느낌의 향과 싱싱하고 촉촉한 느낌이 복합된 향이 특징이다. 라벤더 타입이라 불리는 푸제아의 향료는 라벤더, 오크모스, 쿠마린, 장미, 샌들우드, 베티베르, 패츄리 등에 사향, 용연향을 첨가하여 중후한 향을 내고 있다. 심플하면서 편안한 매력을 가진 남성에게 잘 어울리는 향이다.

(9) 프루티(Fruity)

상큼하고 매력적인 과일향을 사용한 계열의 향기로 복숭아, 딸기, 사과, 바나나, 메론 등이 주로 사용되며 최근에는 향이 강한 다양한 열대 과일도 사용된다.

프루티 계열의 향은 달콤하고 귀여운 느낌을 주어 플로럴 계열의 향처럼 향에 친숙하지 않은 초보자가 부담없이 사용할 수 있다. 달콤한 과일향 때문에 미식가용 향수라고 불리기도 하며 플로럴 계열이나 그린계열과 잘 어울려 함께 조향되는 경우가 많다. 발랄하고 깜찍한 느낌의 소녀에게 잘 어울린다.

(10) 스파이시(Spicy)

스파이시는 향긋하고 짜릿하고 생기있으면서 톡톡 튀는 느낌의 향으로 자극적인 향을 주로 표현하기도 한다. 코 끝에 와 닿는 느낌이 자극적이고 관능적이기에 상대에게 강한 인상을 남기고 싶거나 이성을 유혹하고 싶을 때 강력 추천되는 향이기도 하다. 여성이 사용하는 향수보다 남성이 사용하는 향수가 지배적으로 많다.

(11) 아쿠아 & 오셔닉(Aqua & Oceanic)

물과 바다의 시원함이 가득한 향으로 1980년대 탄생한 향으로 여성들이 남성향수를 사용하는 트렌드의 출발이 된 향이기도 하다. 땀 냄새 억제에 좋으며 향수의 강한 향이 부담스러운 사람이나 여름철 시원한 바다의 느낌을 연상하고 싶은 사람이 사용하면 좋은 향이다.

(12) 파우더리(Powdery)

흔히 파우더 향이라고 알려져 있는데 순수하고 달콤한 느낌과 부드러우면서 관능적인 느낌을 동시에 주는 향이다. 주요 원료로 아이리스, 바닐린, 통카콩 등의 건초 냄새를 연상시키는 원료와 쿠마린, 헬리오트로핀과 같은 인공향 원료가 주로 사용된다. 지속성이 좋아 미들이나 베이스 노트로 사용되며 은은한 향이 오랫동안 지속된다.

향수의 보관방법

향수는 열, 빛, 먼지, 직사광선을 피해 서늘한 곳에 보관한다. 향수는 개봉 후 3년 안에 사용하는 것이 가장 좋다. 향은 휘발되는 성질이 강하므로 사용 후 반드시 뚜껑을 닫도록 하며, 움직임이 없는 장소에 보관하고 되도록 기온이 서늘한 일정한 장소에 보관하는 것이 좋다.

향수의 선택

향수는 같은 향이라도 사용하는 사람의 체취에 따라 다른 향을 발산하므로 여러 가지 사항을 고려하여 선택하여야 한다. 향수를 뿌린 후 느껴지는 첫 향은 알코올이나 탑 노트의 향기로 지속시간이 길지 않다.

따라서 손목이나 테스트 용지에 뿌린 후 20분 정도 지난 후 발산되는 향이 그 향수의 진정한 향이라고 할 수 있다.

또한 낮보다 저녁이 향수를 선택하기에 적합한 시간이며, 생리 전 · 후는 평소와 다른 감각을 지니므로 피하는 것이 좋다.

향수의 사용법

아무리 질이 좋은 향수라도 지나치게 많이 뿌리게 되면 오히려 혐오감을 주고 품위를 떨어뜨리게 되니 사용량에 주의한다. 손끝에 한두 방울 묻혀 맥박이 뛰는 손목이나 귀뒤, 목 뒤, 관자놀이, 팔꿈치 안쪽, 무릎 뒤 등에 살짝 바른다.
향은 밑에서 위로 올라오는 성질이 있기 때문에 치마단이나 무릎 등에 사용하는 것이 좋다. 또한 몸이 청결하지 않은 상태에서 사용하게 되면 땀 냄새 등의 체취와 섞여 불쾌한 냄새를 유발한다. 향수가 실크 소재나 밝은 소재의 옷감에 묻으면 얼룩이 지므로 사용 시 주의하여야 한다.

4. 향수의 제조

향을 조합하여 향수를 제작할 때는 동식물에서 추출한 천연향료만을 사용하기도 하지만 천연향을 추출하는 데 시간과 비용이 많이 들기 때문에 합성향료를 섞어서 조합한다. 여러 향을 조합하다 보면 향이 잘 섞이지 않기 때문에 조화제(blender)를 첨가하기도 한다. 이렇게 새로운 향수를 만드는 일은 오랜 경험을 갖추고 숙련된 조향사(perfumer)에 의해 만들어진다.

조합된 향들은 테스트하는 과정을 거친 후 결정된 비율에 따라 향료를 조합하게 된다. 조합된 향료는 무색, 무취의 순수 알코올을 첨가하여 향을 부드럽게 만들고 수 주 동안의 숙성과정을 거쳐 향이 고정되게 된다.

숙성과정에는 온도를 일정하게 유지하는 것이 중요한데 보통 −10℃~5℃를 유지한다. 이렇게 숙성된 과정을 통해 향을 얻게 되면 숙성과정에서 생성된 찌꺼기를 걸러내는 작업을 하게 된다. 여과과정을 거치면 향수가 완성되어 용기에 담고 포장하여 제품화되는 것이다.

5. 새로운 이미지의 향

새로운 이미지의 향기를 만들기 위해서는 다음의 4가지 방법이 있다.

첫째, 사람, 풍경, 표현 용어 등에 의해 이미지를 구성하여야 한다.

둘째, 기존의 향 또는 그 이미지에서 힌트를 얻어 향 원료를 선정한다.

셋째, 어떤 향의 일부를 다른 향료의 일부 또는 전부와 치환하여 새로운 향을 만든다.

넷째, 특징을 갖는 새로운 원료의 특성을 살려 향을 만든다.

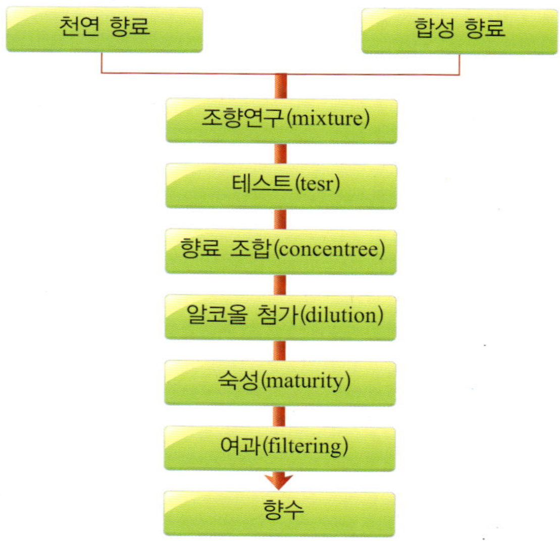

그림 24-1 향수제조 프로세스

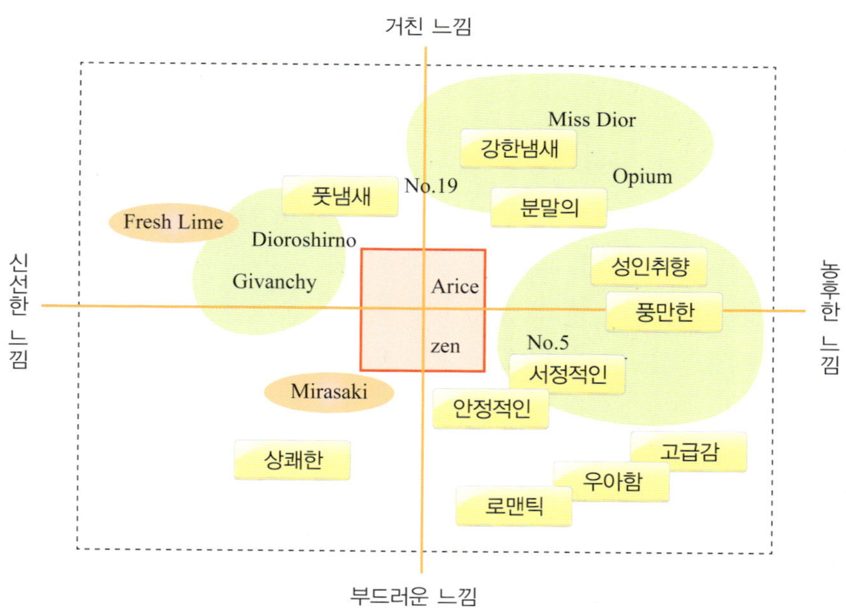

그림 24-2 느낌에 따른 향의 분류

3. 아로마테라피

1. 아로마테라피의 정의

아로마테라피는 아로마(Aroma : 향기)와 테라피(Therapy : 치료)를 합성한 용어로 향기를 이용한 치료를 의미한다. 약용식물에서 추출한 휘발성 물질을 사용하여 심신을 건강하게 하는 것이 아로마테라피로 방향요법 또는 향기요법이라고 한다. 식물에 존재하는 향기 물질은 호르몬과도 같은 작용을 하는데 아로마 오일은 향유로 식물에 존재하는 휘발성 향기 물질이고 에센셜 오일은 정유로 식물의 생명 유지에 필수적인 물질이다.

아로마오일에 함유되어 있는 생리활성 물질을 마사지, 목욕, 증기 호흡 등을 통하여 체내에 침투시키거나 흡입시켜 생체 내 호르몬의 분비를 조절하고 생체 리듬을 정상화시켜 미용을 증진하고 나아가 질병의 치료와 예방에 사용하는 것으로 방향요법 또는 향기요법이라고도 하는 대체 요법의 하나이다.

아로마테라피의 기본 원리는 코와 피부를 통해 흡수된 향이 뇌에 전달되어 신체적인 측면 뿐 아니라 정신적인 측면에서 치료효과를 가져오게 하는 것이다. 인체에 아로마를 적용시 면역력을 높여주고, 호르몬의 분비를 정상화시키며 각종 바이러스나 곰팡이균에 대한 저항도 높여준다. 또한 아로마는 적용시 깊은 우울이나 불면증 등에 도움을 주어 숙면을 취하거나 마음을 안정시키는 작용을 하기도 한다.

현대는 이미 화장품과 향수 뿐 아니라 생활전반에서 아로마를 이용하여 현대인의 생활 깊숙이 자리 잡고 있다. 이는 아로마가 부작용이 없고 주의사항을 지켜 사용할 경우 안전하기 때문이다.

check point

허브(Herb)란?

라틴어의 '푸른 풀'을 의미하는 Herba에서 출발하며, 영어로 "Herb"라고 쓰며 '향기나는 풀'이라는 의미로 '잎, 뿌리와 줄기 등이 식용, 약용으로 쓰이거나 향기나 향미로 이용되는 식물의 총체'라고 정의된 가공되지 않은 식물 그 자체를 의미한다. 허브는 수없이 많은 품종이 있다. 1년초나 2년초 뿐만 아니라 다년초(상록수, 낙엽수), 구근식물도 있다.

2. 아로마테라피의 역사

(1) 고 대

아로마테라피는 약 6000년의 역사를 가지고 있다. 약 6천년 전 고대 이집트시대에는 각 나라끼리 서로 다른 향유를 교역하기 시작하였는데 레바논의 말라야 삼나무, 시리아의 장미, 바빌론의 땅드릅나무, 몰약, 유향, 계피 등의 오일이 애용되었다. 기원전 3천년 전 멤피스시를 건설했던 이집트의 첫 번째 통치자 멘즈완 무덤에서는 아로마를 사용했던 기록과 흔적이 발견되었으며, 1922년 발견된 기원전 1311~1352년의 통치자 투탕카멘의 무덤에서도 아로마를 사용했던 기록이 있다.

기원전 고대 중국에서도 이미 아로마를 사용하고 있었는데, 기원전 4500년경 기완티라는 중국의 황제는 식물에서 추출한 성분인 에센셜 오일에 관한 것을 의서에 기록하게 했으며, 그 후 황실 및 귀족층을 중심으로 사용해 왔다는 기록이 있다. 또한 인도의 역사상 가장 오래된 책인 “베다”에도 700여 종이 넘는 방향제가 수록되어 있다.

고대 이집트인들은 몰약과 송진의 액을 죽은 시체에 발라서 미라를 만들었으며, 클레오파트라는 쟈스민과 장미유 등의 꽃 추출물을 이용하여 미용과 최음효과를 극대화시켰다는 기록이 있다.

고대 그리스의 의학자인 히포크라테스(BC 460~370년)도 그의 저서에서 치료용으로 사용될 수 있는 많은 식물들에 대해 언급하였다. 고대 로마의 황제인 네로는 세계 정복을 위해 행군할 때 식물들과 그들의 종자를 수입해 왔는데, 예를 들면 펜넬(Fennel), 파슬리(Parsley), 세이지(sage), 로즈마리(Rosemary), 백리향(Thyme) 등을 수집해 치유성분을 추출해서 사용했다.

(2) 중 세

15세기에 이탈리아인들은 아로마 성분을 이용하여 향수의 예술을 발전시켰고, 영국의 엘리자베스 1세 여왕은 의상과 일상생활에 아로마를 효율적으로 사용함으로써 아름다움을 돋보이도록 했다. 17세기에 프랑스의 루이 14세 때부터는 전 유럽에 붐이 일어 아로마가 널리 사용되기 시작했다.

(3) 근대 이후

아로마요법의 약리작용이 과학적으로 밝혀진 것은 17세기 후반부터 19세기에 이르러 프랑스의 화학자인 르네 모리스 가트포제(Rene Maurice Gattefosse) 박사에 의하여 향유의 치료적 화학 성분과 분자구조가 규명되었다.

그는 현대 아로마테라피의 아버지로 '아로마테라피'라는 단어를 만들어 냈고, 이것을 1937년 출판한 책 제목으로 사용하였다. 1937년 프랑스 화장품 화학자 르네 모리스 가트포제의 저서에 처음으로 아로마테라피가 등장하였다.

가트포제는 실험도중 화상을 입게 되었고 그때 화상입은 손을 라벤더 오일에 담가뒀는데 통증이 완화되고 피부가 빨리 치유되는 것을 발견하고 아로마테라피 연구를 시작하였고, 단일 성분일 때보다 두 개 이상의 오일이 혼합되었을 때 더 우수한 치료 효과를 나타낸다는 사실을 발견하였다.

이후 프랑스 외과 의사인 장 발네(Jean Valnet)는 2차 세계대전 중 군의관으로 참전하여 병사들의 상처를 소독, 살균하고 상처 치료에 에센셜 오일을 사용하였다. 또한 전쟁에서 정신적인 고통을 호소하는 환자들에게 정서적, 심리적 치료로 아로마 오일을 이용하여 클로브, 백리향, 카모마일 등의 아로마 오일의 치유 효능을 임상적으로 증명하였다. 그는 풍부한 치료 경험을 토대로 1964년에 「The Practice of Aromatherapy」라는 책을 출간하게 된다.

한편 1950년대 영국의 마가렛 모리(Marguerite Maury) 여사에 의해 최초로 아로마테라피를 이용한 피부 미용법이 소개되었다. 프랑스 생화학자인 마가렛 모리 여사는 에센셜 오일을 마사지에 적용하여 에센셜 오일의 피부 재생 효과에 대해 연구하였고 1950년대에 영국으로 건너가 아로마테라피 클리닉을 설립하고, 1964년에 「The Secret of Life and Youth」(인생과 젊음에 대한 비밀)이라는 책을 출간하였다.

오늘날 프랑스에서는 천명 이상의 의사들이 에센셜 오일을 이용하고 있으며, 영국에서는 많은 전문적인 교육기관에서 아로마테라피스트들을 양성하고 있고, 일부 병원에서도 아로마테라피를 행하고 있다.

유럽에서는 이미 에센셜 오일이 의료보험혜택을 받을 정도로 병원에서 보편적으로 이용되고 있으며, 비누나 샴푸, 린스, 향초 등 각종 생활용품들이 아로마테라피용으로 상품화되어 사용되고 있다.

3. 천연향의 추출방법

(1) 증류법(Distillation)

에센셜 오일의 80%가 이 방법으로 추출될 만큼 주로 사용되는 방법으로 뜨거운 물, 수증기를 이용하여 오일을 추출하는 방법이다. 식물에 수증기 또는 뜨거운 물을 직접 접촉시켜 식물 세포가 파괴되면서 세포 안에 들어 있던 향을 수증기와 같이 증류해서 얻어내는 가장 보편적인 방법이다. 대량의 오일 생산이 가능하며, 공정비가 다른 방법에 비해 저렴한 장점이 있으나, 높은 온도와 오랜 증기 노출로 인해 향기 물질의 화학적인 성분이 변하기도 하므로 순도 100%의 오일을 추출하기 어렵다는 단점이 있다.

① 물 증류법 (Water distillation)

오일을 추출할 부위를 직접 물에 담가 놓은 후 물이 끓어오를 때까지 열을 가한다. 이때 끓는 물에서 증기가 나오는데 이 증기를 냉각시키고 농축시켜 물에서 정유를 분리한다.

② 증기 증류법 (Steam distillation)

최근까지 가장 흔히 사용되는 아로마 에센셜 오일 추출법으로 스팀이 통과할 수 있도록 고안된 용기에 식물을 넣고 높은 압력을 가해 스팀이 식물을 통과하도록 하면 식물 내에 있는 에센셜 오일 성분이 스팀에 용해되어 관을 통하여 냉각기를 통과하면, 두 물질의 밀도 차이로 물과 정유가 분리 추출된다.

③ 물, 증기 증류법 (Water and steam distillation)

추출할 식물을 뜨거운 물 위의 그릴에 올려놓는다. 여기에 증기를 쏘이면 골고루 쇠망에 널어놓은 잎에서 기름이 떨어지는데, 이 오일을 추출하는 방법이다. 이 방법의 장점은 증기가 포화상태가 되더라도 과열되지 않으며 원료가 수증기에만 접촉한다는 점이다.

④ 신기술 증류법

뿌리, 씨앗과 같은 단단한 식물에 사용하는 터보 증류법, 싱싱한 잎에서 증기를 식물의 위에서 내려 쏘이게 하여 짧은 시간에 진짜 냄새에 가까운 아로마 에센셜 오일을 뽑아내는 하이드로 디퓨젼, 증기가 허브에 직접 닿지 않고 건조 증류시키는 진공 증류법, 아로마 에센셜 오일 전체에서 필요로 하는 특수 화학물질만 분리하는데 사용하는 분절 증류법, 증류된 오일을 2~3회씩 다시 증류시키는 분자 증류법 등이 있다. 가장 최근에는 고압과 저열로 추출하는 새로운 공법으로 이산화탄소 추출법이 개발되기도 했다.

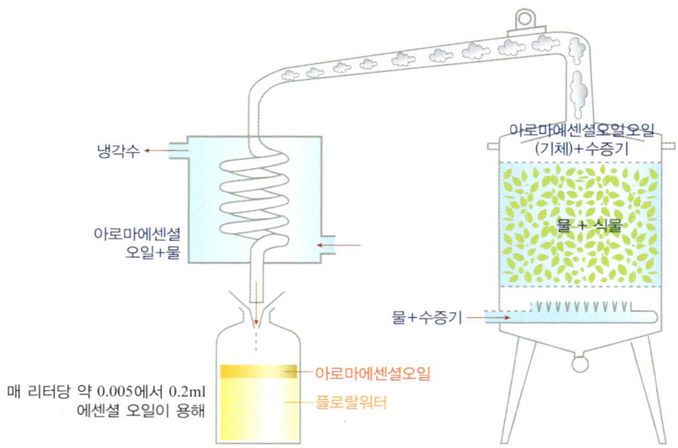

그림 24-3 증류법의 원리

(2) 압축법(Expression)

주로 감귤류의 오일을 추출하는 방법인데 감귤류 등의 과실 껍질에서 추출하는 오일은 열에 매우 약하므로 식물에 압력을 가하여 추출한다.

① 에큐엘 (Ecuelle)법

에큐엘이라는 특수한 기구를 이용하여 채유하는 방법으로 이태리 북부에서 행해지고 있다. 에클레는 약 1cm 길이의 침이나 스파이크 모양의 돌출물이 나와있는 직경 20cm의 나팔이나 깔때기 모양의 금속기구로 깔때기 모양의 중앙에 채유관으로 연결되는 구멍이 있다. 한손으로 채유도관 부위를 잡고 한 손으로는 과피를 침상 돌출 부위에 눌러 회전하면 액이 나오는데 이는 도간을 통해 용기에 모여지고 이를 분액해서 채유한다.

② 스펀지 (Sponge)법

이태리 남부지방의 소규모의 가내 공업적인 방법으로 과피를 손으로 눌러 나오는 정유를 다른 손에 쥔 스펀지에 흡수시키고 이것을 다시 짜서 나온 액을 별도의 용기에 담아 과즙과 정유를 분액해서 채유한다.

③ 기계적 방법

과피를 벗기거나 압착하거나 분해, 정제 등의 전 과정을 기계적 방법에 의해 행하는 채유법이다. 포대 또는 양모제의 포대에 과피를 넣어 수압기로 착유하고 원심분리기에 의해 분액 하는 방법도 널리 행해지고 있다.

(3) 용매 추출법(Extraction)

휘발성 또는 비휘발성 용매를 이용하여 오일을 추출하는 방법이다. 주로 열에 불안정한 꽃잎에서 오일을 추출할 때 사용되며, 식물들의 향기 물질이 수증기, 고온, 압력을 가할 때 쉽게 파괴되고 얻어지는 양이 너무 적을 때 사용되는 방법이다. 동물성 향료를 채취하기에는 적합하지 않다. 식물의 재료에 휘발성 용매인 에테르, 핵산, 에틸 알코올 등을 이용하거나 비휘발성 용매인 우지나 돈지 등을 이용한다.

① 휘발성 용매 추출법

신선한 꽃잎에 에테르, 핵산, 벤젠, 알코올 등의 휘발성 용매를 넣고 일정 기간 냉암소에서 침적 시킨 후 향기 성분을 녹여내는 방법이다. 용매로 향기 성분을 우려낸 후 농축하면 보통 왁스가 함유된 고형물질이 얻어지는데 이것을 흔히 콘크리트(concrete)라고 부른다. 콘크리트에 에틸 알코올을 가하면 왁스는 녹지 않고 아로마 오일만 녹아 나온다. 여과하여 왁스를 제거하고 농축시키면 에틸 알코올에 용해되는 진한 향을 가진 물질만 남게 되는데 이것을 앱솔루트(absolute)라 한다. 프랑스 남부 지방에서 많이 활용하는 방법으로 현재까지도 많이 이용되는 추출법이다.

② 비휘발성 용매 추출법

이 방법은 고대 이집트 시대에도 이용되었을 만큼 오래되고 전통적인 방법으로 프랑스 남부 지방에서 널리 행해졌으나 현재는 몇몇 경우를 제외하고는 거의 사용하고 있지 않다.

동식물의 지방유를 이용한 추출법으로 온도를 가하지 않는 냉침법과 가온을 해주는 온침법이 있다.

• 냉침법 (Enfleurage)

지방에 향을 흡수시켜 향료를 분리하는 방법으로 커다란 유리판에 지방을 얇게 깔고 그 위에 꽃잎을 얇게 펼쳐둔다. 꽃잎의 정유성분이 지방으로 녹아 나올 때 까지 두는 과정을 반복한 후 정유 성분을 알코올을 이용하여 지방으로부터 분리한 후 정제한다. 장미, 쟈스민, 라벤더, 일랑일랑, 제라늄 등이 이러한 방법으로 추출되는 정유로 가격이 비싸고 질이 좋다.

그림 24-4 냉침법 (출처 : 영화 '향수')

• 온침법 (Maceration)

동식물의 지방유를 가열하여 일정한 온도로 유지한 후 여기에 식물의 꽃잎을 넣어 일정시간 동안 방치한다. 그리고 다른 꽃잎으로 교체하면 지방유가 포마드 형태로 바뀌는데 냉침법에 비해 조작시간이 짧고 효율이 좋으나 쉽게 산패하여 불쾌한 향을 유발하기도 한다. 장미, 오렌지꽃, 아카시아, 미모사 등을 추출하는 데 사용되는 방법이다.

4. 아로마 오일

아로마는 에센셜 오일(essential oil)이라 불리기도 하는데 약용식물, 즉 허브(herb)의 꽃, 줄기, 열매, 잎, 뿌리 등에서 추출한 오일을 정밀하게 정제해낸 100% 천연의 방향성 오일로 정유라고도 한다.

(1) 아로마 오일의 효능

표 24-3 에센셜 오일의 사용방법

구분	사용방법
목욕법	따뜻한 욕조에 아로마 오일을 6~8방울 떨어뜨리고 깨끗이 씻은 몸을 20분 정도 담근다.
흡입법	초보자에게 적합한 방법으로 손수건, 티슈에 아로마 오일을 1~2방울 떨어뜨리고 심호흡을 한다. 라벤더 등 진정 효과가 있는 아로마 오일을 티슈에 묻혀 베개 위에 두고 자면 숙면을 취할 수 있다.
마사지법	아로마 오일을 호호바 오일 등에 1~3% 희석해서 전신을 부드럽게 마사지 한다. 이때 심장에서 먼 곳부터 가볍게 마사지 하는 것이 좋다.
족욕법	차가운 물에 아로마 오일을 넣어 발 목욕을 하면 심신이 상쾌해지며, 따뜻한 물일 때에는 긴장을 풀어준다. 대개 3~10방울의 에센셜 오일을 넣고 15분 정도 발을 담근다.
확산법	아로마 램프(증발 접시), 스프레이 등을 이용하여 향기를 확산시켜 준다.
습포법	물 1리터 정도에 아로마 오일 5~10방울을 떨어뜨리고 수건을 담가 적신 후 피부에 붙인다. 더운 습포는 피부염 등에 좋고, 찬 습포는 통증이나 부어오른 피부를 가라앉히는데 좋다.

에센셜 오일의 효능은 호흡기와 피부를 통해 특유의 향을 흡수함으로써 각종 질병을 치료하는 독특한 능력이다. 이 밖에도 항균작용, 불면증, 소화불량, 편두통, 신진대사 조절, 심리적 안정 등에 효과적이다.

check point

에센셜 오일 사용시 주의사항

① 에센셜 오일은 피부에 직접 바르거나 마사지 하지 않는다.
② 새로운 에센셜 오일을 사용할 때는 반드시 테스트한다.
③ 감광성에 주의한다.
④ 오일을 다양하게 사용한다.
⑤ 오일을 절대로 먹어서는 안된다.
⑥ 아무리 많이 남았다고 해도 개봉 후 1년이 지난 오일은 무조건 버린다.
⑦ 용량을 정확히 지켜야 한다.

아로마 오일의 보존과 구입

① 사용 후 반드시 마개를 닫아 보관한다.
② 갈색 또는 암청색 병에 넣어 냉암소에 보관한다.
③ 일반적으로 에센셜 오일은 개봉 후 6개월~1년 내에 사용하는 것이 좋다.
④ 1회 블랜딩 양은 최대 1~2주 사용분을 넘지 않도록 한다.

(2) 아로마 오일의 종류

구 분	종 류	효 능
탑노트	바질 (Vasil)	살균, 소독, 강장, 거담, 발한작용
	버가못 (Bergamot)	살균, 소독작용, 피지조절, 충혈 피부 진정작용
	유칼립투스 (Eucalyptus)	거담, 살균, 이뇨, 정혈, 호흡기질환예방
	그레이프후르트 (Grapefruit)	살균, 소독, 식욕증진, 이뇨, 정화, 근육 내 독소제거작용
	레몬 (Lemon)	소독, 수렴, 방부, 이뇨, 면역력 강화, 체지방 감소
	레몬나무 (Lemongrass)	두통, 정신피로해소, 수렴, 공기정화, 이뇨, 살균작용
	만다린 (구주귤/Mandarin)	소화촉진, 진정, 피부연화, 체지방 감소
	오렌지 (Orange)	항우울, 소화촉진, 식욕증진, 긴장완화, 체지방 감소
	페퍼민트 (Peppermint)	거담, 두통, 수렴, 소염, 해열, 항 신경장애
	티트리 (Tea Tree)	살균, 소독, 항바이러스, 발한작용
미들 노트	카모마일 (Camomile)	진정, 상처치유, 소염, 진통, 항알러지, 항우울, 항 경련작용
	클라리 세이지 (Clary sage)	항우울, 항경련, 진정, 최음, 스트레스 이완, 활력공급
	싸이프레스 (Cypress)	수렴, 이뇨, 지혈, 해열, 혈관수축작용
	훼넬 (회향/Fennel)	이뇨, 발한, 통경, 소독, 소화촉진작용
	프랑킨센스 (유향/Frankincense)	수렴, 이뇨, 소독, 공기정화, 세포재생
	제라늄 (Geranium)	수렴, 이뇨, 지혈, 세포재생, 림프순환촉진작용
	자스민 (Jasmine)	분만촉진, 최음, 통경, 항 우울, 피지조절
	쥬니퍼 (Juniper)	발한, 살균, 소독, 수렴, 해독, 통경, 이뇨작용
	라벤다 (Lavender)	살균, 소독, 진정, 피지조절, 통경, 해독, 항우울, 구풍작용
	마죠람 (Marjoram)	거담, 강장, 구풍, 소독, 항신경장애
	장미 (Rose)	생식기 강장, 최음, 항우울, 항염증, 혈관확장 개선
	로즈마리 (Rosemary)	두뇌기능촉진, 정신피로회복, 이뇨, 발한, 혈액순환 촉진
	일랑일랑 (Ylang Ylang)	피지분비조절, 최음, 항우울, 소독작용
베이스 노트	시다우드 (Cedarwood)	거담, 살균, 소독, 수렴, 이뇨작용
	시나몬 (Cinnamon)	소독, 통경, 호흡기질환예방
	샌달우드 (백단향/Sandalwood)	거담, 진정, 이뇨, 수렴, 소염작용

5. 캐리어오일(Carrier Oil)

(1) 캐리어 오일이란?

캐리어 오일은 베이스 오일(base oil)이라고도 하며, 에센셜 오일을 희석하여 매뉴얼 테크닉 등에 사용하는 식물성 오일을 말한다. 에센셜 오일과는 달리, 휘발성이 없으며, 에센셜 오일의 자극을 낮추고 피부 흡수를 높이기 위해 사용한다. 종류도 다양하고 각기 독특한 성질이 있으므로 사용목적에 맞게 선택하는 것이 중요하다. 공기 중에 오래 노출되면 산패하므로 반드시 밀봉하여 냉장고에 보관하는 것이 좋다.

(2) 종류 및 특성

① 호호바 오일(Jojoba oil)

모든 피부 타입에 적절하며 피부유연효과가 있다. 항박테리아, 피지를 조절하는 기능이 있어 지성, 여드름 피부는 물론, 축소관리에도 사용된다.

② 스위트 아몬드 오일(Sweet almond Oil)

모든 피부 타입에 적절하며 윤기 없는 피부, 거친 피부에 좋다. 또한 기저귀 땀띠, 튼 손, 가려움증과 염증 부위에 효과적이다. 가벼운 느낌의 오일로 높은 자양분과 불포화 유지방산, 리놀릭산, 단백질, 미네랄 등이 풍부하다.

③ 윗점 오일(Wheat germ Oil)

습진, 건성(마른 버짐), 피부노화 방지 효과가 있다. 풍부한 비타민 E로 항산화 작용을 하며, 미네랄 역시 풍부하다. 무거운 오일로 단독사용보다는 가벼운 오일에 5~10% 정도 희석해 사용하는 것이 좋다. 세포생성, 혈액순환 촉진, 결합조직 개선에 효과적이며, 혈액의 응고를 막아주는 성분이 함유되어 있어 동맥에 축척되는 콜레스테롤 수치를 낮춘다.

④ 아보카도 오일(Avocado Oil)

모든 피부 타입에 적절하며, 건성, 습진, 탈수예방효과가 있다. 비타민 A, D, 레시틴, 칼륨 등이 풍부하다. 무거운 느낌의 오일로서 가벼운 오일에 25% 정도 희석해 쓰거나 건성 부위에 단독으로 사용하기도 한다. 높은 밀도로 농도가 짙고 피부에 깊이 스며드는 성질이 있어 비만관리용으로도 많이 사용된다.

⑤ 그레이프씨드 오일(Grapeseed Oil)

모든 피부에 사용가능 하며 여드름 피부에 효과적이다. 끈적거림이 없는 가벼운 오일로서 포도 씨에서 추출한다. 비타민 E가 풍부하여 항산화 작용과 피부재생 효과가 뛰어나다.

⑥ 살구씨 오일(Apricot kernel oil)

올레인산과 리놀산의 트리글리세리드가 주성분이며, 저온에서도 투명한 액체상태로 기온이 낮은 지방에서 많이 사용한다. 피부에 쉽게 흡수되어 피부를 연화시키며 피부나 모발의 윤기와 탄력 증대 효과, 재생 효과가 우수하다.

⑦ 캐롯 오일(Carrot Oil)

건성피부 가려움증, 습진, 피부재생에 효과적이다. 베타카로틴, 비타민, B, C, D, E 가 풍부한 오일로 피부건조, 습진, 재생에 효과가 있다. 단독으로는 사용이 불가능하며, 가벼운 오일류에 10% 정도 희석하여 사용한다.

⑧ 코코넛 오일(Coconut Oil)

모든 피부 타입에 적절하며, 피부노화 방지, 목주름 연화제, 선탠용 오일로 사용한다.

화장품 선택 어렵지 않다.

Part VI 화장품 선택

Chapter 25. 화장품 선택 시 고려사항

Chapter 25

화장품 선택시 고려사항

1. 화장품 전성분 바로 보기

화장품 전성분 표시제는 2008년 10월 18일 소비자의 안전할 권리와 알권리의 확보를 위해 도입된 것으로 이전에는 표시성분과 같은 일부 성분만 표시되었으나 전성분 표시제는 화장품에 들어간 모든 성분을 표시하는 것을 말한다. 화장품 전성분 표시제가 시행되면 화장품으로 인한 부작용이 발생하였을 때 빠르게 원인을 규명할 수 있으며 소비자는 본인에게 적합한 제품을 선택할 수 있다는 장점이 있다.

그럼 지금부터 화장품 전성분 제도에 대해 제대로 알아보도록 하자.

(1) 화장품 전성분은 함량 순서대로 표시된다.

전성분을 모두 기재하기 때문에 표시 순서가 정해져 있다. 표시 순서는 함량이 많은 순서로 기재되는데 정제수가 맨 앞에 가장 많이 등장하는 이유도 가장 많이 들어가기 때문이다

함량이 많은 순서대로 기재되지만 1% 이하로 사용된 성분, 착향제, 착색제는 순서에 상관없이 기재 표시할 수 있다.

전성분 표시제는 모든 성분을 표시한 것이지 얼마나 넣었는지 함유량은 표시하지 않기 때문에 1% 이하의 성분을 찾기는 어려울 수 있다. 하지만 대표적으로 많이 사용되는 파라벤의 경우 0.8%를 넘게 사용하지 못하므로 파라벤이 위치한 곳은 1% 미만의 성분이라고 예상할 수 있다.

(2) 화장품 전성분 표시에 제외되는 것도 있다.

원료 자체에 이미 포함되어 있는 안정화제, 보존제 등이 최종 제품에서 어떤 효능을 발휘하는 정도가 미비하다면 그 부수 성분과 불순물은 기재하지 않아도 된다. 또한 제조 과정 중에 제거되어 최종 제품에 남아 있지 않는 성분 역시 표기하지 않아도 된다.

또한 성분을 기재 · 표시할 경우 화장품제조업자 또는 화장품책임판매업자의 정당한 이익을 현저히 침해할 우려가 있을 때에는 화장품제조업자 또는 화장품책임판매업자는 식품의약품안전처장에게 그 근거자료를 제출해야 하고, 식품의약품안전처장이 정당한 이익을 침해할 우려가 있다고 인정하는 경우에는 "기타 성분"으로 기재 · 표시할 수 있다.

(3) 50mL(g) 이상의 제품에만 전성분을 의무적으로 표기한다.

내용량이 50mL 또는 50g이 넘지 않는다면 전성분을 화장품 용기에 표시할 의무는 없다. 다만 전성분 대신 일부 표시성분은 표기해야 하며, 전성분 정보를 소비자가 즉시 확인할 수 있도록 홈페이지 주소 또는 전화번호를 기재하거나 책자 등을 매장에 비치해 확인할 수 있도록 조치를 취해야 한다.

만약 구입하려는 제품이 립스틱 또는 아이섀도우처럼 용량이 작아 전성분을 확인할 수 없다면 제품에 나온 판매회사의 홈페이지 또는 소비자상담실을 통해 전성분을 확인할 수 있어야 한다.

(4) 혼합원료는 개별 성분의 명칭을 기재한다.

색조 화장용 제품류, 눈 화장용 제품류, 두발염색용 제품류 또는 손발톱용 제품류에서 호수별로 착색제가 다르게 사용된 경우 '± 또는 +/−'의 표시 다음에 사용된 모든 착색제 성분을 함께 기재 · 표시할 수 있다.

(5) 착향제는 "향료"로 표시할 수 있다.

다만, 착향제의 구성 성분 중 식품의약품안전처장이 정하여 고시한 알레르기 유발성분이 있는 경우에는 향료로 표시할 수 없고, 해당 성분의 명칭을 기재 · 표시해야 한다.

표 25-1 착향제의 구성 성분 중 알레르기 유발성분(제3조 관련)

연번	성분명	CAS 등록번호
1	아밀신남알	CAS No 122-40-7
2	벤질알코올	CAS No 100-51-6
3	신나밀알코올	CAS No 104-54-1
4	시트랄	CAS No 5392-40-5
5	유제놀	CAS No 97-53-0
6	하이드록시시트로넬알	CAS No 107-75-5
7	아이소유제놀	CAS No 97-54-1
8	아밀신나밀알코올	CAS No 101-85-9
9	벤질살리실레이트	CAS No 118-58-1
10	신남알	CAS No 104-55-2
11	쿠마린	CAS No 91-64-5
12	제라니올	CAS No 106-24-1
13	아니스알코올	CAS No 105-13-5
14	벤질신나메이트	CAS No 103-41-3
15	파네솔	CAS No 4602-84-0
16	부틸페닐메틸프로피오날	CAS No 80-54-6
17	리날룰	CAS No 78-70-6
18	벤질벤조에이트	CAS No 120-51-4
19	시트로넬올	CAS No 106-22-9
20	헥실신남알	CAS No 101-86-0
21	리모넨	CAS No 5989-27-5
22	메틸 2-옥티노에이트	CAS No 111-12-6
23	알파-아이소메틸아이오논	CAS No 127-51-5
24	참나무이끼추출물	CAS No 90028-68-5
25	나무이끼추출물	CAS No 90028-67-4

※ 다만, 사용 후 씻어내는 제품에는 0.01% 초과, 사용 후 씻어내지 않는 제품에는 0.001% 초과 함유하는 경우에 한한다.

2. 화장품과 숫자

1. 사용기한, 제조일자 및 개봉 후 사용기간(PAO) 바로 보기

화장품에 있어 숫자는 안전성과 밀접한 관계를 맺고 있다. 화장품의 특성상 화장품의 내용물이 분리되지 않는 이상 안전한 상태인지 육안으로 알긴 힘들며, 피부 트러블로 나타나야 비로소 화장품의 변질 등을 의심하는 경우가 일반적이기 때문에 화장품의 올바른 사용기한 준수는 무엇보다 중요하다.

화장품은 일반적으로 개봉하지 않은 상태에서 제조일로부터 30~36개월은 화장품의 안전성과 안정성에 문제가 없는 것으로 보고 있다. 하지만 개봉된 상태라면 화장품별로 개봉 후 사용기간을 숙지해야 하며(표 25-2 참조) 이는 제조사별로 조금씩 차이가 있을 수 있다. 또한 만약 사용기한이 지나지 않았더라고 개봉 후 사용기간이 지났다면 30~36개월이라는 기간은 의미가 없어진다.

사용하는 화장품의 수가 많을 경우 대부분의 소비자들은 화장품을 언제 개봉했는지 모두 기억하기란 어렵기에 화장품을 개봉해 사용할 때는 개봉한 날짜를 화장품 용기에 기재해 두는 것이 좋다.

표 25-2 화장품 종류별 개봉 후 사용기간

종 류	PAO(period after opening) 개봉 후 사용기간
토너, 로션, 에센스, 크림	12개월
자외선 차단제	12개월
마스카라	4~6개월
리퀴드 아이라이너	18개월
아이섀도	18~24개월
립스틱, 립글로스	12개월
고체형 아이, 립라이너	18개월
향수	36개월

표 25-3 화장품 제조년월일 표기법 사례

정의		표기법	
제조 일자	화장품이 제조된 날짜 (예. 2012년 10월 5일 제조)	년/월/일 + 제조 예) 20121005 제조 2012.10.05.	순서대로 읽으면 된다.
		MFD/ MFG/ M + 일/월/년 또는 년/월/일 예) MFG 5.10.12 M121005	'Manufactured'의 약자 사용 뒤에 숫자는 제조일자를 의미한다.
		제조 월 + 제조년도 + 생산공장 + 제조 일 예) J12K05	생산공장과 알파벳순서를 이용하여 제조일자를 나타낸다.
		PROD + 년/월/일 예) PROD2012.10.05	'Product Date'의 약자로 순서대로 읽으면 된다.
사용 기한	화장품이 제조된 날부터 적절한 보관 상태에서 제품이 고유의 특성을 간직한 채 소비자가 안정적으로 사용할 수 있는 최소한의 기한을 말한다.	BBE, BE + 일/월/년 예) BBE05.10.2012 BE05.10.2012	'Best BeFore'의 약자로 최고의 품질 유지기간을 나타낸다.
		사용가능 기간(개월) + M 예) 6M,12M	'M'은 Month(개월)의 약자로 개봉 된 후 사용기간
유통 기한	제품 고유의 특성을 간직한 채 소비자에게 안정적으로 유통 될 수 있는 최종일자를 말한다.	EXP + 일/월/년 예) EXP05.10.2012	'Expiry Date'의 약자로 사용기한을 나타낸다.

3. 화장품 포장의 표시기준 및 표시방법

1. 화장품의 명칭

다른 제품과 구별할 수 있도록 표시된 것으로서 같은 화장품책임판매업자의 여러 제품에서 공통으로 사용하는 명칭을 포함한다.

2. 화장품제조업자 및 화장품판매업자의 상호 및 주소

① 화장품제조업자 또는 화장품책임판매업자의 주소는 등록필증에 적힌 소재지 또는 반품 · 교환 업무를 대표하는 소재지를 기재 · 표시해야 한다.

② "화장품제조업자"와 "화장품책임판매업자"는 각각 구분하여 기재 · 표시해야 한다. 다만, 화장품제조업자와 화장품책임판매업자가 같은 경우는 "화장품제조업자 및 화장품책임판매업자"로 한꺼번에 기재 · 표시할 수 있다.

③ 공정별로 2개 이상의 제조소에서 생산된 화장품의 경우에는 일부 공정을 수탁한 화장품제조업자의 상호 및 주소의 기재 · 표시를 생략할 수 있다.

④ 수입화장품의 경우에는 추가로 기재 · 표시하는 제조국의 명칭, 제조회사명 및 그 소재지를 국내 "화장품제조업자"와 구분하여 기재 · 표시해야 한다.

3. 화장품 제조에 사용된 성분

① 글자의 크기는 5포인트 이상으로 한다.

② 화장품 제조에 사용된 함량이 많은 것부터 기재 · 표시한다. 다만, 1퍼센트 이하로 사용된 성분, 착향제 또는 착색제는 순서에 상관없이 기재 · 표시할 수 있다.

③ 혼합원료는 혼합된 개별 성분의 명칭을 기재 · 표시한다.

④ 색조 화장용 제품류, 눈 화장용 제품류, 두발염색용 제품류 또는 손발톱용 제품류에서 호수별로 착색제가 다르게 사용된 경우 '± 또는 +/−'의 표시 다음에 사용된 모든 착색제 성분을 함께 기재 · 표시할 수 있다.

⑤ 착향제는 "향료"로 표시할 수 있다. 다만, 착향제의 구성 성분 중 식품의약품안전처장이 정하여 고시한 알레르기 유발성분이 있는 경우에는 향료로 표시할 수 없고, 해당 성분의 명칭을 기재 · 표시해야 한다.

⑥ 산성도(pH) 조절 목적으로 사용되는 성분은 그 성분을 표시하는 대신 중화반응에 따른 생성물로 기재 · 표시할 수 있고, 비누화반응을 거치는 성분은 비누화반응에 따른 생성물로 기재 · 표시할 수 있다.

⑦ 법 제10조제1항제3호에 따른 성분을 기재 · 표시할 경우 화장품제조업자 또는 화장품책임판매업자의 정당한 이익을 현저히 침해할 우려가 있을 때에는 화장품제조업자 또는 화장품책임판매업자는 식품의약품안전처장에게 그 근거자료를 제출해야 하고, 식품의약품안전처장이 정당한 이익을 침해할 우려가 있다고 인정하는 경우에는 "기타 성분"으로 기재 · 표시할 수 있다.

4. 내용물의 용량 또는 중량

화장품의 1차 포장 또는 2차 포장의 무게가 포함되지 않은 용량 또는 중량을 기재 · 표시해야 한다. 이 경우 화장 비누(고체 형태의 세안용 비누를 말한다)의 경우에는 수분을 포함한 중량과 건조중량을 함께 기재 · 표시해야 한다.

5. 제조번호

사용기한(또는 개봉 후 사용기간)과 쉽게 구별되도록 기재 · 표시해야 하며, 개봉 후 사용기간을 표시하는 경우에는 병행 표기해야 하는 제조연월일도 각각 구별이 가능하도록 기재 · 표시해야 한다.

6. 사용기한 또는 개봉 후 사용기간

① 사용기한은 "사용기한" 또는 "까지" 등의 문자와 "연월일"을 소비자가 알기 쉽도록 기재 · 표시해야 한다. 다만, "연월"로 표시하는 경우 사용기한을 넘지 않는 범위에서 기재 · 표시해야 한다.

② 개봉 후 사용기간은 "개봉 후 사용기간"이라는 문자와 "○○월" 또는 "○○개월"을 조합하여 기재 · 표시하거나, 개봉 후 사용기간을 나타내는 심벌과 기간을 기재 · 표시할 수 있다.

(예시: 심벌과 기간 표시) 개봉 후 사용기간이 12개월 이내인 제품

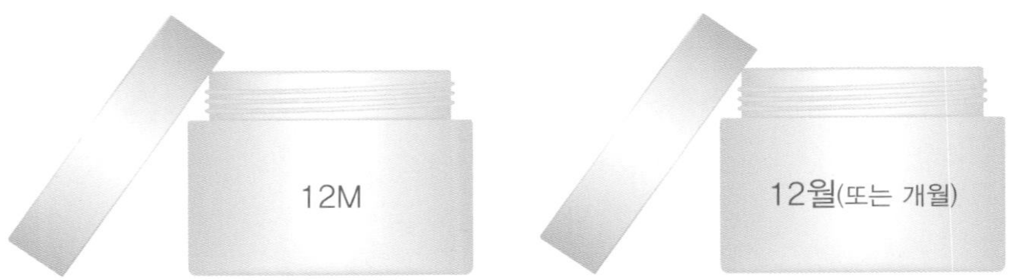

그림 25-1 사용기한 또는 개봉 사용기간

7. 기능성 화장품의 기재 · 표시

① 제19조제4항제7호에 따른 문구는 법 제10조제1항제8호에 따라 기재 · 표시된 "기능성 화장품" 글자 바로 아래에 "기능성 화장품" 글자와 동일한 글자 크기 이상으로 기재 · 표시해야 한다.

② 법 제10조제1항제8호에 따라 기능성 화장품을 나타내는 도안은 다음과 같이 한다.

[표시기준(로고모형)]

[표시방법]

- 도안의 크기는 용도 및 포장재의 크기에 따라 동일 배율로 조정한다.
- 도안은 알아보기 쉽도록 인쇄 또는 각인 등의 방법으로 표시해야 한다.

4. 화장품 표시 · 광고의 표현 범위 및 기준

(1) 질병을 진단 · 치료 · 경감 · 처치 또는 예방, 의학적 효능 · 효과 관련

금지표현	비고
• 아토피 • 모낭충 • 심신피로 회복 • 건선 • 노인소양증 • 살균 · 소독 • 항염 · 진통 • 해독 • 이뇨 • 항암 • 항진균 · 항바이러스 • 근육 이완 • 통증 경감 • 면역 강화, 항알레르기 • 찰과상, 화상 치료 · 회복 • 관절, 림프선 등 피부 이외 신체 특정부위에 사용하여 의학적 효능, 효과 표방	
• 여드름 • 기미, 주근깨(과색소침착증) • 항균	단, [별표 2] 1.에 해당하는 표현은 제외하되, 이 경우에도 액체비누에 대해 트리클로산 또는 트리클로카반 함유로 인해 항균 효과가 '더 뛰어나다', '더 좋다' 등의 비교 표시 · 광고는 금지

(2) 피부 관련 표현

금 지 표 현	비 고
• 임신선, 튼살 • 기저귀 발진 • 피부 독소를 제거한다(디톡스, detox) • 피부의 손상을 회복 또는 복구한다. • 상처로 인한 반흔을 제거 또는 완화한다. • ○○○의 흔적을 없애준다. • 〈예시〉 여드름, 흉터의 흔적을 제거 • 홍조, 홍반을 개선, 제거한다.(메이크업을 통해 홍조, 홍반을 가려준다는 제외) • 가려움을 완화한다(피부건조에 기인한 가려움 완화는 제외) • 뾰루지를 개선한다.	
• 피부노화 • 셀룰라이트 • 붓기 · 다크서클 • 피부구성 물질(예:효소, 콜라겐 등)을 증가, 감소 또는 활성화시킨다.	단, [별표 2] 1.에 해당하는 표현은 제외한다.

(3) 모발 관련 표현

금 지 표 현	
• 발모 • 탈모방지, 양모 • 모발의 손상을 회복 또는 복구한다. • 제모에 사용한다.	• 빠지는 모발을 감소시킨다. • 모발 등의 성장을 촉진 또는 억제한다. • 모발의 두께를 증가시킨다. • 속눈썹, 눈썹이 자란다.

(4) 생리활성 관련

금 지 표 현	
• 다이어트, 체중감량 • 피하지방 분해 • 얼굴 윤곽개선, V라인 • 체형변화	• 몸매개선, 신체 일부를 날씬하게 한다. • 가슴에 탄력을 주거나 확대시킨다. • 얼굴 크기가 작아진다.

(5) 원료 관련 표현

금 지 표 현
• 원료 관련 설명시 의약품 오인 우려 표현 사용

(6) 기타

금 지 표 현
• 메디슨(medicine), 드럭(drug), 코스메슈티컬 등을 사용한 의약품 오인 우려 표현

(7) 기능성 관련 표현

금 지 표 현
• 기능성 화장품 심사(보고)하지 아니한 제품에 미백, 화이트닝(whitening), 주름(링클, wrinkle) 개선, 자외선(UV)차단 관련 표현 • 기능성화장품 심사(보고) 결과와 다른 내용의 표시 · 광고 또는 기능성화장품 안전성 · 유효성에 관한 심사를 받은 범위를 벗어나는 표시 · 광고

(8) 원료 관련 표현

금 지 표 현
• 기능성화장품으로 심사(보고)하지 아니한 제품에 '식약처 미백 고시성분 OO 함유' 등의 표현 • 기능성 효능 · 효과 성분이 아닌 다른 성분으로 기능성을 표방하는 표현 • 원료 관련 설명시 기능성 오인 우려 표현 사용(주름개선 효과가 있는 OO 원료)

(9) 유기농화장품 관련

금 지 표 현	비 고
• 식품의약품안전처장이 정한 유기농 화장품 기준에 적합하지 않은 제품에 '유기농(organic)' 관련 표현	제품명에 유기농을 표시하고자 하는 경우에는 유기농 원료가 물과 소금을 제외한 전체 구성성분 중 95% 이상으로 구성되어야 함.

(10) 특정인 또는 기관의 지정, 공인 관련

금 지 표 현
• ○○ 아토피 협회 인증 화장품 • ○○ 의료기관의 첨단기술의 정수가 탄생시킨 화장품 • ○○ 대학교 출신 의사가 공동개발한 화장품 • ○○ 의사가 개발한 화장품 • ○○ 병원에서 추천하는 안전한 화장품

(11) 화장품의 범위를 벗어나는 광고

금 지 표 현
• 체내 노폐물 제거(피부 · 모공 노폐물 제거 관련 표현 제외) • 배합금지 원료를 사용하지 않았다는 표현(무첨가, free 포함) 〈예시〉 無(무) 스테로이드, 無(무) 벤조피렌 등 • 부작용이 전혀 없다. • 먹을 수 있다. • 일시적 악화(명현현상)가 있을 수 있다. • 필러(filler), 지방볼륨생성 • 보톡스 • 레이저, 카복시 등 시술 관련 표현

(12) 줄기세포 관련 표현

금 지 표 현	비 고
• 특정인의 '인체 세포 · 조직 배양액' 기원 표현 • 줄기세포가 들어 있는 것으로 오인할 수 있는 표현(다만, 식물줄기세포 함유 화장품의 경우에는 제외) 〈예시〉 줄기세포 화장품, stem cell, ○억 세포 등	「화장품 안전기준 등에 관한 규정」 [별표 3]에 적합한 원료를 사용한 경우에만 불특정인의 '인체 세포 · 조직 배양액' 표현 가능

(13) 저속하거나 혐오감을 줄 수 있는 표현

금 지 표 현
• 성생활에 도움을 줄 수 있음을 암시하는 표현 – 여성크림, 성 윤활작용 – 쾌감을 증대시킨다. – 질 보습, 질 수축 작용 • 저속하거나 혐오감을 주는 표시 및 광고 – 성기 사진 등의 여과 없는 게시 – 남녀의 성행위를 묘사하는 표시 또는 광고

(14) 그 밖의 기타 표현

금 지 표 현	비 고
• 동 제품은 식품의약품안전처 허가, 인증을 받은 제품임	기능성화장품으로 심사(보고)관련 표현 제외

부 록

화장품법

[법률 제16298호, 2019. 1. 15개정]
[시행령 2019. 12. 10 대통령령 제30245호, 2020. 3. 14 시행]
[시행규칙 총리령 제1592호, 2020. 1. 22 시행]

제 1 장 총칙

제1조(목적) 이 법은 화장품의 제조 · 수입 · 판매 및 수출 등에 관한 사항을 규정함으로써 국민보건향상과 화장품 산업의 발전에 기여함을 목적으로 한다. 〈개정 2018. 3. 13.〉

제2조(정의) 이 법에서 사용하는 용어의 뜻은 다음과 같다. 〈개정 2018. 3. 13., 2019. 1. 15.〉

1. "화장품"이란 인체를 청결 · 미화하여 매력을 더하고 용모를 밝게 변화시키거나 피부 · 모발의 건강을 유지 또는 증진하기 위하여 인체에 바르고 문지르거나 뿌리는 등 이와 유사한 방법으로 사용되는 물품으로서 인체에 대한 작용이 경미한 것을 말한다. 다만, 「약사법」 제2조제4호의 의약품에 해당하는 물품은 제외한다.
2. "기능성화장품"이란 화장품 중에서 다음 각 목의 어느 하나에 해당되는 것으로서 총리령으로 정하는 화장품을 말한다.
   가. 피부의 미백에 도움을 주는 제품
   나. 피부의 주름개선에 도움을 주는 제품
   다. 피부를 곱게 태워주거나 자외선으로부터 피부를 보호하는 데에 도움을 주는 제품
   라. 모발의 색상 변화 · 제거 또는 영양공급에 도움을 주는 제품
   마. 피부나 모발의 기능 약화로 인한 건조함, 갈라짐, 빠짐, 각질화 등을 방지하거나 개선하는 데에 도움을 주는 제품

2의2. "천연화장품"이란 동식물 및 그 유래 원료 등을 함유한 화장품으로서 식품의약품안전처장이 정하는 기준에 맞는 화장품을 말한다.

3. "유기농화장품"이란 유기농 원료, 동식물 및 그 유래 원료 등을 함유한 화장품으로서 식품의약품안전처장이 정하는 기준에 맞는 화장품을 말한다.

3의2. "맞춤형화장품"이란 다음 각 목의 화장품을 말한다.

가. 제조 또는 수입된 화장품의 내용물에 다른 화장품의 내용물이나 식품의약품안전처장이 정하는 원료를 추가하여 혼합한 화장품

나. 제조 또는 수입된 화장품의 내용물을 소분(小分)한 화장품

4. "안전용기 · 포장"이란 만 5세 미만의 어린이가 개봉하기 어렵게 설계 · 고안된 용기나 포장을 말한다.

5. "사용기한"이란 화장품이 제조된 날부터 적절한 보관 상태에서 제품이 고유의 특성을 간직한 채 소비자가 안정적으로 사용할 수 있는 최소한의 기한을 말한다.

6. "1차 포장"이란 화장품 제조 시 내용물과 직접 접촉하는 포장용기를 말한다.

7. "2차 포장"이란 1차 포장을 수용하는 1개 또는 그 이상의 포장과 보호재 및 표시의 목적으로 한 포장(첨부문서 등을 포함한다)을 말한다.

8. "표시"란 화장품의 용기 · 포장에 기재하는 문자 · 숫자 · 도형 또는 그림 등을 말한다.

9. "광고"란 라디오 · 텔레비전 · 신문 · 잡지 · 음성 · 음향 · 영상 · 인터넷 · 인쇄물 · 간판, 그 밖의 방법에 의하여 화장품에 대한 정보를 나타내거나 알리는 행위를 말한다.

10. "화장품제조업"이란 화장품의 전부 또는 일부를 제조(2차 포장 또는 표시만의 공정은 제외한다)하는 영업을 말한다.

11. "화장품책임판매업"이란 취급하는 화장품의 품질 및 안전 등을 관리하면서 이를 유통 · 판매하거나 수입대행형 거래를 목적으로 알선 · 수여(授與)하는 영업을 말한다.

12. "맞춤형화장품판매업"이란 맞춤형화장품을 판매하는 영업을 말한다.

[시행일 : 2020. 3. 14.] 제2조의 개정규정 중 맞춤형화장품, 맞춤형화장품판매업자 및 맞춤형 화장품조제관리사와 관련된 부분

제2조의2(영업의 종류) ① 이 법에 따른 영업의 종류는 다음 각 호와 같다.

1. 화장품제조업
2. 화장품책임판매업
3. 맞춤형화장품판매업

② 제1항에 따른 영업의 세부 종류와 그 범위는 대통령령으로 정한다.

[본조신설 2018. 3. 13.]

[시행일 : 2020. 3. 14.] 제2조의2의 개정규정 중 맞춤형화장품, 맞춤형화장품판매업자 및 맞춤형화장품조제관리사와 관련된 부분

제2장 화장품의 제조 · 유통

제3조(영업의 등록) ① 화장품제조업 또는 화장품책임판매업을 하려는 자는 각각 총리령으로 정하는 바에 따라 식품의약품안전처장에게 등록하여야 한다. 등록한 사항 중 총리령으로 정하는 중요한 사항을 변경할 때에도 또한 같다. 〈개정 2013. 3. 23., 2016. 2. 3., 2018. 3. 13.〉

② 제1항에 따라 화장품제조업을 등록하려는 자는 총리령으로 정하는 시설기준을 갖추어야 한다. 다만, 화장품의 일부 공정만을 제조하는 등 총리령으로 정하는 경우에 해당하는 때에는 시설의 일부를 갖추지 아니할 수 있다. 〈개정 2013. 3. 23., 2018. 3. 13.〉

③ 제1항에 따라 화장품책임판매업을 등록하려는 자는 총리령으로 정하는 화장품의 품질관리 및 책임판매 후 안전관리에 관한 기준을 갖추어야 하며, 이를 관리할 수 있는 관리자(이하 "책임판매관리자"라 한다)를 두어야 한다. 〈개정 2013. 3. 23., 2018. 3. 13.〉

④ 제1항부터 제3항까지의 규정에 따른 등록 절차 및 책임판매관리자의 자격기준과 직무 등에 관하여 필요한 사항은 총리령으로 정한다. 〈개정 2013. 3. 23., 2018. 3. 13.〉

[제목개정 2018. 3. 13.]

제3조의3(결격사유) 다음 각 호의 어느 하나에 해당하는 자는 화장품제조업 또는 화장품책임판매업의 등록이나 맞춤형화장품판매업의 신고를 할 수 없다. 다만, 제1호 및 제3호는 화장품제조업만 해당한다.

1. 「정신건강증진 및 정신질환자 복지서비스 지원에 관한 법률」 제3조제1호에 따른 정신질환자. 다만, 전문의가 화장품제조업자(제3조제1항에 따라 화장품제조업을 등록한 자를 말한다. 이하 같다)로서 적합하다고 인정하는 사람은 제외한다.
2. 피성년후견인 또는 파산선고를 받고 복권되지 아니한 자
3. 「마약류 관리에 관한 법률」 제2조제1호에 따른 마약류의 중독자
4. 이 법 또는 「보건범죄 단속에 관한 특별조치법」을 위반하여 금고 이상의 형을 선고받고 그 집행이 끝나지 아니하거나 그 집행을 받지 아니하기로 확정되지 아니한 자
5. 제24조에 따라 등록이 취소되거나 영업소가 폐쇄(이 조 제1호부터 제3호까지의 어느 하나에 해당하여 등록이 취소되거나 영업소가 폐쇄된 경우는 제외한다)된 날부터 1년이 지나지 아니한 자

[본조신설 2018. 3. 13.]

[시행일 : 2020. 3. 14.] 제3조의3의 개정규정 중 맞춤형화장품, 맞춤형화장품판매업자 및 맞춤형화장품조제관리사와 관련된 부분

제4조(기능성화장품의 심사 등) ① 기능성화장품으로 인정받아 판매 등을 하려는 화장품제조업자, 화장품책임판매업자(제3조제1항에 따라 화장품책임판매업을 등록한 자를 말한다. 이하 같다) 또는 총리령으로 정하는 대학 · 연구소 등은 품목별로 안전성 및 유효성에 관하여 식품의약품안전처장의 심사를 받거나 식품의약품안전처장에게 보고서를 제출하여야 한다. 제출한 보고서나 심사받은 사항을 변경할 때에도 또한 같다. 〈개정 2013. 3. 23., 2018. 3. 13.〉

② 제1항에 따른 유효성에 관한 심사는 제2조제2호 각 목에 규정된 효능 · 효과에 한하여 실시한다.

③ 제1항에 따른 심사를 받으려는 자는 총리령으로 정하는 바에 따라 그 심사에 필요한 자료를 식품의약품안전처장에게 제출하여야 한다. 〈개정 2013. 3. 23.〉

④ 제1항 및 제2항에 따른 심사 또는 보고서 제출의 대상과 절차 등에 관하여 필요한 사항은 총리령으로 정한다. 〈개정 2013. 3. 23.〉

제4조의2(영유아 또는 어린이 사용 화장품의 관리) ① 화장품책임판매업자는 영유아 또는 어린이가 사용할 수 있는 화장품임을 표시ㆍ광고하려는 경우에는 제품별로 안전과 품질을 입증할 수 있는 다음 각 호의 자료(이하 "제품별 안전성 자료"라 한다)를 작성 및 보관하여야 한다.

1. 제품 및 제조방법에 대한 설명 자료
2. 화장품의 안전성 평가 자료
3. 제품의 효능ㆍ효과에 대한 증명 자료

② 식품의약품안전처장은 제1항에 따른 화장품에 대하여 제품별 안전성 자료, 소비자 사용실태, 사용 후 이상사례 등에 대하여 주기적으로 실태조사를 실시하고, 위해요소의 저감화를 위한 계획을 수립하여야 한다.

③ 식품의약품안전처장은 소비자가 제1항에 따른 화장품을 안전하게 사용할 수 있도록 교육 및 홍보를 할 수 있다.

④ 제1항에 따른 영유아 또는 어린이의 연령 및 표시ㆍ광고의 범위, 제품별 안전성 자료의 작성 범위 및 보관기간 등과 제2항에 따른 실태조사 및 계획 수립의 범위, 시기, 절차 등에 필요한 사항은 총리령으로 정한다.

[본조신설 2019. 1. 15.]

제5조(영업자의 의무 등) ① 화장품제조업자는 화장품의 제조와 관련된 기록ㆍ시설ㆍ기구 등 관리 방법, 원료ㆍ자재ㆍ완제품 등에 대한 시험ㆍ검사ㆍ검정 실시 방법 및 의무 등에 관하여 총리령으로 정하는 사항을 준수하여야 한다. 〈개정 2013. 3. 23., 2018. 3. 13.〉

② 화장품책임판매업자는 화장품의 품질관리기준, 책임판매 후 안전관리기준, 품질 검사 방법 및 실시 의무, 안전성ㆍ유효성 관련 정보사항 등의 보고 및 안전대책 마련 의무 등에 관하여 총리령으로 정하는 사항을 준수하여야 한다. 〈개정 2013. 3. 23., 2018. 3. 13.〉

③ 맞춤형화장품판매업자는 맞춤형화장품 판매장 시설ㆍ기구의 관리 방법, 혼합ㆍ소분 안전관리기준의 준수 의무, 혼합ㆍ소분되는 내용물 및 원료에 대한 설명 의무 등에 관하여 총리령으로 정하는 사항을 준수하여야 한다. 〈신설 2018. 3. 13.〉

④ 화장품책임판매업자는 총리령으로 정하는 바에 따라 화장품의 생산실적 또는 수입실적, 화장품의 제조과정에 사용된 원료의 목록 등을 식품의약품안전처장에게 보고하여야 한다. 이 경우 원료의 목록에 관한 보고는 화장품의 유통 · 판매 전에 하여야 한다. 〈개정 2013. 3. 23., 2018. 3. 13.〉

⑤ 책임판매관리자 및 맞춤형화장품조제관리사는 화장품의 안전성 확보 및 품질관리에 관한 교육을 매년 받아야 한다. 〈개정 2013. 3. 23., 2016. 2. 3., 2018. 3. 13.〉

⑥ 식품의약품안전처장은 국민 건강상 위해를 방지하기 위하여 필요하다고 인정하면 화장품제조업자, 화장품책임판매업자 및 맞춤형화장품판매업자(이하 "영업자"라 한다)에게 화장품 관련 법령 및 제도(화장품의 안전성 확보 및 품질관리에 관한 내용을 포함한다)에 관한 교육을 받을 것을 명할 수 있다. 〈개정 2016. 2. 3., 2018. 3. 13.〉

⑦ 제6항에 따라 교육을 받아야 하는 자가 둘 이상의 장소에서 화장품제조업, 화장품책임판매업 또는 맞춤형화장품판매업을 하는 경우에는 종업원 중에서 총리령으로 정하는 자를 책임자로 지정하여 교육을 받게 할 수 있다. 〈신설 2016. 2. 3., 2018. 3. 13.〉

⑧ 제5항부터 제7항까지의 규정에 따른 교육의 실시 기관, 내용, 대상 및 교육비 등에 관하여 필요한 사항은 총리령으로 정한다. 〈신설 2016. 2. 3., 2018. 3. 13.〉

[제목개정 2018. 3. 13.]

[시행일 : 2020. 3. 14.] 제5조의 개정규정 중 맞춤형화장품, 맞춤형화장품판매업자 및 맞춤형화장품조제관리사와 관련된 부분

제5조의2(위해화장품의 회수) ① 영업자는 제9조, 제15조 또는 제16조제1항에 위반되어 국민보건에 위해(危害)를 끼치거나 끼칠 우려가 있는 화장품이 유통 중인 사실을 알게 된 경우에는 지체 없이 해당 화장품을 회수하거나 회수하는 데에 필요한 조치를 하여야 한다. 〈개정 2018. 12. 11.〉

② 제1항에 따라 해당 화장품을 회수하거나 회수하는 데에 필요한 조치를 하려는 영업자는 회수계획을 식품의약품안전처장에게 미리 보고하여야 한다. 〈개정 2018. 3. 13.〉

③ 식품의약품안전처장은 제1항에 따른 회수 또는 회수에 필요한 조치를 성실하게 이행한 영업자가 해당 화장품으로 인하여 받게 되는 제24조에 따른 행정처분을 총리령으로 정하는 바에 따라 감경 또는 면제할 수 있다. 〈개정 2018. 3. 13.〉

④ 제1항 및 제2항에 따른 회수 대상 화장품, 해당 화장품의 회수에 필요한 위해성 등급 및 그 분류기준, 회수계획 보고 및 회수절차 등에 필요한 사항은 총리령으로 정한다. 〈개정 2018. 12. 11.〉

[본조신설 2015. 1. 28.]

[시행일 : 2020. 3. 14.] 제5조의2의 개정규정 중 맞춤형화장품, 맞춤형화장품판매업자 및 맞춤형화장품조제관리사와 관련된 부분

제6조(폐업 등의 신고) ① 영업자는 다음 각 호의 어느 하나에 해당하는 경우에는 총리령으로 정하는 바에 따라 식품의약품안전처장에게 신고하여야 한다. 다만, 휴업기간이 1개월 미만이거나 그 기간 동안 휴업하였다가 그 업을 재개하는 경우에는 그러하지 아니하다. 〈개정 2013. 3. 23., 2018. 3. 13., 2018. 12. 11.〉

1. 폐업 또는 휴업하려는 경우
2. 휴업 후 그 업을 재개하려는 경우
3. 삭제 〈2018. 12. 11.〉

② 식품의약품안전처장은 화장품제조업자 또는 화장품책임판매업자가 「부가가치세법」 제8조에 따라 관할 세무서장에게 폐업신고를 하거나 관할 세무서장이 사업자등록을 말소한 경우에는 등록을 취소할 수 있다. 〈신설 2018. 3. 13.〉

③ 식품의약품안전처장은 제2항에 따라 등록을 취소하기 위하여 필요하면 관할 세무서장에게 화장품제조업자 또는 화장품책임판매업자의 폐업 여부에 대한 정보 제공을 요청할 수 있다. 이 경우 요청을 받은 관할 세무서장은 「전자정부법」 제39조에 따라 화장품제조업자 또는 화장품책임판매업자의 폐업여부에 대한 정보를 제공하여야 한다. 〈신설 2018. 3. 13.〉

④ 식품의약품안전처장은 제1항제1호에 따른 폐업신고 또는 휴업신고를 받은 날부터 7일 이내에 신고수리 여부를 신고인에게 통지하여야 한다. 〈신설 2018. 12. 11.〉

⑤ 식품의약품안전처장이 제4항에서 정한 기간 내에 신고수리 여부 또는 민원 처리 관련 법령에 따른 처리기간의 연장을 신고인에게 통지하지 아니하면 그 기간(민원 처리 관련 법령에 따라 처리기간이 연장 또는 재연장된 경우에는 해당 처리기간을 말한다)이 끝난 날의 다음 날에 신고를 수리한 것으로 본다. 〈신설 2018. 12. 11.〉

[시행일 : 2020. 3. 14.] 제6조의 개정규정 중 맞춤형화장품, 맞춤형화장품판매업자 및 맞춤형화장품조제관리사와 관련된 부분

제7조 삭제 〈2018. 3. 13.〉

제3장 화장품의 취급

제1절 기준

제8조(화장품 안전기준 등) ① 식품의약품안전처장은 화장품의 제조 등에 사용할 수 없는 원료를 지정하여 고시하여야 한다. 〈개정 2013. 3. 23.〉

② 식품의약품안전처장은 보존제, 색소, 자외선차단제 등과 같이 특별히 사용상의 제한이 필요한 원료에 대하여는 그 사용기준을 지정하여 고시하여야 하며, 사용기준이 지정 · 고시된 원료 외의 보존제, 색소, 자외선차단제 등은 사용할 수 없다. 〈개정 2013. 3. 23., 2018. 3. 13.〉

③ 식품의약품안전처장은 국내외에서 유해물질이 포함되어 있는 것으로 알려지는 등 국민보건상 위해 우려가 제기되는 화장품 원료 등의 경우에는 총리령으로 정하는 바에 따라 위해요소를 신속히 평가하여 그 위해 여부를 결정하여야 한다. 〈개정 2013. 3. 23.〉

④ 식품의약품안전처장은 제3항에 따라 위해평가가 완료된 경우에는 해당 화장품 원료 등을 화장품의 제조에 사용할 수 없는 원료로 지정하거나 그 사용기준을 지정하여야 한다. 〈개정 2013. 3. 23.〉

⑤ 식품의약품안전처장은 제2항에 따라 지정 · 고시된 원료의 사용기준의 안전성을 정기적으로 검토하여야 하고, 그 결과에 따라 지정 · 고시된 원료의 사용기준을 변경할 수 있다. 이 경우 안전성 검토의 주기 및 절차 등에 관한 사항은 총리령으로 정한다. 〈신설 2018. 3. 13.〉

⑥ 화장품제조업자, 화장품책임판매업자 또는 대학 · 연구소 등 총리령으로 정하는 자는 제2항에 따라 지정 · 고시되지 아니한 원료의 사용기준을

지정 · 고시하거나 지정 · 고시된 원료의 사용기준을 변경하여 줄 것을 총리령으로 정하는 바에 따라 식품의약품안전처장에게 신청할 수 있다. 〈신설 2018. 3. 13.〉

⑦ 식품의약품안전처장은 제6항에 따른 신청을 받은 경우에는 신청된 내용의 타당성을 검토하여야 하고, 그 타당성이 인정되는 경우에는 원료의 사용기준을 지정 · 고시하거나 변경하여야 한다. 이 경우 신청인에게 검토 결과를 서면으로 알려야 한다. 〈신설 2018. 3. 13.〉

⑧ 식품의약품안전처장은 그 밖에 유통화장품 안전관리 기준을 정하여 고시할 수 있다. 〈개정 2013. 3. 23., 2018. 3. 13.〉

제9조(안전용기 · 포장 등) ① 화장품책임판매업자 및 맞춤형화장품판매업자는 화장품을 판매할 때에는 어린이가 화장품을 잘못 사용하여 인체에 위해를 끼치는 사고가 발생하지 아니하도록 안전용기 · 포장을 사용하여야 한다. 〈개정 2018. 3. 13.〉

② 제1항에 따라 안전용기 · 포장을 사용하여야 할 품목 및 용기 · 포장의 기준 등에 관하여는 총리령으로 정한다. 〈개정 2013. 3. 23.〉

[시행일 : 2020. 3. 14.] 제9조의 개정규정 중 맞춤형화장품, 맞춤형화장품판매업자 및 맞춤형화장품조제관리사와 관련된 부분

제2절 표시 · 광고 · 취급

제10조(화장품의 기재사항) ① 화장품의 1차 포장 또는 2차 포장에는 총리령으로 정하는 바에 따라 다음 각 호의 사항을 기재 · 표시하여야 한다. 다만, 내용량이 소량인 화장품의 포장 등 총리령으로 정하는 포장에는 화장품의 명칭, 화장품책임판매업자 및 맞춤형화장품판매업자의 상호, 가격, 제조번호와 사용기한 또는 개봉 후 사용기간(개봉 후 사용기간을 기재할 경우에는 제조연월일을 병행 표기하여야 한다. 이하 이 조에서 같다)만을 기재 · 표시할 수 있다. 〈개정 2013. 3. 23., 2016. 2. 3., 2018. 3. 13.〉

1. 화장품의 명칭
2. 영업자의 상호 및 주소
3. 해당 화장품 제조에 사용된 모든 성분(인체에 무해한 소량 함유 성분 등 총리령으로 정하는 성분은 제외한다)
4. 내용물의 용량 또는 중량

5. 제조번호
6. 사용기한 또는 개봉 후 사용기간
7. 가격
8. 기능성화장품의 경우 "기능성화장품"이라는 글자 또는 기능성화장품을 나타내는 도안으로서 식품의약품안전처장이 정하는 도안
9. 사용할 때의 주의사항
10. 그 밖에 총리령으로 정하는 사항

② 제1항 각 호 외의 부분 본문에도 불구하고 다음 각 호의 사항은 1차 포장에 표시하여야 한다. 〈개정 2018. 3. 13.〉

1. 화장품의 명칭
2. 영업자의 상호
3. 제조번호
4. 사용기한 또는 개봉 후 사용기간

③ 제1항에 따른 기재사항을 화장품의 용기 또는 포장에 표시할 때 제품의 명칭, 영업자의 상호는 시각장애인을 위한 점자 표시를 병행할 수 있다. 〈개정 2018. 3. 13.〉

④ 제1항 및 제2항에 따른 표시기준과 표시방법 등은 총리령으로 정한다. 〈개정 2013. 3. 23.〉

[시행일 : 2020. 3. 14.] 제10조의 개정규정 중 맞춤형화장품, 맞춤형화장품판매업자 및 맞춤형화장품조제관리사와 관련된 부분

제11조(화장품의 가격표시) ① 제10조제1항제7호에 따른 가격은 소비자에게 화장품을 직접 판매하는 자(이하 "판매자"라 한다)가 판매하려는 가격을 표시하여야 한다.

② 제1항에 따른 표시방법과 그 밖에 필요한 사항은 총리령으로 정한다. 〈개정 2013. 3. 23.〉

제12조(기재 · 표시상의 주의) 제10조 및 제11조에 따른 기재 · 표시는 다른 문자 또는 문장보다 쉽게 볼 수 있는 곳에 하여야 하며, 총리령으로 정하는 바에 따라 읽기 쉽고 이해하기 쉬운 한글로 정확히 기재 · 표시하여야 하되, 한자 또는 외국어를 함께 기재할 수 있다. 〈개정 2013. 3. 23.〉

제13조(부당한 표시 · 광고 행위 등의 금지) ① 영업자 또는 판매자는 다음 각 호의 어느 하나에 해당하는 표시 또는 광고를 하여서는 아니 된다. 〈개정 2018. 3. 13.〉

1. 의약품으로 잘못 인식할 우려가 있는 표시 또는 광고
2. 기능성화장품이 아닌 화장품을 기능성화장품으로 잘못 인식할 우려가 있거나 기능성화장품의 안전성 · 유효성에 관한 심사결과와 다른 내용의 표시 또는 광고
3. 천연화장품 또는 유기농화장품이 아닌 화장품을 천연화장품 또는 유기농화장품으로 잘못 인식할 우려가 있는 표시 또는 광고
4. 그 밖에 사실과 다르게 소비자를 속이거나 소비자가 잘못 인식하도록 할 우려가 있는 표시 또는 광고

② 제1항에 따른 표시 · 광고의 범위와 그 밖에 필요한 사항은 총리령으로 정한다. 〈개정 2013. 3. 23.〉

[시행일 : 2020. 3. 14.] 제13조의 개정규정 중 맞춤형화장품, 맞춤형화장품판매업자 및 맞춤형화장품조제관리사와 관련된 부분

제14조(표시 · 광고 내용의 실증 등) ① 영업자 및 판매자는 자기가 행한 표시 · 광고 중 사실과 관련한 사항에 대하여는 이를 실증할 수 있어야 한다. 〈개정 2018. 3. 13.〉

② 식품의약품안전처장은 영업자 또는 판매자가 행한 표시 · 광고가 제13조제1항제4호에 해당하는지를 판단하기 위하여 제1항에 따른 실증이 필요하다고 인정하는 경우에는 그 내용을 구체적으로 명시하여 해당 영업자 또는 판매자에게 관련 자료의 제출을 요청할 수 있다. 〈개정 2013. 3. 23., 2018. 3. 13.〉

③ 제2항에 따라 실증자료의 제출을 요청받은 영업자 또는 판매자는 요청받은 날부터 15일 이내에 그 실증자료를 식품의약품안전처장에게 제출하여야 한다. 다만, 식품의약품안전처장은 정당한 사유가 있다고 인정하는 경우에는 그 제출기간을 연장할 수 있다. 〈개정 2013. 3. 23., 2018. 3. 13.〉

④ 식품의약품안전처장은 영업자 또는 판매자가 제2항에 따라 실증자료의 제출을 요청받고도 제3항에 따른 제출기간 내에 이를 제출하지 아니한 채 계속하여 표시 · 광고를 하는 때에는 실증자료를 제출할 때까지 그 표시 · 광고 행위의 중지를 명하여야 한다. 〈개정 2013. 3. 23., 2018. 3. 13.〉

⑤ 제2항 및 제3항에 따라 식품의약품안전처장으로부터 실증자료의 제출을 요청받아 제출한 경우에는 「표시 · 광고의 공정화에 관한 법률」 등 다른 법률에 따라 다른 기관이 요구하는 자료제출을 거부할 수 있다. 〈개정 2013. 3. 23.〉

⑥ 식품의약품안전처장은 제출받은 실증자료에 대하여 「표시 · 광고의 공정화에 관한 법률」 등 다른 법률에 따른 다른 기관의 자료요청이 있는 경우에는 특별한 사유가 없는 한 이에 응하여야 한다. 〈개정 2013. 3. 23.〉

⑦ 제1항부터 제4항까지의 규정에 따른 실증의 대상, 실증자료의 범위 및 요건, 제출방법 등에 관하여 필요한 사항은 총리령으로 정한다. 〈개정 2013. 3. 23.〉

[시행일 : 2020. 3. 14.] 제14조의 개정규정 중 맞춤형화장품, 맞춤형화장품판매업자 및 맞춤형화장품조제관리사와 관련된 부분

제14조의2(천연화장품 및 유기농화장품에 대한 인증) ① 식품의약품안전처장은 천연화장품 및 유기농화장품의 품질제고를 유도하고 소비자에게 보다 정확한 제품정보가 제공될 수 있도록 식품의약품안전처장이 정하는 기준에 적합한 천연화장품 및 유기농화장품에 대하여 인증할 수 있다.

② 제1항에 따라 인증을 받으려는 화장품제조업자, 화장품책임판매업자 또는 총리령으로 정하는 대학 · 연구소 등은 식품의약품안전처장에게 인증을 신청하여야 한다.

③ 식품의약품안전처장은 제1항에 따라 인증을 받은 화장품이 다음 각 호의 어느 하나에 해당하는 경우에는 그 인증을 취소하여야 한다.

1. 거짓이나 그 밖의 부정한 방법으로 인증을 받은 경우
2. 제1항에 따른 인증기준에 적합하지 아니하게 된 경우

④ 식품의약품안전처장은 인증업무를 효과적으로 수행하기 위하여 필요한 전문 인력과 시설을 갖춘 기관 또는 단체를 인증기관으로 지정하여 인증업무를 위탁할 수 있다.

⑤ 제1항부터 제4항까지에 따른 인증절차, 인증기관의 지정기준, 그 밖에 인증제도 운영에 필요한 사항은 총리령으로 정한다.

[본조신설 2018. 3. 13.]

제14조의3(인증의 유효기간) ① 제14조의2제1항에 따른 인증의 유효기간은 인증을 받은 날부터 3년으로 한다.

② 인증의 유효기간을 연장 받으려는 자는 유효기간 만료 90일 전에 총리령으로 정하는 바에 따라 연장신청을 하여야 한다.

[본조신설 2018. 3. 13.]

제14조의4(인증의 표시) ① 제14조의2제1항에 따라 인증을 받은 화장품에 대해서는 총리령으로 정하는 인증표시를 할 수 있다.

② 누구든지 제14조의2제1항에 따라 인증을 받지 아니한 화장품에 대하여 제1항에 따른 인증표시나 이와 유사한 표시를 하여서는 아니 된다.

[본조신설 2018. 3. 13.]

제14조의5(인증기관 지정의 취소 등) ① 식품의약품안전처장은 필요하다고 인정하는 경우에는 관계 공무원으로 하여금 제14조의2제4항에 따라 지정받은 인증기관(이하 "인증기관"이라 한다)이 업무를 적절하게 수행하는지를 조사하게 할 수 있다.

② 식품의약품안전처장은 인증기관이 다음 각 호의 어느 하나에 해당하면 그 지정을 취소하거나 1년 이내의 기간을 정하여 해당 업무의 전부 또는 일부의 정지를 명할 수 있다. 다만, 제1호에 해당하는 경우에는 그 지정을 취소하여야 한다.

1. 거짓이나 그 밖의 부정한 방법으로 인증기관의 지정을 받은 경우
2. 제14조의2제5항에 따른 지정기준에 적합하지 아니하게 된 경우

③ 제2항에 따른 지정 취소 및 업무 정지 등에 필요한 사항은 총리령으로 정한다.

[본조신설 2018. 3. 13.]

제3절 제조 · 수입 · 판매 등의 금지

제15조(영업의 금지) 누구든지 다음 각 호의 어느 하나에 해당하는 화장품을 판매(수입대행형 거래를 목적으로 하는 알선 · 수여를 포함한다)하거나 판매할 목적으로 제조 · 수입 · 보관 또는 진열하여서는 아니 된다. 〈개정 2016. 5. 29., 2018. 3. 13.〉

1. 제4조에 따른 심사를 받지 아니하거나 보고서를 제출하지 아니한 기능성화장품
2. 전부 또는 일부가 변패(變敗)된 화장품
3. 병원미생물에 오염된 화장품
4. 이물이 혼입되었거나 부착된 것
5. 제8조제1항 또는 제2항에 따른 화장품에 사용할 수 없는 원료를 사용하였거나 같은 조 제8항에 따른 유통화장품 안전관리 기준에 적합하지 아니한 화장품
6. 코뿔소 뿔 또는 호랑이 뼈와 그 추출물을 사용한 화장품
7. 보건위생상 위해가 발생할 우려가 있는 비위생적인 조건에서 제조되었거나 제3조제2항에 따른 시설기준에 적합하지 아니한 시설에서 제조된 것
8. 용기나 포장이 불량하여 해당 화장품이 보건위생상 위해를 발생할 우려가 있는 것
9. 제10조제1항제6호에 따른 사용기한 또는 개봉 후 사용기간(병행 표기된 제조연월일을 포함한다)을 위조 · 변조한 화장품

[제목개정 2018. 3. 13.]

[시행일 : 2020. 3. 14.] 제15조의 개정규정 중 맞춤형화장품, 맞춤형화장품판매업자 및 맞춤형화장품조제관리사와 관련된 부분

제15조의2(동물실험을 실시한 화장품 등의 유통판매 금지) ① 화장품책임판매업자는 「실험동물에 관한 법률」 제2조제1호에 따른 동물실험(이하 이 조에서 "동물실험"이라 한다)을 실시한 화장품 또는 동물실험을 실시한 화장품 원료를 사용하여 제조(위탁제조를 포함한다) 또는 수입한 화장품을 유통 · 판매하여서는 아니 된다. 다만, 다음 각 호의 어느 하나에 해당하는 경우는 그러하지 아니하다. 〈개정 2018. 3. 13.〉

1. 제8조제2항의 보존제, 색소, 자외선차단제 등 특별히 사용상의 제한이 필요한 원료에 대하여 그 사용기준을 지정하거나 같은 조 제3항에 따라 국민보건상 위해 우려가 제기되는 화장품 원료 등에 대한 위해평가를 하기 위하여 필요한 경우
2. 동물대체시험법(동물을 사용하지 아니하는 실험방법 및 부득이하게 동물을 사용하더라도 그 사용되는 동물의 개체 수를 감소하거나 고통을

경감시킬 수 있는 실험방법으로서 식품의약품안전처장이 인정하는 것을 말한다. 이하 이 조에서 같다)이 존재하지 아니하여 동물실험이 필요한 경우

3. 화장품 수출을 위하여 수출 상대국의 법령에 따라 동물실험이 필요한 경우
4. 수입하려는 상대국의 법령에 따라 제품 개발에 동물실험이 필요한 경우
5. 다른 법령에 따라 동물실험을 실시하여 개발된 원료를 화장품의 제조 등에 사용하는 경우
6. 그 밖에 동물실험을 대체할 수 있는 실험을 실시하기 곤란한 경우로서 식품의약품안전처장이 정하는 경우

② 식품의약품안전처장은 동물대체시험법을 개발하기 위하여 노력하여야 하며, 화장품책임판매업자 등이 동물대체시험법을 활용할 수 있도록 필요한 조치를 하여야 한다. 〈개정 2018. 3. 13.〉

[본조신설 2016. 2. 3.]

제16조(판매 등의 금지) ① 누구든지 다음 각 호의 어느 하나에 해당하는 화장품을 판매하거나 판매할 목적으로 보관 또는 진열하여서는 아니 된다. 다만, 제3호의 경우에는 소비자에게 판매하는 화장품에 한한다. 〈개정 2016. 5. 29., 2018. 3. 13.〉

1. 제3조제1항에 따른 등록을 하지 아니한 자가 제조한 화장품 또는 제조·수입하여 유통·판매한 화장품

1의2. 제3조의2제1항에 따른 신고를 하지 아니한 자가 판매한 맞춤형화장품

1의3. 제3조의2제2항에 따른 맞춤형화장품조제관리사를 두지 아니하고 판매한 맞춤형화장품

2. 제10조부터 제12조까지에 위반되는 화장품 또는 의약품으로 잘못 인식할 우려가 있게 기재·표시된 화장품
3. 판매의 목적이 아닌 제품의 홍보·판매촉진 등을 위하여 미리 소비자가 시험·사용하도록 제조 또는 수입된 화장품
4. 화장품의 포장 및 기재·표시 사항을 훼손(맞춤형화장품 판매를 위하여 필요한 경우는 제외한다) 또는 위조·변조한 것

② 누구든지(맞춤형화장품조제관리사를 통하여 판매하는 맞춤형화장품 판매업자는 제외한다) 화장품의 용기에 담은 내용물을 나누어 판매하여서는 아니 된다. 〈개정 2018. 3. 13.〉

[시행일 : 2020. 3. 14.] 제16조의 개정규정 중 맞춤형화장품, 맞춤형화장품판매업자 및 맞춤형화장품조제관리사와 관련된 부분

제4절 화장품업 단체 등 〈개정 2018. 3. 13.〉

제17조(단체 설립) 영업자는 자주적인 활동과 공동이익을 보장하고 국민보건향상에 기여하기 위하여 단체를 설립할 수 있다. 〈개정 2018. 3. 13.〉

[제목개정 2018. 3. 13.]

[시행일 : 2020. 3. 14.] 제17조의 개정규정 중 맞춤형화장품, 맞춤형화장품판매업자 및 맞춤형화장품조제관리사와 관련된 부분

제4장 감독

제18조(보고와 검사 등) ① 식품의약품안전처장은 필요하다고 인정하면 영업자 · 판매자 또는 그 밖에 화장품을 업무상 취급하는 자에 대하여 필요한 보고를 명하거나, 관계 공무원으로 하여금 화장품 제조장소 · 영업소 · 창고 · 판매장소, 그 밖에 화장품을 취급하는 장소에 출입하여 그 시설 또는 관계 장부나 서류, 그 밖의 물건의 검사 또는 관계인에 대한 질문을 할 수 있다. 〈개정 2013. 3. 23., 2018. 3. 13.〉

② 식품의약품안전처장은 화장품의 품질 또는 안전기준, 포장 등의 기재 · 표시 사항 등이 적합한지 여부를 검사하기 위하여 필요한 최소 분량을 수거하여 검사할 수 있다. 〈개정 2013. 3. 23.〉

③ 식품의약품안전처장은 총리령으로 정하는 바에 따라 제품의 판매에 대한 모니터링 제도를 운영할 수 있다. 〈개정 2013. 3. 23.〉

④ 제1항의 경우에 관계 공무원은 그 권한을 표시하는 증표를 관계인에게 내보여야 한다.

⑤ 제1항 및 제2항의 관계 공무원의 자격과 그 밖에 필요한 사항은 총리령으로 정한다. 〈개정 2013. 3. 23.〉

[시행일 : 2020. 3. 14.] 제18조의 개정규정 중 맞춤형화장품, 맞춤형화장품판매업자 및 맞춤형화장품조제관리사와 관련된 부분

제18조의2(소비자화장품안전관리감시원) ① 식품의약품안전처장 또는 지방식품의약품안전청장은 화장품 안전관리를 위하여 제17조에 따라 설립된 단체 또는 「소비자기본법」 제29조에 따라 등록한 소비자단체의 임직원 중 해당 단체의 장이 추천한 사람이나 화장품 안전관리에 관한 지식이 있는 사람을 소비자화장품안전관리감시원으로 위촉할 수 있다.

② 제1항에 따라 위촉된 소비자화장품안전관리감시원(이하 "소비자화장품감시원"이라 한다)의 직무는 다음 각 호와 같다.

1. 유통 중인 화장품이 제10조제1항 및 제2항에 따른 표시기준에 맞지 아니하거나 제13조제1항 각 호의 어느 하나에 해당하는 표시 또는 광고를 한 화장품인 경우 관할 행정관청에 신고하거나 그에 관한 자료 제공
2. 제18조제1항 · 제2항에 따라 관계 공무원이 하는 출입 · 검사 · 질문 · 수거의 지원
3. 그 밖에 화장품 안전관리에 관한 사항으로서 총리령으로 정하는 사항

③ 식품의약품안전처장 또는 지방식품의약품안전청장은 소비자화장품감시원에게 직무 수행에 필요한 교육을 실시할 수 있다.

④ 식품의약품안전처장 또는 지방식품의약품안전청장은 소비자화장품감시원이 다음 각 호의 어느 하나에 해당하는 경우에는 해당 소비자화장품감시원을 해촉(解囑)하여야 한다.

1. 해당 소비자화장품감시원을 추천한 단체에서 퇴직하거나 해임된 경우
2. 제2항 각 호의 직무와 관련하여 부정한 행위를 하거나 권한을 남용한 경우
3. 질병이나 부상 등의 사유로 직무 수행이 어렵게 된 경우

⑤ 소비자화장품감시원의 자격, 교육, 그 밖에 필요한 사항은 총리령으로 정한다.

[본조신설 2018. 3. 13.]

[시행일 : 2020. 3. 14.] 제18조의2의 개정규정 중 맞춤형화장품, 맞춤형화장품판매업자 및 맞춤형화장품조제관리사와 관련된 부분

제19조(시정명령) 식품의약품안전처장은 이 법을 지키지 아니하는 자에 대하여 필요하다고 인정하면 그 시정을 명할 수 있다. 〈개정 2013. 3. 23.〉

제20조(검사명령) 식품의약품안전처장은 영업자에 대하여 필요하다고 인정하면 취급한 화장품에 대하여 「식품 · 의약품분야 시험 · 검사 등에 관한 법률」 제6조제2항제5호에 따른 화장품 시험 · 검사기관의 검사를 받을 것을 명할 수 있다. 〈개정 2013. 3. 23., 2013. 7. 30., 2018. 3. 13.〉

[시행일 : 2020. 3. 14.] 제20조의 개정규정 중 맞춤형화장품, 맞춤형화장품판매업자 및 맞춤형화장품조제관리사와 관련된 부분

제21조 삭제 〈2013. 7. 30.〉

제22조(개수명령) 식품의약품안전처장은 화장품제조업자가 갖추고 있는 시설이 제3조제2항에 따른 시설기준에 적합하지 아니하거나 노후 또는 오손되어 있어 그 시설로 화장품을 제조하면 화장품의 안전과 품질에 문제의 우려가 있다고 인정되는 경우에는 화장품제조업자에게 그 시설의 개수를 명하거나 그 개수가 끝날 때까지 해당 시설의 전부 또는 일부의 사용금지를 명할 수 있다. 〈개정 2013. 3. 23., 2018. 3. 13.〉

제23조(회수 · 폐기명령 등) ① 식품의약품안전처장은 판매 · 보관 · 진열 · 제조 또는 수입한 화장품이나 그 원료 · 재료 등(이하 "물품"이라 한다)이 제9조, 제15조 또는 제16조제1항을 위반하여 국민보건에 위해를 끼칠 우려가 있는 경우에는 해당 영업자 · 판매자 또는 그 밖에 화장품을 업무상 취급하는 자에게 해당 물품의 회수 · 폐기 등의 조치를 명하여야 한다. 〈개정 2018. 12. 11.〉

② 식품의약품안전처장은 판매 · 보관 · 진열 · 제조 또는 수입한 물품이 국민보건에 위해를 끼치거나 끼칠 우려가 있다고 인정되는 경우에는 해당 영업자 · 판매자 또는 그 밖에 화장품을 업무상 취급하는 자에게 해당 물품의 회수 · 폐기 등의 조치를 명할 수 있다. 〈신설 2018. 12. 11.〉

③ 제1항 및 제2항에 따른 명령을 받은 영업자 · 판매자 또는 그 밖에 화장품을 업무상 취급하는 자는 미리 식품의약품안전처장에게 회수계획을 보고하여야 한다. 〈신설 2018. 12. 11.〉

④ 식품의약품안전처장은 다음 각 호의 어느 하나에 해당하는 경우에는 관계 공무원으로 하여금 해당 물품을 폐기하게 하거나 그 밖에 필요한 처분을 하게 할 수 있다. 〈개정 2013. 3. 23., 2018. 12. 11.〉

1. 제1항 및 제2항에 따른 명령을 받은 자가 그 명령을 이행하지 아니한 경우
2. 그 밖에 국민보건을 위하여 긴급한 조치가 필요한 경우

⑤ 제1항부터 제3항까지의 규정에 따른 물품의 회수에 필요한 위해성 등급 및 그 분류기준, 회수·폐기의 절차·계획 및 사후조치 등에 필요한 사항은 총리령으로 정한다. 〈신설 2015. 1. 28., 2018. 12. 11.〉

[제목개정 2015. 1. 28.]

[시행일 : 2020. 3. 14.] 제23조의 개정규정 중 맞춤형화장품, 맞춤형화장품판매업자 및 맞춤형화장품조제관리사와 관련된 부분

제23조의2(위해화장품의 공표) ① 식품의약품안전처장은 다음 각 호의 어느 하나에 해당하는 경우에는 해당 영업자에 대하여 그 사실의 공표를 명할 수 있다. 〈개정 2018. 3. 13., 2018. 12. 11.〉

1. 제5조의2제2항에 따른 회수계획을 보고받은 때
2. 제23조제3항에 따른 회수계획을 보고받은 때

② 제1항에 따른 공표의 방법·절차 등에 필요한 사항은 총리령으로 정한다.

[본조신설 2015. 1. 28.]

[시행일 : 2020. 3. 14.] 제23조의2의 개정규정 중 맞춤형화장품, 맞춤형화장품판매업자 및 맞춤형화장품조제관리사와 관련된 부분

제24조(등록의 취소 등) ① 영업자가 다음 각 호의 어느 하나에 해당하는 경우에는 식품의약품안전처장은 등록을 취소하거나 영업소 폐쇄(제3조의2제1항에 따라 신고한 영업만 해당한다. 이하 이 조에서 같다)를 명하거나, 품목의 제조·수입 및 판매(수입대행형 거래를 목적으로 하는 알선·수여를 포함한다)의 금지를 명하거나 1년의 범위에서 기간을 정하여 그 업무의 전부 또는 일부에 대한 정지를 명할 수 있다. 다만, 제3호 또는 제14호(광고 업무에 한정하여 정지를 명한 경우는 제외한다)에 해당하는 경우에는 등록을 취소하거나 영업소를 폐쇄하여야 한다. 〈개정 2013. 3. 23., 2015. 1. 28., 2016. 5. 29., 2018. 3. 13., 2018. 12. 11., 2019. 1. 15.〉

1. 제3조제1항 후단에 따른 화장품제조업 또는 화장품책임판매업의 변경사항 등록을 하지 아니한 경우
2. 제3조제2항에 따른 시설을 갖추지 아니한 경우

2의2. 제3조의2제1항 후단에 따른 맞춤형화장품판매업의 변경신고를 하지 아니한 경우

3. 제3조의3 각 호의 어느 하나에 해당하는 경우

4. 국민보건에 위해를 끼쳤거나 끼칠 우려가 있는 화장품을 제조 · 수입한 경우

5. 제4조제1항을 위반하여 심사를 받지 아니하거나 보고서를 제출하지 아니한 기능성화장품을 판매한 경우

5의2. 제4조의2제1항에 따른 제품별 안전성 자료를 작성 또는 보관하지 아니한 경우

6. 제5조를 위반하여 영업자의 준수사항을 이행하지 아니한 경우

6의2. 제5조의2제1항을 위반하여 회수 대상 화장품을 회수하지 아니하거나 회수하는 데에 필요한 조치를 하지 아니한 경우

6의3. 제5조의2제2항을 위반하여 회수계획을 보고하지 아니하거나 거짓으로 보고한 경우

7. 삭제 〈2018. 3. 13.〉

8. 제9조에 따른 화장품의 안전용기 · 포장에 관한 기준을 위반한 경우

9. 제10조부터 제12조까지의 규정을 위반하여 화장품의 용기 또는 포장 및 첨부문서에 기재 · 표시한 경우

10. 제13조를 위반하여 화장품을 표시 · 광고하거나 제14조제4항에 따른 중지명령을 위반하여 화장품을 표시 · 광고 행위를 한 경우

11. 제15조를 위반하여 판매하거나 판매의 목적으로 제조 · 수입 · 보관 또는 진열한 경우

12. 제18조제1항 · 제2항에 따른 검사 · 질문 · 수거 등을 거부하거나 방해한 경우

13. 제19조, 제20조, 제22조, 제23조제1항 · 제2항 또는 제23조의2에 따른 시정명령 · 검사명령 · 개수명령 · 회수명령 · 폐기명령 또는 공표명령 등을 이행하지 아니한 경우

13의2. 제23조제3항에 따른 회수계획을 보고하지 아니하거나 거짓으로 보고한 경우

14. 업무정지기간 중에 업무를 한 경우

② 제1항에 따른 행정처분의 기준은 총리령으로 정한다. 〈개정 2013. 3. 23.〉

[제목개정 2018. 3. 13.]

[시행일 : 2020. 3. 14.] 제24조의 개정규정 중 맞춤형화장품, 맞춤형화장품판매업자 및 맞춤형화장품조제관리사와 관련된 부분

제25조 삭제 〈2013. 7. 30.〉

제26조(영업자의 지위 승계) 영업자가 사망하거나 그 영업을 양도한 경우 또는 법인인 영업자가 합병한 경우에는 그 상속인, 영업을 양수한 자 또는 합병 후 존속하는 법인이나 합병에 따라 설립되는 법인이 그 영업자의 의무 및 지위를 승계한다. 〈개정 2018. 3. 13.〉

[제목개정 2018. 3. 13.]

[시행일 : 2020. 3. 14.] 제26조의 개정규정 중 맞춤형화장품, 맞춤형화장품판매업자 및 맞춤형화장품조제관리사와 관련된 부분

제26조의2(행정제재처분 효과의 승계) 제26조에 따라 영업자의 지위를 승계한 경우에 종전의 영업자에 대한 제24조에 따른 행정제재처분의 효과는 그 처분 기간이 끝난 날부터 1년간 해당 영업자의 지위를 승계한 자에게 승계되며, 행정제재처분의 절차가 진행 중일 때에는 해당 영업자의 지위를 승계한 자에 대하여 그 절차를 계속 진행할 수 있다. 다만, 영업자의 지위를 승계한 자가 지위를 승계할 때에 그 처분 또는 위반 사실을 알지 못하였음을 증명하는 경우에는 그러하지 아니하다.

[본조신설 2018. 12. 11.]

제27조(청문) 식품의약품안전처장은 제14조의2제3항에 따른 인증의 취소, 제14조의5제2항에 따른 인증기관 지정의 취소 또는 업무의 전부에 대한 정지를 명하거나 제24조에 따른 등록의 취소, 영업소 폐쇄, 품목의 제조·수입 및 판매(수입대행형 거래를 목적으로 하는 알선·수여를 포함한다)의 금지 또는 업무의 전부에 대한 정지를 명하고자 하는 경우에는 청문을 하여야 한다. 〈개정 2013. 3. 23., 2016. 5. 29., 2018. 3. 13.〉

[시행일 : 2020. 3. 14.] 제27조의 개정규정 중 맞춤형화장품, 맞춤형화장품판매업자 및 맞춤형화장품조제관리사와 관련된 부분

제28조(과징금처분) ① 식품의약품안전처장은 제24조에 따라 영업자에게 업무정지처분을 하여야 할 경우에는 그 업무정지처분을 갈음하여 10억 원 이하의 과징금을 부과할 수 있다. 〈개정 2013. 3. 23., 2018. 3. 13., 2018. 12. 11.〉

② 제1항에 따른 과징금을 부과하는 위반행위의 종류와 위반정도 등에 따른 과징금의 금액과 그 밖에 필요한 사항은 대통령령으로 정한다.

③ 식품의약품안전처장은 과징금을 부과하기 위하여 필요한 경우에는 다음 각 호의 사항을 적은 문서로 관할 세무관서의 장에게 과세 정보 제공을 요청할 수 있다. 〈신설 2018. 3. 13.〉

1. 납세자의 인적 사항
2. 과세 정보의 사용 목적
3. 과징금 부과기준이 되는 매출금액

④ 식품의약품안전처장은 제1항에 따른 과징금을 내야 할 자가 납부기한까지 과징금을 내지 아니하면 대통령령으로 정하는 바에 따라 제1항에 따른 과징금부과처분을 취소하고 제24조제1항에 따른 업무정지처분을 하거나 국세 체납처분의 예에 따라 이를 징수한다. 다만, 제6조에 따른 폐업 등으로 제24조제1항에 따른 업무정지처분을 할 수 없을 때에는 국세 체납처분의 예에 따라 이를 징수한다. 〈개정 2013. 3. 23., 2018. 3. 13.〉

⑤ 식품의약품안전처장은 제4항에 따라 체납된 과징금의 징수를 위하여 다음 각 호의 어느 하나에 해당하는 자료 또는 정보를 해당 각 호의 자에게 요청할 수 있다. 이 경우 요청을 받은 자는 정당한 사유가 없으면 요청에 따라야 한다. 〈신설 2018. 3. 13.〉

1. 「건축법」 제38조에 따른 건축물대장 등본: 국토교통부장관
2. 「공간정보의 구축 및 관리 등에 관한 법률」 제71조에 따른 토지대장 등본: 국토교통부장관
3. 「자동차관리법」 제7조에 따른 자동차등록원부 등본: 특별시장 · 광역시장 · 특별자치시장 · 도지사 또는 특별자치도지사

[시행일 : 2020. 3. 14.] 제28조의 개정규정 중 맞춤형화장품, 맞춤형화장품판매업자 및 맞춤형화장품조제관리사와 관련된 부분

제28조의2(위반사실의 공표) ① 식품의약품안전처장은 제22조, 제23조, 제23조의2, 제24조 또는 제28조에 따라 행정처분이 확정된 자에 대한 처분 사유, 처분 내용, 처분 대상자의 명칭 · 주소 및 대표자 성명, 해당 품목의 명칭 등 처분과 관련한 사항으로서 대통령령으로 정하는 사항을 공표할 수 있다.

② 제1항에 따른 공표방법 등 공표에 필요한 사항은 대통령령으로 정한다.

[본조신설 2015. 1. 28.]

제29조(자발적 관리의 지원) 식품의약품안전처장은 영업자가 스스로 표시 · 광고, 품질관리, 국내외 인증 등의 준수사항을 위하여 노력하는 자발적 관리체계가 정착 · 확산될 수 있도록 행정적 · 재정적 지원을 할 수 있다. 〈개정 2013. 3. 23., 2018. 3. 13.〉

[시행일 : 2020. 3. 14.] 제29조의 개정규정 중 맞춤형화장품, 맞춤형화장품판매업자 및 맞춤형화장품조제관리사와 관련된 부분

제30조(수출용 제품의 예외) 국내에서 판매되지 아니하고 수출만을 목적으로 하는 제품은 제4조, 제8조부터 제12조까지, 제14조, 제15조제1호 · 제5호, 제16조제1항제2호 · 제3호 및 같은 조 제2항을 적용하지 아니하고 수입국의 규정에 따를 수 있다. 〈개정 2016. 5. 29.〉

제5장 보칙

제31조(등록필증 등의 재교부) 영업자가 등록필증 · 신고필증 또는 기능성화장품심사결과통지서 등을 잃어버리거나 못쓰게 될 때는 총리령으로 정하는 바에 따라 이를 다시 교부받을 수 있다. 〈개정 2013. 3. 23., 2018. 3. 13.〉

[시행일 : 2020. 3. 14.] 제31조의 개정규정 중 맞춤형화장품, 맞춤형화장품판매업자 및 맞춤형화장품조제관리사와 관련된 부분

제32조(수수료) 이 법에 따른 등록 · 신고 · 심사 또는 인증을 받거나, 자격시험 응시와 자격증 발급을 신청하고자 하는 자는 총리령으로 정하는 바에 따라 수수료를 납부하여야 한다. 등록 · 신고 · 심사 또는 인증받은 사항을 변경하고자 하는 경우에도 또한 같다.

[전문개정 2018. 3. 13.]

[시행일 : 2020. 3. 14.] 제32조의 개정규정 중 맞춤형화장품, 맞춤형화장품판매업자 및 맞춤형화장품조제관리사와 관련된 부분

제33조(화장품산업의 지원) 보건복지부장관과 식품의약품안전처장은 화장품산업의 진흥을 위한 기반조성 및 경쟁력 강화에 필요한 시책을 수립 · 시행하여야 하며 이를 위한 재원을 마련하고 기술개발, 조사 · 연구 사업, 해외 정보의 제공, 국제협력체계의 구축 등에 필요한 지원을 하여야 한다. 〈개정 2013. 3. 23., 2018. 3. 13.〉

제33조의2(국제협력) 식품의약품안전처장은 화장품의 수출 진흥 및 안전과 품질관리 등을 위하여 수입국 · 수출국과 협약을 체결하는 등 국제협력에 노력하여야 한다.

[본조신설 2018. 12. 11.]

제34조(권한 등의 위임 · 위탁) ① 이 법에 따른 식품의약품안전처장의 권한은 그 일부를 대통령령으로 정하는 바에 따라 지방식품의약품안전청장이나 특별시장 · 광역시장 · 도지사 또는 특별자치도지사에게 위임할 수 있다. 〈개정 2013. 3. 23.〉

② 식품의약품안전처장은 이 법에 따른 화장품에 관한 업무의 일부를 대통령령으로 정하는 바에 따라 제17조에 따른 단체 또는 화장품 관련 기관 · 법인 · 단체에 위탁할 수 있다. 〈개정 2013. 3. 23., 2018. 3. 13.〉

[제목개정 2018. 3. 13.]

[시행일 : 2020. 3. 14.] 제34조의 개정규정 중 맞춤형화장품, 맞춤형화장품판매업자 및 맞춤형화장품조제관리사와 관련된 부분

제6장 벌칙

제35조 삭제 〈2018. 3. 13.〉

제36조(벌칙) ① 다음 각 호의 어느 하나에 해당하는 자는 3년 이하의 징역 또는 3천만원 이하의 벌금에 처한다. 〈개정 2014. 3. 18., 2018. 3. 13.〉

1. 제3조제1항 전단을 위반한 자

1의2. 제3조의2제1항 전단을 위반한 자

1의3. 제3조의2제2항을 위반한 자

2. 제4조제1항 전단을 위반한 자

2의2. 제14조의2제3항제1호의 거짓이나 부정한 방법으로 인증받은 자

2의3. 제14조의4제2항을 위반하여 인증표시를 한 자

3. 제15조를 위반한 자

4. 제16조제1항제1호 또는 제4호를 위반한 자

② 제1항의 징역형과 벌금형은 이를 함께 부과할 수 있다.

[시행일 : 2020. 3. 14.] 제36조의 개정규정 중 맞춤형화장품, 맞춤형화장품판매업자 및 맞춤형화장품조제관리사와 관련된 부분

제37조(벌칙) ① 제4조의2제1항, 제9조, 제13조, 제16조제1항제2호 · 제3호 또는 같은 조 제2항을 위반하거나, 제14조제4항에 따른 중지명령에 따르지 아니한 자는 1년 이하의 징역 또는 1천만원 이하의 벌금에 처한다. 〈개정 2013. 7. 30., 2014. 3. 18., 2019. 1. 15.〉

② 제1항의 징역형과 벌금형은 이를 함께 부과할 수 있다.

제38조(벌칙) 다음 각 호의 어느 하나에 해당하는 자는 200만원 이하의 벌금에 처한다. 〈개정 2018. 3. 13., 2018. 12. 11.〉

1. 제5조제1항부터 제3항까지의 규정에 따른 준수사항을 위반한 자

1의2. 제5조의2제1항을 위반한 자

1의3. 제5조의2제2항을 위반한 자

2. 제10조제1항(같은 항 제7호는 제외한다) · 제2항을 위반한 자

2의2. 제14조의3에 따른 인증의 유효기간이 경과한 화장품에 대하여 제14조의4제1항에 따른 인증표시를 한 자

3. 제18조, 제19조, 제20조, 제22조 및 제23조에 따른 명령을 위반하거나 관계 공무원의 검사 · 수거 또는 처분을 거부 · 방해하거나 기피한 자

[시행일 : 2020. 3. 14.] 제38조의 개정규정 중 맞춤형화장품, 맞춤형화장품판매업자 및 맞춤형화장품조제관리사와 관련된 부분

제39조(양벌규정) 법인의 대표자나 법인 또는 개인의 대리인, 사용인, 그 밖의 종업원이 그 법인 또는 개인의 업무에 관하여 제36조부터 제38조까지의 어느 하나에 해당하는 위반행위를 하면 그 행위자를 벌하는 외에 그 법인 또는 개인에게도 해당 조문의 벌금형을 과(科)한다. 다만, 법인 또는 개인이 그 위반행위를 방지하기 위하여 해당 업무에 관하여 상당한 주의와 감독을 게을리하지 아니한 경우에는 그러하지 아니하다. 〈개정 2018. 3. 13.〉

[시행일 : 2020. 3. 14.] 제39조의 개정규정 중 맞춤형화장품, 맞춤형화장품판매업자 및 맞춤형화장품조제관리사와 관련된 부분

제40조(과태료) ① 다음 각 호의 어느 하나에 해당하는 자에게는 100만원 이하의 과태료를 부과한다. 〈개정 2016. 2. 3., 2018. 3. 13., 2018. 12. 11.〉

1. 삭제 〈2018. 3. 13.〉
2. 제4조제1항 후단을 위반하여 변경심사를 받지 아니한 자
3. 제5조제4항을 위반하여 화장품의 생산실적 또는 수입실적 또는 화장품 원료의 목록 등을 보고하지 아니한 자
4. 제5조제5항에 따른 명령을 위반한 자
5. 제6조를 위반하여 폐업 등의 신고를 하지 아니한 자

5의2. 제10조제1항제7호 및 제11조를 위반하여 화장품의 판매 가격을 표시하지 아니한 자

6. 제18조에 따른 명령을 위반하여 보고를 하지 아니한 자
7. 제15조의2제1항을 위반하여 동물실험을 실시한 화장품 또는 동물실험을 실시한 화장품 원료를 사용하여 제조(위탁제조를 포함한다) 또는 수입한 화장품을 유통 · 판매한 자

② 제1항에 따른 과태료는 대통령령으로 정하는 바에 따라 식품의약품안전처장이 부과 · 징수한다. 〈개정 2013. 3. 23.〉

[시행일 : 2020. 3. 14.] 제40조의 개정규정 중 맞춤형화장품, 맞춤형화장품판매업자 및 맞춤형화장품조제관리사와 관련된 부분

부칙 〈제16298호, 2019. 1. 15.〉

이 법은 공포 후 1년이 경과한 날부터 시행한다.

참고 문헌

1. "NEW 피부과학", 권혜영 · 권혜진 · 신규옥 · 안선례 · 윤미숙, 메디시언, 2012
2. "화장품학", 하병조, 수문사, 2010
3. "화장품학", 황정원, 현문사, 1995
4. "화장품학", 조미영 · 조종환 · 강인오 · 배상설 · 전역식 · 김영주 · 훈민사, 2005
5. "화장품과학", 박외숙, 자유아카데미, 2010
6. "화장품성분학", 박성호 · 김영길 · 최성출, 훈민사, 2005
7. "신 화장품학", 권경옥 · 권영두 · 김상진 · 김주덕 · 박성순 · 이화순 공역, 동화기술, 1997
8. "현대 화장품학", 조완구 · 장문정 · 배덕환, 한국학술정보(주), 2007
9. "화장품생물신소재", 안봉전 · 이치헌 · 이진태 · 이청언,광문각, 2003
10. "피부과학", 이향우 · 김주연 · 이연희 · 광문각, 2003
11. "아로마테라피", 하병조, 수문사, 2000
12. "아로마테라피 완벽가이드", 권소영 · 김성은 · 김은정 · 김준홍 · 유강목 공역, 현문사, 2003
13. "미용인을 위한 해부생리학", 김기영 · 김봉인 · 권혜진 · 김은주 · 김주리 · 송선영 · 신규옥 · 안경민 · 이연미 · 이해숙 · 조아랑 · 최근희
14. 국가법령정보센터, "화장품법", 법제처, 2019.

찾아보기

ㄱ

가용화(Solubilization) 81
각질층(Stratum corneum) 51
각질형성세포(Keratinocyte) 50, 52
각피제거제(Cuticle oil) 272
각화과정(keratinization) 53
감초 추출물(Licorice extract) 146
검(Gum) 116
결합제(Binders) 143
계면활성제(surface active agent 77
고분자 실리콘(Silicone gum) 119
고분자화합물(polymer) 115
과각화증(hyperkeratosis) 53
과립층(Granular layer) 51
교원섬유(collagen fiber) 54
군청(Ultramarine) 126
극성지질(polar lipid) 74
글리세린(Glycerin) 108
글리콜산(Glycolic acid) 149
금속이온 봉쇄제 142
기저층(Basal cell layer) 49
기질(Ground substance) 56

ㄴ

나이아신아마이드 190
네일 보강제 273
네일 에나멜(Nail enamel) 272
네일 에나멜 리무버 273
녹차 추출물(Green tea extract) 146
니트로셀룰로오스(Nitro cellulose) 119

ㄷ

다가알코올류(polyol) 107
달맞이꽃 오일 94
달팽이 추출물 145
데스모좀(desmosome) 50
덱스판테놀(Dexpanthenol) 227
디메치콘(Dimethicone) 104
디메틸폴리실록산 104
디이소스테아릴 말레이트 103
디-판테놀(D-panthenol) 148

ㄹ

라놀린(Lanolin) 97
라우릴산(Lauric acid) 101
랑게르한스세포 53
레이크(Lake) 122
레티닐팔미테이트 181
로열젤리 추출물 145
로즈힙 오일 94
루즈 파우더(Loose powder) 242
리퀴드 파운데이션 240

ㅁ

마스카라(Mascara) 244
마이카(Mica) 127
마이크로 크리스탈린 왁스 100
마카다미아 오일 94
마크로에멀션(macroemulsion) 84
망상층(Reticular layer) 54
머켈세포(Merkel cell) 54
멜라닌(melanin) 50
멜라닌형성세포(Melanocyte) 53
모소피 63
모수질(Medulla) 64
모표피(Cuticle) 63
모피질(Cortex) 64
무기 안료(Inorganic pigment) 124
무수규산(Silicic anhydride) 129
미리스트산(Myristic acid) 101
미셀(Micelle) 79
미셀화(micellization) 79
밀납(Bees wax) 97
밀배아 오일 93
밍크오일 95

ㅂ

바니싱 크림(vanishing cream) 16
바디스크럽(Body Scrub) 269
바셀린 99
박가분 15
반영구 염모제 216
반월(Lunula) 60
백색안료(White pigment) 124
뱀프 룩 21
베이스 코트(Base coat) 272
병풀추출물(centella asiatica) 147
보습제(Moisturization) 107
부착관(desmosome) 54
분산(Dispersion) 87
뷰티 패치(beauty patch) 20
비극성지질(nonpolar lipid) 74
비오틴(Biotin) 149, 228
비이온성 계면활성제 114

ㅅ

사이클로메치콘 104
산화방지제(Antioxidants) 141
산화철 안료(Iron oxide) 126
살구씨 오일 95
색소형성세포(melanocyte) 50
성장기(Anagen) 65
세라마이드(Ceramide) 147, 206
세레신(Ceresin) 99
세리사이트(Sericite) 128
세토스테아릴 알코올 102
세틸 2-에틸 헥사노에이트 103
세틸 알코올(Cetyl alcohol) 102
세틸 옥타노에이트 103
솔비톨(Sorbitol) 109
수렴화장수(Astringent lotion) 161
수분저지막(barrier zone) 74
스쿠알란(Squalane) 99
스테아린산(Stearic acid) 101
스테아릴 알코올 102

ㅇ

아몬드 오일 93
아보카도 오일 94
아이라이너(Eye liner) 245
아이브로 펜슬 247
아이섀도(Eye shadow) 243
아이소스테아린산 101
아조계 염료(Azo dye) 121
아줄렌(Azulene) 147
아포크린선(대한선) 59
안트라퀴논계 염료 122
알긴산(Alginic acid) 151
알란토인(Allantoin) 146
알로에 베라 추출물 146
알부틴(Arbutin) 189
알파-하이드록시애시드 35
양모제(Hair tonic) 261
양용 파운데이션 241
양이온성 계면활성제 113
양쪽성 계면활성제 113
에멀션(multiple emulsion) 83
에뮤오일 95
에스터(ester) 96
에크린선(Eccrine sweat gland) 59
에틸 알코올(Ethyl alcohol) 106
엘라이딘(elaidin) 51
염료(Dye) 121
염모제 36
염화벤잘코니움 113
영구 염모제 217
오조케라이트(Ozokerite) 99
올리브 오일 93
왁스(wax) 96
외음부 세정제 34
워시 오프 타입 170
위치하젤(Witch hazel) 147
유극층(Spinous layer) 50
유기안료(Organic pigment) 123
유기합성 색소 121
유동 파라핀 99
유두층(Papillary layer) 54
유연화장수(Softening lotion) 161
유지류(Oils and Fats) 92
유화(Emulsion) 82
음이온성 계면활성제 112
이미다졸리디닐 우레아 138
이소스테아릴 알코올 102
이소프로필 미리스테이트 103
일시적 염모제 216
입욕제(Bath Preparation) 269

ㅈ

자외선 차단지수(SPF) 196
자유연(Free edge) 60
잔탄검(Xanthan gum) 117
잔틴계 염료(Xanthene dye) 121
점증제(Thickening agents) 115
정발제(Hair conditioner) 255
젖산(Lactic acid) 207
제모제 40
제모제(Hair remover) 222
조갑 60
조갑층상분열증(onychoschsis) 62
조구(Nail grooves) 61
조근(Nail root) 60
조상(Nail bed) 60
조소피(Cuticle) 60
조판(Nail plate) 60
지질층(lipid layer) 51
진주광택안료 130
진피(dermis) 48

ㅊ

착색안료(Coloring pigment) 126
천연보습인자(NMF) 52, 73
천연색소(Natural pigments) 129
체질안료(Extender pigment) 126
치오글리콜산(thioglycolic acid) 264

ㅋ

카르나우바 왁스 96
카르복시메틸 셀룰로오스 나트륨 117
카르복시비닐 폴리머 117
카올린(Kaolin) 128
칸데릴라 왁스 96
컨실러(Concealer) 241
케라토히알린(keratohyalin) 51
케라틴(keratin) 50

코스메티코스(Cosmeticos) 24
코올(Kohl) 18
콘드리친 황산 111
콜드크림(cold cream) 16
콜라겐(Collagen) 111, 144
콜라겐 섬유(Collagen fiber) 56
콤팩트 파우더 242
퀴놀린계 염료(Quinoline dye) 122
퀸스시드검(Quince seed gum) 116
크림(Cream) 166
크림 파운데이션 240
클레이(Clay) 150

ㅌ

탄력섬유(elastin fiber) 54, 56
탈모(alopecia) 224
탈염·탈색제 38
탈크(Talc 127
탑 코트(Top coat) 273
태반추출물(Placenta extract) 145
퇴행기(Catagen) 65
투명층(Stratum lucidum) 51
트리글리세리드(triglyceride) 92
트리페닐계 메탄 염료 122
티로시나아제(tyrosinase) 184
티슈오프 타입(Tissue off type) 170
팅크(tincture) 20

ㅍ

파라벤(Parabens) 138
파라핀(Paraffin) 99
파우더 파운데이션 241
파운데이션(Foundation) 239
팔미트산(Palmitic acid) 101
퍼머넌트 웨이브 262
페녹시에탄올 139
폴리비닐알코올 118
폴리비닐피롤리돈 118
폴리에톡실레이티드레틴아마이드 182
폴리에틸렌글라이콜 109
폴리옥시에틸렌 114
표피(epidermis) 48
프로폴리스(Propolise) 145
프로필렌 글라이콜 109
피리독신(Pyridoxine) 148
피막형성제(Film formers) 118
피지선(Sebaceous gland) 48, 57
피하조직(Subcutaneous tissue) 55
필 오프 타입(Peel off type) 169

ㅎ

한선(땀샘, Sweat gland) 48, 58
해바라기 오일 95
헤어블리치(Hair remover) 221
헤어 코트(Hair coat) 261
현탁(suspension) 87
호르몬크림 22
호모믹서(homo-mixer) 85
호호바 오일 96
휴지기(Telogen) 66
흡습제(humectant) 107
히아루론산(Hyaruronic acid) 111
히알루론산(Hyaluronic acid) 207

INDEX

1, 3 부틸렌글리콜 109
2-옥틸도데실 미리스테이트 103
2-옥틸 도데카놀 102
AHA(alpha-hydroxy acid) 149
BHA(beta-hydroxy acid) 150
EDTA 139
HLB 78
L-멘톨(L-Menthol) 228
pH 조정제 143
UV-A 차단 등급(PA) 196

한 권으로 끝내는

화장품학

2020년 3월 15일 초판 인쇄
2020년 3월 20일 초판 발행

저 자 김경영 · 배유경 · 이은주 · 김수미
김은애 · 송다해 · 안경민 · 최수기

발행인 주병오 · 주민기

발행처 메디시인

경기도 파주시 회동길 209
파주출판문화도시

마케팅팀 (031) 955-7566·7577
편집디자인팀 (031) 955-7731
FAX (031) 955-7730

독자의견 전화 (031) 955-7577
홈페이지 www.ji-gu.co.kr
이메일 jigupub@hanmail.net
등록번호 2005년 2월 16일
제 406-2005-000045호

ISBN 979-11-86739-97-6

책은 사람을 만들고
사람은 책을 만든다.

값 22,000원